U0265723

建筑防水构造图集 WSA

主编　张道真

副主编　黄瑞言　曾小娜　王　蕾

编制负责人　易　举

中国建筑工业出版社

图书在版编目（CIP）数据

建筑防水构造图集 WSA / 张道真主编；黄瑞言等副主编 . -- 北京：中国建筑工业出版社，2024.5
ISBN 978-7-112-29810-5

Ⅰ . ①建… Ⅱ . ①张… ②黄… Ⅲ . ①建筑防水—建筑构造—图集 Ⅳ . ① TU22-64

中国国家版本馆 CIP 数据核字（2024）第 087584 号

责任编辑：费海玲　张幼平
责任校对：芦欣甜

建筑防水构造图集WSA
主编　张道真
副主编　黄瑞言　曾小娜　王　蕾
编制负责人　易　举
＊
中国建筑工业出版社出版、发行（北京海淀三里河路9号）
各地新华书店、建筑书店经销
北京光大印艺文化发展有限公司制版
建工社（河北）印刷有限公司印刷
＊
开本：787毫米×1092毫米　横1/16　印张：20　字数：466千字
2024年5月第一版　　2024年5月第一次印刷
定价：**160.00**元
ISBN 978-7-112-29810-5
　　　（42854）

本图集谨献给那些思维缜密　谨遵事实的人们

鉴于庞大的各种规定组成的体系　长期未能解决渗漏率居高不下的事实

图集不打算拘泥于以往的习惯和程序

图集专注于防水系统的合理性　而对商业的因素可能考虑欠周

顶层设计发生的一些变化　可能只是演化　并非都是进化

因此　图集遵循的第一要旨是

根据实际情况　解决实际问题

图集重点是节点及其构造技术，包括大量案例分析。

因近百分之九十的渗漏水，发生在仅占建筑迎水面百分之一的节点上。

注重节点品质，为细节付出。至少，在设计领域，应将短板补齐。

图集精心设计了构造层类表。

因任何防水层，只有将其放入构造层类中，才能对其优劣进行正确评估。

该表隐含着较为高级的专业技术，是材料、施工、造价整合的结果。

因地制宜，不同情况，不同需要，不同构造。

图集各节提出了概念设计，作为方案之初就应了然于心的认知。

因宏观的构造系统，对防水而言有着事半功倍的效果。

其中，通用概念设计放在附录之首。这些概念只有使用过本图集后，才会有所体会。

B 册附录进一步体现了此种宏观思维。A 册附录则提供了更适合建筑师、建造师的知识。

补充说明：

本图集收录的防水构造图，不少均为在几十年间积累下来的手绘图，以实用为主要原则，以体现作者的思考为要。期间由于图纸保存问题，部分图纸存在洇水不清的问题，在此以尊重历史与过往的态度，保留其原始状态，也以此表达对过往认真工作的敬意！

并出于同样的原因，本图集中的文字排版大小并不强求统一，而是根据内容本身的多少和标准信息本身的重要程度等，进行了各个不同层次的大小和颜色的划分等。

感谢参与新技术研究的专家

吴兆圣　高分子专家　胶粘剂专家
　　　　防水专家

易　举　高分子专家　密封胶专家
　　　　防水专家
　　　　（北京航空材料研究院第十一
　　　　研究室，参加国家攻关项目）

王　莹　教授级高工　建材检测专家
　　　　建材应用及标准化研究专家
　　　　主持过多项国家重点研发课题

徐伟杰　防水专家
　　　　台湾营建防水技术协进会荣誉会长
　　　　（《橡胶工业》月刊总编）

贺　蕾　硕士　刚性防水专家
　　　　（泳池防水构造试验）

周戈钧　华艺　副总建筑师

李　翔　德国工学学士
　　　　种植屋面专家

方一苍　刚性防水专家
　　　　（渗透结晶）

熊永强　博士
　　　　涂料、聚合物专家

魏德民　硕士（计算机）
　　　　混凝土膨胀剂专家
　　　　水泥聚苯专家

蓝　芬　建筑学硕士
　　　　（种植屋面研究）

任绍志　硕士
　　　　密封胶专家（阻根剂）

赵　岩　防水专家

王荣柱　（植箱实验）

此图集之正式出版，有
赖诸多朋友鼎力相助，
编制组在此向他们表示
由衷的谢意。

2024 年 1 月 26 日

建筑防水构造图集（WSA）

单位负责人：许安之　艾志刚　曹　卓
技术负责人：冯　鸣　李念中

编制说明

展现在读者面前的图集，是 20 余年来不间断生长的结果。

首版图集应深圳市建设局要求编制，蓝灰皮，银字，名曰《深圳建筑防水构造图集》，简称 SJ.A，1999 年发布实施。其补充版，灰绿皮，金字，同名，简称 SJ.B，2003 年出版。十年后，两册合并，补充修订，白皮、灰字，简称 SJ。

因大部分内容不限于深圳地区，故本图集更名为 WS（Waterproof，防水的；Structure，建筑构造），分 WSA、WSB 两册，分别简称 A 册、B 册。

构造层类表主要追求整个构造系统的合理性，同时也在现有规范框架内大致表达了防水设计合理使用年限。
其中，A 册主要是对传统构造的优化，也介绍一些新构造；B 册则含较多新构造，并收入大量工程案例及专利技术，从正反两面了解防水的实际技术及其原理。

任何情况下，切忌死搬硬套。网传资料或其他某些规定，建筑师只要稍加思考，就不难得出正确认知。坚守这些认知，才能形成正确的知识积累。拥有这样的积累，才能应对大型公建的自主设计。

深圳大学建筑设计研究院有限公司　　深圳大学建筑与城市规划学院
深圳市清华苑建筑与规划设计研究有限公司　　深圳市注册建筑师协会
2023 年 12 月

WSA 使用说明

本图集代号为 WSA。

一、本图集主要在 SJ 基础上修编：已过时的构造及节点删减，虽陈旧但仍被使用的则优化后保留。选用时请注意：凡注明资料来源者，均有专利保护。

二、本图集适用于严寒地区以外的大多数地区。其中，外墙尤其适用于 ⅣA 气候分区。

三、图集内容：平屋面防水设计（含防水构配件），倒置屋面防水、绝热设计；种植屋面防排水设计；坡屋面挂瓦防水、绝热设计；外墙防水设计（含窗的安装）；地下工程防水设计；厨、卫、外走廊、阳台、泳池、（半）室外楼梯的防排水设计。

四、为表达简洁，名称多为简称。厚度、长度单位，未明示者，均以 mm 计。

五、本图集可供设计、施工、监理人员使用，也可作为开发商及业主的参考资料。

六、构造表可直选，其防水层与防水通则及深圳防水技术标准（SJG-192023）基本一致。

节点页中：平屋面，直接分正置、倒置，含极少量准倒置；种植屋面，包括顶板种植；室内防水，直接称谓：厨、卫、廊、台、池。

节点应参选，选用示意详见右图。

节点设计，应与具体工程有严格的对应性，否则难以指导施工，因此，设计人员结合其他流行图集予以细化，

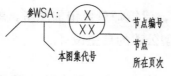

或由专业公司依此进行二次深化设计，这几乎是不可避免的。

有些常用指标，比如找平层砂浆强度等级 M15、M20 等恕不一一标注，由设计选定。

目录

请通过总目录，分目录，查找所需内容。总师、设总、专业负责人应先读概念设计；专业负责人一定要在动手之前，弄清设计要点。

平 屋 面

平屋面指坡度小于 5% 的现浇钢筋混凝土屋面。平屋面未刻意按正置、倒置分类，只在构造层类表中标出。有些概念，要点是通用的。

节点则应按层类细化，但将其分类，本身意义并不大。

屋面防水层设计应根据建筑物的类别、重要程度、使用功能要求确定防水等级、防水设计合理使用年限及防水设防方案。选材应考虑施工环境条件、材料供应和综合经济效果等，并注意多道防水层之间材性相容及共同工作。

概念设计（一）

1. 排水顺畅，消除积水，是平屋面防水长寿之关键。

2. 结构找坡，不仅使构造大为简化，还可减少破坏性维修。因此，凡设有吊顶或不在意平顶略带斜坡之屋面，均应坚持完整的结构找坡（可参考倒置屋面的实例）。顶层居住建筑可选底平上坡。

3. 采用现浇钢筋混凝土屋面板，增加板厚，提高刚度，控制裂缝宽度，并直接找坡、压实抹光，不设找平层，是提高基底防水能力的主要措施。

4. 为减少温变裂缝，所有屋面均应设置绝热层。轻型屋面或无硬质保护层的屋面，可采用冷屋面涂层或简单的白色表面。

5. 柔性防水层均应设置保护层。上人的居住、办公屋面，首选配筋的细石混凝土保护。细石混凝土可兼作辅助防水层，但须正确设计分格缝，并采用定型模条，做好密封防水。

6. 较大设备的基础，应直接在结构板上生根；小型设备应在细石混凝土上加设非锚固基座。任何情况下，任何支架的锚接不允许穿透防水层。

7. 屋面管线的设计安装，应设在钢筋混凝土女儿墙泛水之上。对落在屋面上者，应按小型设备基础设计。

8. 应保证泛水高度及卷材收头的连续性、密封性，首选铝合金（成品）压条，胶塞、螺钉固定。

9. 女儿墙及其他檐板，若为连续现浇的混凝土，可适当考虑诱导缝。

10. 变形缝的设计，应在结构要求的基础上，作合理调整：简化、取直，尽量形成高低缝、高平缝，并注意与外墙连续形成密封系统。必要时考虑泄水。

将保温层设置在防水层之上者，谓倒置式屋面。

概念设计（二）倒置

1. 倒置屋面，应为钢筋混凝土现浇板，结构找坡，坡度宜取大不取小，并在水落口四周实行 5% 的坡降。

2. 绝热材料最普遍、最合适的为挤塑聚苯板（XPS）；防火要求较高，可选聚异氰脲酸酯或泡沫玻璃。对形状复杂的屋面，特别是旧屋面节能改造，宜选 PU 硬泡，现场喷发。不要割除其表面自然形成的膜壳。

3. 保温层上均需设置混凝土保护（压置层），故其构造系统容易满足防火要求。若用整浇细石混凝土保护，形成封闭式压置层，则维修不便。

4. 隔热为主的地区，其压置层应首选精制砌块，空铺，下设聚酯毡，形成开放式倒置屋面，隔热效果好，且便于施工与维修。

5. 只有双层架空的倒置屋面，可较好地解决保温板下的排水问题。该系统上层为可承重硬质板，下层为保温板，专用支座架空，形成两个空气层，消除黏滞水（详见 WSB 有关节点）。

6. 准倒置屋面，即保温找坡一体整浇、含水率相对较高的倒置屋面，通常需同时设置排湿通气。该构造适用于屋面平剖面复杂，需材料找坡，且饰面层为传统地砖的上人屋面。其优点是，可加大表面排水坡度，或方便地实现变坡设计，而负面影响最小。

设计提示（一）

1. 本图集未按上人、不上人分类。实际上只有采用了柔性保护层的屋面，才不宜上人。平屋面多少都会被利用。防水保护普遍采用细石混凝土，已经为屋面的利用提供了合理的构造，可仅视需要增设饰面层。

2. 构造层类表中的辅助构造，大多可互换。防水等级与其他各层用料，在标准上应考虑匹配：防水等级较高的屋面，其他层类也宜选用相对标准较高者。

3. 使用"绝热"一词，是因为空调的大量使用，令保温、隔热的选择变得不明确起来。
   凡用于绝热之 XPS 板，不小于 $45kg/m^3$；陶粒密度等级 800，筒压强度 4.0MPa；1h 吸水率 10%。现浇水泥聚苯压缩强度不小于 4.0MPa，须设泄水口及排汽装置，并由专业公司设计施工。

4. 刚性保护兼辅助防水时，应根据具体情况（设备、水落口、结构梁板布置等）作分格缝平面设计，使每块板在伸缩变形时都尽量不受约束，并采用分格缝定型模条。

5. 浅色地砖、马赛克面层能提高屋面的隔热性能：花较小的代价，获得较好的隔热效果，进而降低屋面及顶层墙体温变裂缝的发生率，增加防水的可靠性。

6. 平屋面若结合结构找坡，做好平面排水设计，防水就成功了一半。初步设计时，就应作出屋面防排水设计，包括防水等级、防水层设计方案。重要或特殊节点，应有草图支持。施工图中，屋顶平面应有明确的排水系统设计；系统设计要求绘出排水分区、分水脊线、排水坡交线；排水途径力求通畅便捷；水落口负荷均匀。

7. 结构找坡时，排水平面设计应注意结构梁板的布置，并为结构提供合理的找坡条件，避免板面双向找坡。

8. 屋面变形缝若设计成平缝，应采用新技术。缝附近不应处于排水的下坡，更不应在水落口附近。变形缝应积极发展铝合金定型配件或其他新构造。应关注屋面与外墙转折处之诸多节点，使缝在此处的防排水系统简单有效。

9. 单个水落口最大汇水面积不宜大于 $150m^2$；但面积较小的单独屋面并不宜只设一个水落口；带有变形缝的屋面，更应加设溢水口。

10. 内水落口的位置，不仅要考虑女儿墙、设备基座等处应有充分的操作和维修空间（特别是卷材施工），也要考虑到屋面板以下邻梁宽度的影响，主要指水落口与水落管接口套接密封所需的操作空间，以提高施工质量合格率。

11. 女儿墙内外均应作连续的防水处理，直至内侧屋面泛水处，并与该泛水的构造防水作妥善的防水交接。女儿墙泛水，应采用国际通用的"「"断面之定型压条；管道泛水，加

胎涂料好过卷材，金属管箍陈旧过时，应积极采用简洁的新构造。

12. 管道宜升至泛水之上。若有条件，更可置于装饰性架构之上，一顺百顺。排湿通气、人孔，均应积极采用新技术。

设计提示（二）倒置

1. 压置层可兼作保护层。

2. 开敞式压置层只适合以隔热为主的夏热冬暖地区。

3. 封闭式压置层：应按防水细石混凝土设计。应做好分格缝平面设计，确保每块混凝土板可自由伸缩。应设计排气装置。应采用分格缝定型模条。

4. 倒置屋面削弱保温层内渗积水影响的办法有：结构找坡，坡度不小于2%。采用吸水率小于0.3%、密度不小于 $45kg/m^3$ 的保温板。采用厚度不小于1.2的高分子类卷材（PVC、TPO）。开敞式压置层，保温板下应设置排水板。有条件时可采用双层架空构造。封闭式压置层水口周边应采用导泄水构造。采用新型水落口设计，可在有效解决保温层（找坡层）内渗积水的同时，防止明水倒流。

倒置构造

倒置屋面有关标准较多，有些构造或数据不完全一致。选用时，注意拟条之本意，并按条文要旨之轻重确认平衡点。

1. **压置层**，也称保护层。为与规范统一，也为叙述方便，本图集同时采用两种称谓，前者用于叙述，后者用于构造层类。开放式压置层，即预制混凝土块，空铺；这时，压块下须覆盖聚酯毡，即隔离层，除作施工保护外，还可过滤收集尘屑，长久保护保温层（塑料类）；空铺的原理清晰，便于维修。该构造可用于隔热为主之地区，并设置排汽装置。卵石压置层与种植屋面相同，只用在屋面局部，如水落口四周及排水明沟两侧，不影响走动，方便维修且美观。封闭式压置层应选用配筋的细石混凝土，有条件时应同时掺加纤维，并选用防水密封模条（分格缝），以尽量保持倒置的保温效果。如是，该构造也适用于夏热冬冷地区。

   PU硬泡之保护层推荐现浇细石混凝土，可加点焊钢筋网片，ϕ 3.8，@3～4m设缝，嵌密封材料。水落口附近加作带纤维网格布增强的聚氨酯涂膜，并用纤维聚合物水泥砂浆保护。

2. **保温层**，优选板材。板材首选XPS，阻燃型。聚异氰脲酸酯较贵，酚醛泡沫更贵，且都不是A级耐火。本图集不推荐EPS，开放式压置层尤其不推荐EPS。

   平剖面复杂时，可选PU硬泡。

   防火要求A级时，可选泡沫玻璃（松脆掉屑者不能用）。

   选泡沫玻璃时，其上下均应加设隔离层。

   保温层厚度，节能计算已考虑增加25%取值。采用XPS板时，做好找平至关重要。空铺时，裁切精准，拼缝严密。坐铺时，胶缝5厚。

   PU硬泡屋面的优点：对于复杂形状的新旧（改造）屋面及其节点处理，比较简便，密封性好，且对基层平整度要求不高。缺点是PU硬泡在形成过程中对温湿度极为敏感，基层要洁净干燥，表面平整掌握较困难，对喷涂设备维护要求较高。采用聚氨酯泡沫板时，可以在泛水、穿管线及板与板之间现场喷发PU硬泡，以增强整体保温效果。

   准倒置屋面采用泡沫混凝土找坡兼保温时，其密度等级宜为A06，密度55～65kg/m³，导热系数0.1W/（m·K），吸水率不大于W20级。

倒置式保温隔热屋面常用保温材料技术数据

材料名称	表面密度	导热系数 /[W/（m·K）]	压缩强度 /kPa	吸水率 /（v/v，%）	水蒸气渗透系数 /[ng/(Pa·m·s)]	XPS推荐板厚（单位 mm，45kg/m³，已考虑 1.25 倍修正）：
挤塑聚苯板（XPS）	32～45	≤ 0.03	≥ 150	≤ 1.5	≤ 3.0	严寒地区 100；寒冷地区 100；夏热冬冷地区 80；夏热冬暖地区 60。
硬泡聚氨酯（PU 硬泡）	≥ 35	≤ 0.024	≥ 150	≤ 3.0	≤ 6.5	比"可按工程实际节能计算值"更简明合理。
泡沫玻璃	90～180	≤ 0.062	≥ 500	≤ 0.5	≤ 0.05	

3. **防水层**，若保温层为有机闭孔保温材料（如聚苯乙烯挤塑板），应选高分子卷材（如 PVC、TPO 等）、不含有害溶剂的聚氨酯（如纯聚氨酯）或带厚韧保护膜的橡胶沥青卷材（如自粘卷材）；保温层如果为泡沫玻璃，则不受此限，还可选用一般高聚物改性沥青卷材或涂料。

若保温层为 PU 硬泡，防水层可选聚氨酯，但一定不能含焦油。防水层可能长期浸水的情况下，应选用高耐水性材料。热熔焊接的高分子卷材，耐水浸。提高其防水等级的方法是增加卷材厚度，而不是增加设防道数。

4. **基层**，现浇钢筋混凝土屋面，建议结构找坡 2%。

经典的倒置屋面，其结构找坡还反映在水落口附近的混凝土（即梁的局部）上表面适当降低，并直接压实抹光，不

设找平层。坡度在 500 范围内应不小于 5%。

5% 的降坡，还便于水口周边设置泄水口或渗出点。该设计旨在"给出路"，使渗入保温层的水不至累积过多，这对设置了压置层的倒置屋面尤其重要。

实际上，开放式倒置屋面，在水口附近自然呈开放状态，不会积水。

5. **准倒置屋面**，适用于变化较多，饰面较丰富（硬质块材）的使用屋面，保温层宜选用水泥聚苯整浇或预制板。预制水泥聚苯板，可挤浆坐砌，防裂砂浆找平，聚合物水泥防水砂浆兼粘贴层，各层间整体性好，综合造价低。

准倒置屋面偶尔出现在节点中，其构造层类，可参考平屋 18。

构造层类　　几个构造层类的讨论

合理的设计，常被反复修改，直到建筑师昏了头。若不能宏观把控，最终的结果将满目皆非。所以，适当保持层类设计的灵活性、多适性，由"要旨"把控，就极其必要。

一、外墙外保温

外墙外保温构造曾多至七八种，但真正可用者，不超过三种，且必须专业厂家施工。开窗面积超过三分之一，墙体保温已意义不大。因此，建筑师不反对外保温，但也不主动设计外保温。实际上，只有严寒地区外保温才有优势；一般寒冷地区，内设保温夹墙似更合理。

二、外墙满挂网

加气混凝土砌块表面强度低，应薄层粉刷。若砌块精度高，粉刷总厚度应能控制在 15 ～ 20 以内。规范认为超过 30 厚，才满挂网，其意在防止空鼓开裂脱落。实际上，因网难以绷平，更易空鼓，充其量只对剥落起到预警作用。因此，本图集不推荐加气混凝土满墙挂网粉刷。实际上，加气混凝土填充在钢筋混凝土框架之中，厚粉刷也很难与混凝土的薄粉刷取平，因此，更应放弃挂网厚粉。

三、卷涂隔离层

沥青类卷材与聚氨酯之间设砂浆隔离层，硬碰软，不合理，故本图集未予支持。有专家建议，若防水卷材为非沥青类，或涂料为单组分聚氨酯时，隔离层可取消。实际上，高分子卷材与聚氨酯（不论单组分还是双组分）之间没有防水粘接，其组合是不能共同工作的（仅浮粘），还不仅仅是相互有害的问题。较彻底的解决办法还是放弃低质材料，使其不含废机油等有害物质。

其实，如若不采用热熔粘铺，即使是沥青类卷材，实现多道防水的合理组合，也远比想象中少。

四、找平层

结构直接抹平压实，要用高级工，更有利防水，省料，总工时少，应提倡。设找平层，耗料，可用低级工，但易分层，不利防水，且总工时多，宜改进。用高级工，使基层平整，粉刷层或粘贴层薄，总成本可能较低。用低级工，基层找平差，粉刷层厚，或粘贴层厚，总成本可能不低。基层平整度高，墙面可选薄层带胶粘贴饰面砖；屋面可直接坐铺保温板，挤浆坐铺则更稳、更平，可直接自粘卷材。

五、细石混凝土分格缝间距

1. 基本计算

《混凝土结构设计规范》GB 50010-2010（2015年版）第4.1.8
条规定混凝土线膨胀系数 α_c：$1 \times 10^{-5}/℃$

第4.1.5条规定弹性模量

$$E_c：3.25 \times 10^4 \, N/mm^2 （按 C40 计）$$

则按100m长，65℃温差计算，总伸缩量：

$$\Delta L = \alpha_c \times \Delta T \times L$$
$$= 1 \times 10^{-5} \times 65 \times 100$$
$$= 65 \times 10^{-3}$$
$$= 0.065m，即 65mm。$$

故

长度	强作用区（＞65℃）	中作用区（＜45℃）
10m	6.5mm	4.5mm
5m	3.25mm	2.25mm

注：资料来源：深圳市清华苑建筑与规划设计研究有限公司。强作用区，
　　即严寒地区；中作用区，即夏热冬冷地区。

小结：全年温差65℃，@5000，伸缩量可为"3mm级"。

2. 讨论

防止裂缝的关键是伸缩不受约束。因此，分隔缝应按本图集

有关要求作平面设计：所有靠近"障碍物"者，都应为1m以
内之条状；所有花池、基座，应避免骑缝设计，除非能采取
措施化解自由伸缩的影响。

因此，所有分格缝间距，宜参照执行。约束变形的设计，则
应另行取值。

3. 取值

基准间距取值5000，南方应略大，北方可略小；裸露取值小，
土层下取值大；相对于厚植土，薄土取值小。

本图集拟取值 @4000 ～ 6000。

华南，@6000，45℃，全年最大变形量为2.7。

东北，@4000，65℃，全年最大变形量为2.6。

缝距恰当，变形值小，南北匹配，防水有利。

4. 应用

若按有关规定，以不大于4000取值，则华南45℃，变形量1.8。
东北倒算，最大变形1.8，65℃，则间距约2770，取 @2750。
偏保守，且缝多，人工费，投资大，不利防水。采用定型模条，
兼做辅助防水时尤其不利。

平屋1

地砖饰面 结构找坡 一级	饰面层：8厚浅色防滑地砖，3.0厚聚合物水泥砂浆满浆铺贴、勾缝，分缝位置与刚性保护层对应 刚性保护层（可兼辅助防水）：50厚C25细石混凝土，找平压实，内配 ϕ4@100，双向。@4500～6000设缝，缝内置10厚挤塑聚苯板，上缝嵌填聚氨酯密封胶，深10，表面凹入3，聚合物水泥防水砂浆保护 隔离层：空铺无纺布200g/m² 或0.4厚PE膜 防水层3：3.0厚自粘聚合物改性沥青防水卷材（PY类） 防水层2：2.0厚自粘聚合物改性沥青防水卷材（N类高分子膜） 找平层：10厚聚合物纤维水泥砂浆 绝热层：40～80厚挤塑聚苯板，5厚纤维聚合物水泥砂浆挤浆坐铺 防水层1：2.0厚聚合物水泥防水涂料（I型，内衬50g/m² 无纺布） 结构层：现浇钢筋混凝土屋面板，结构找坡1.5%～2.0%，随浇随抹压

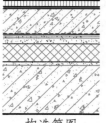

构造简图

防水层被分隔时，应配套采用泄排兼备之水落口及排汽装置，余类推。

平屋2

地砖饰面 材料找坡 兼隔热 一级	饰面层：同平屋1 刚性保护层（可兼辅助防水）：同平屋1 隔离层：空铺无纺布200g/m² 或0.4厚PE膜 防水层3：1.5厚自粘聚合物改性沥青防水卷材（N类高分子膜） 防水层2：3.0厚自粘聚合物改性沥青防水卷材（PY类双面粘） 防水层1：2.5厚非固化橡胶沥青防水涂料 找平层：15厚聚合物水泥砂浆 保温兼找坡层：水泥聚苯整浇，坡度2%，厚度按单体设计 结构层：现浇钢筋混凝土屋面板

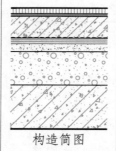

构造简图

现浇水泥聚苯抗压强度不小于4MPa，须设泄排式水口及排汽装置，应由专业公司设计并施工。

构造层类　　刚性保护兼辅助防水时，分格缝应采用定型模条，余类推；
优选结构找坡。

校核　制图　刷图　编制

平屋3		平屋4	
地砖饰面 结构找坡 一级	饰面层：同平屋1 刚性保护层（可兼辅助防水）：同平屋1 隔离层：空铺无纺布200g/m² 或 0.4厚PE膜 防水层3：3.0厚自粘聚合物改性沥青防水卷材 　　　　　（PY类） 防水层2：1.5厚湿铺防水卷材（高分子膜） 找平层：10厚聚合物纤维水泥砂浆 绝热层：40～80厚挤塑聚苯板，5厚纤维聚合 　　　　物水泥砂浆挤浆坐铺 防水层1：2.0厚聚氨酯防水涂料 结构层：现浇钢筋混凝土屋面板，结构找坡 　　　　1.5%～2.0%，随浇随抹压	卷材外露 材料找坡 兼隔热 三级	（面层）：白色外露型1.5厚PVC或1.5厚TPO， 　　　　　均带自粘层，机械固定 基层：30厚C20细石混凝土，居中配置 φ3.5＠75 　　　成品点焊钢网片 （找平层）：15厚聚合物水泥砂浆 保温兼找坡层：水泥聚苯整浇，坡度2%，厚度 　　　　　　按单体设计 结构层：现浇钢筋混凝土屋面板

构造简图

构造简图

现浇水泥聚苯抗压强度不小于4MPa，须设泄排式水口及排汽装置，应由专业公司设计并施工。

构造层类　　优选结构找坡。

| 细石混凝土
饰面
结构找坡
二级 | 刚性保护层（可兼辅助防水）：同平屋1
隔离层：空铺无纺布200g/m² 或 0.4 厚 PE 膜
防水层2：1.5厚自粘聚合物改性沥青防水卷材
　　　　（N 类高分子膜）
防水层1：1.5厚聚合物水泥防水涂料（Ⅰ型，
　　　　内衬 50g/m² 无纺布）
找平层：10厚聚合物纤维水泥砂浆
绝热层：40～80厚挤塑聚苯板，5厚聚合物水
　　　　泥砂浆挤浆坐铺
结构层：现浇钢筋混凝土屋面板，结构找坡
　　　　1.5%～2.0%，随浇随抹压 | 细石混凝土
饰面
结构找坡
二级 | 刚性保护层（可兼辅助防水）：同平屋1
隔离层：空铺无纺布200g/m² 或 0.4 厚 PE 膜
防水层2：3.0厚自粘聚合物改性沥青防水卷材
　　　　（PY 类）
防水层1：2.0厚非固化橡胶沥青防水涂料
找平层：10厚聚合物纤维水泥砂浆
绝热层：40～80厚挤塑聚苯板，5厚聚合物水
　　　　泥砂浆挤浆坐铺
结构层：现浇钢筋混凝土屋面板，结构找坡
　　　　1.5%～2.0%，随浇随抹压 |

构造简图

卷材若不含有害挥发物及影响粘贴之物，可不设此 JS 隔离层。

构造简图

构造层类

细石混凝土 饰面 结构找坡 二级	刚性保护层（可兼辅助防水）：同平屋1 隔离层：空铺无纺布200g/m² 或0.4厚 PE 膜 防水层2：≥1.2厚 PVC（带背衬）或1.5厚 TPO 　　　　（带自粘层）防水卷材 防水层1：1.5厚聚合物水泥防水涂料（Ⅰ型， 　　　　内衬50g/m² 无纺布） 找平层：10厚聚合物纤维水泥砂浆 绝热层：40～80厚挤塑聚苯板，5厚聚合物水 　　　　泥砂浆挤浆坐铺 结构层：现浇钢筋混凝土屋面板，结构找坡 　　　　1.5%～2.0%，随浇随抹压	细石混凝土 饰面 结构找坡 二级	刚性保护层（可兼辅助防水）：同平屋1 隔离层：空铺无纺布200g/m² 或0.4厚 PE 膜 防水层2：3.0厚自粘聚合物改性沥青防水卷材 　　　　（PY类） 防水层1：1.5厚聚氨酯防水涂料（上表面涂 JS 　　　　隔离层两道，厚约0.8） 找平层：10厚聚合物纤维水泥砂浆 绝热层：40～80厚挤塑聚苯板，5厚聚合物水 　　　　泥砂浆挤浆坐铺 结构层：现浇钢筋混凝土屋面板，结构找坡 　　　　1.5%～2.0%，随浇随抹压
 构造简图		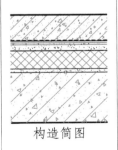 构造简图	卷材若不含有害挥发物及影响粘贴之物，可不设此JS隔离层。

构造层类

| 细石混凝土饰面
结构找坡
二级 | 刚性保护层（可兼辅助防水）：同平屋1
隔离层：空铺无纺布200g/m²或0.3厚聚乙烯丙纶
防水层2：1.5厚自粘聚合物改性沥青防水卷材（N类高分子膜）或3.0厚自粘聚合物改性沥青防水卷材（PY类）
防水层1：1.5厚自粘聚合物改性沥青防水卷材（N类高分子膜双面粘）
找平层：10厚聚合物纤维水泥砂浆
绝热层：40～80厚挤塑聚苯板，5厚聚合物水泥砂浆挤浆坐铺
结构层：现浇钢筋混凝土屋面板，结构找坡1.5%～2.0%，随浇随抹压 |

| 细石混凝土饰面
材料找坡
二级 | 刚性保护层（可兼辅助防水）：同平屋1
隔离层：空铺无纺布200g/m²或0.3厚聚乙烯丙纶
防水层2：1.5厚自粘聚合物改性沥青防水卷材（N类高分子膜）
防水层1：3.0厚自粘聚合物改性沥青防水卷材（PY类双面粘）或3.0厚湿铺防水卷材（PY类双面粘）
找平层：10厚聚合物纤维水泥砂浆
绝热层：40～80厚挤塑聚苯板，5厚聚合物水泥砂浆挤浆坐铺
找坡找平层：1：3：6陶粒混凝土，2.0%找坡，最薄处30，随找平随拍压，随铺15厚聚合物纤维水泥砂浆，找平压实
结构层：现浇钢筋混凝土屋面板 |

构造简图

构造简图

陶粒密度等级800，筒压强度4.0MPa，1h吸水率10%，余类推。

构造层类　　凡0.3厚聚乙烯丙纶隔离层，也可改用0.4厚PE膜，全册类推。
材料找坡的设计，需建设单位无异议。

| 细石混凝土
饰面
结构找坡
二级 | 刚性保护层（可兼辅助防水）：同平屋1
隔离层：空铺无纺布200g/m² 或 0.3厚聚乙烯
　　　　丙纶
防水层2：3.0厚SBS弹性体改性沥青防水卷材
　　　　（Ⅰ型PY类）
防水层1：3.0厚SBS弹性体改性沥青防水卷材
　　　　（Ⅰ型PY类）
找平层：10厚聚合物纤维水泥砂浆
绝热层：40～80厚挤塑聚苯板，5厚聚合物水
　　　　泥砂浆挤浆坐铺
结构层：现浇钢筋混凝土屋面板，结构找坡
　　　　1.5%～2.0%，随浇随抹压 | 细石混凝土
饰面
结构找坡
三级 | 刚性保护层（可兼辅助防水）：同平屋1
隔离层：空铺无纺布200g/m² 或 0.3厚聚乙烯
　　　　丙纶
防水层：2.0厚聚合物水泥防水涂料（Ⅰ型，内
　　　　衬50g/m² 无纺布）
找平层：10厚聚合物纤维水泥砂浆
绝热层：40～80厚挤塑聚苯板，5厚聚合物水
　　　　泥砂浆挤浆坐铺
结构层：现浇钢筋混凝土屋面板，结构找坡
　　　　1.5%～2.0%，随浇随抹压 |

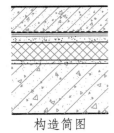

构造简图

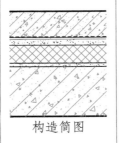

构造简图

构造层类

平屋13		平屋14	
细石混凝土 饰面 结构找坡 三级	刚性保护层（可兼辅助防水）：同平屋1 隔离层：空铺无纺布200g/m²或0.3厚聚乙烯丙纶 防水层：2.0厚聚氨酯防水涂料（内衬耐碱玻纤网格布） 找平层：10厚聚合物纤维水泥砂浆 绝热层：40～80厚挤塑聚苯板，5厚聚合物水泥砂浆挤浆坐铺 结构层：现浇钢筋混凝土屋面板，结构找坡1.5%～2.0%，随浇随抹压	细石混凝土 饰面 结构找坡 三级	刚性保护层（可兼辅助防水）：同平屋1 隔离层：空铺无纺布200g/m²或0.3厚聚乙烯丙纶 防水层：2.0厚自粘聚合物改性沥青防水卷材（N类高分子膜，PY类） 找平层：10厚聚合物纤维水泥砂浆 绝热层：40～80厚挤塑聚苯板，5厚聚合物水泥砂浆挤浆坐铺 结构层：现浇钢筋混凝土屋面板，结构找坡1.5%～2.0%，随浇随抹压

构造简图

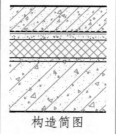

构造简图

构造层类

| 细石混凝土
饰面
结构找坡
三级 | 刚性保护层（可兼辅助防水）：同平屋1
隔离层：空铺无纺布200g/m² 或 0.3厚聚乙烯
　　　丙纶
防水层：2.0厚湿铺防水卷材（高分子膜）
找平层：10厚聚合物纤维水泥砂浆
绝热层：40～80厚挤塑聚苯板，5厚聚合物水
　　　泥砂浆挤浆坐铺
结构层：现浇钢筋混凝土屋面板，结构找坡
　　　1.5%～2.0%，随浇随抹压 | 细石混凝土
饰面
结构找坡
三级 | 刚性保护层（可兼辅助防水）：同平屋1
隔离层：空铺无纺布200g/m² 或 0.3厚聚乙烯
　　　丙纶
防水层：4.0厚SBS弹性体改性沥青防水卷材（Ⅰ
　　　型 PY 类）
找平层：10厚聚合物纤维水泥砂浆
绝热层：40～80厚挤塑聚苯板，5厚聚合物水
　　　泥砂浆挤浆坐铺
结构层：现浇钢筋混凝土屋面板，结构找坡
　　　1.5%～2.0%，随浇随抹压 |

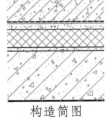

构造简图

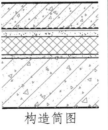

构造简图

构造层类

地砖饰面 （准正置） 隔热兼找坡 三级	饰面层：10厚浅色地砖，4～5m分缝，内嵌聚 　　　　氨酯密封胶，表面涂2.0厚JS保护 粘贴层：5.0厚聚合物水泥防水砂浆满浆粘贴并 　　　　勾平缝 找平层：15厚纤维聚合物水泥砂浆 隔热兼找坡：现浇水泥聚苯（坡度2.0%，最薄 　　　　45，最厚300） 隔离层：空铺无纺布200g/m² 或0.3厚聚乙烯 　　　　丙纶 防水层：2.0厚聚氨酯防水涂料（内衬耐碱玻纤 　　　　网格布）或2.0厚湿铺防水卷材（高分 　　　　子膜） 找平层：15厚M15（地面）纤维水泥砂浆 结构层：现浇钢筋混凝土屋面板

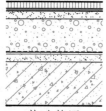

构造简图

现浇水泥聚苯压缩强度不小于4MPa，须设泄排式水口及排汽装置，应由专业公司设计并施工。

地砖饰面 （准倒置） 隔热兼找坡 防火要求高 二级	饰面层：8厚浅色地砖，5～6m分缝，内嵌聚 　　　　氨酯密封胶，表面涂2.0厚JS保护 粘贴层：5.0厚聚合物水泥防水砂浆满浆粘贴并 　　　　勾平缝 防水层2：2.0厚聚合物水泥防水涂料（Ⅰ型， 　　　　内衬50g/m² 无纺布） 找平层：15厚聚合物水泥砂浆，分两次施作 隔热兼找坡：水泥聚苯现场整浇，坡度不小于 　　　　3%；或泡沫混凝土现场整浇，坡度不小 　　　　于3% 防水层1：水泥基渗透结晶型防水剂，干撒法 　　　　施作 结构层：现浇钢筋混凝土屋面板

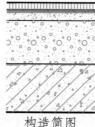

构造简图

现浇水泥聚苯、泡沫混凝土压缩强度均应大于4MPa，须设泄水口及排汽装置，并由专业公司设计施工，找坡坡度2.0%；干撒法应在混凝土板初凝前施作完毕。

构造层类

细石混凝土 饰面 材料找坡 兼绝热 二级	刚性保护层（可兼辅助防水）：同平屋1 隔离层：空铺无纺布200g/m² 或 0.3厚聚乙烯 　　　　丙纶 防水层2：2.0厚聚氨酯防水涂料（内衬耐碱玻 　　　　纤网格布） 防水层1（防水兼找坡）：喷涂硬泡聚氨酯材料 　　　　（密度 ≥ 55kg/m³，坡度不小于4%，最薄 　　　　40，找坡较厚时，专业公司的经验：分 　　　　几次喷发，最后一道精准施作） 结构层：现浇钢筋混凝土屋面板	细石混凝土 饰面 结构找坡 三级

平屋 20

刚性保护层（可兼辅助防水）：同平屋1
隔离层：空铺无纺布200g/m² 或 0.3厚聚乙烯
　　　　丙纶
防水层：≥ 1.2厚PVC（带背衬）或1.5厚TPO（带
　　　　自粘层）防水卷材
找平层：10厚聚合物纤维水泥砂浆
绝热层：40 ~ 80厚挤塑聚苯板，5厚聚合物水
　　　　泥砂浆挤浆坐铺
结构层：现浇钢筋混凝土屋面板，结构找坡
　　　　1.5% ~ 2.0%，随浇随抹压

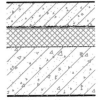

构造简图

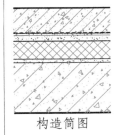

构造简图

必须专业公司施工。**为精确找平，有分四层喷发的案例。**
适用于平剖面复杂之小面积屋面，硬泡聚氨酯表面膜皮不
应割除。

构造层类

| 地砖饰面
结构找坡
一级 | 饰面层：同平屋 1
刚性保护层（可兼辅助防水）：同平屋 1
隔离层：空铺无纺布 200g/m² 或 0.3 厚聚乙烯
　　　　丙纶
防水层 3：3.0 厚自粘聚合物改性沥青防水卷材
　　　　（PY 类）
防水层 2：3.0 厚自粘聚合物改性沥青防水卷材
　　　　（PY 类双面粘）
找平层：10 厚聚合物纤维水泥砂浆
绝热层：40～80 厚挤塑聚苯板，5 厚聚合物水
　　　　泥砂浆挤浆坐铺
防水层 1：2.0 厚聚合物水泥防水涂料（Ⅰ型，
　　　　内衬 50g/m² 无纺布）
结构层：现浇钢筋混凝土屋面板，结构找坡
　　　　1.5%～2.0%，随浇随抹压 | 地砖饰面
材料找坡
兼隔热
一级 | 饰面层：同平屋 1
刚性保护层（可兼辅助防水）：同平屋 1
隔离层：空铺无纺布 200g/m² 或 0.3 厚聚乙烯
　　　　丙纶
防水层 3：1.5 厚自粘聚合物改性沥青防水卷材
　　　　（N 类高分子膜）
防水层 2：3.0 厚自粘聚合物改性沥青防水卷材
　　　　（PY 类双面粘）
（隔离层）：JS-Ⅲ一道（若上道卷材不含有害
　　　　挥发物及影响粘贴之物，不设此隔离层）
防水层 1：2.0 厚聚氨酯防水涂料
找平层：15 厚聚合物水泥砂浆
保温兼找坡层：水泥聚苯整浇，坡度 2%，厚度
　　　　按单体设计
结构层：现浇钢筋混凝土屋面板 |
| 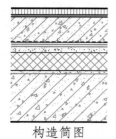
构造简图 | 防水层被分隔时，应配套采用泄排兼备之水落口及排汽装
置，余类推。 | 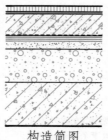
构造简图 | 现浇水泥聚苯抗压强度不小于 4MPa，须设泄水口及排汽装
置，应由专业公司设计并施工。 |

构造层类　　刚性保护层兼作辅助防水的必要条件是：分格缝
作平面设计，且采用定型模条。余类推。

细石混凝土
饰面
结构找坡
一级

刚性保护层（可兼辅助防水）：同平屋1
隔离层：空铺无纺布200g/m²或0.3厚聚乙烯
　　　　丙纶
防水层3：3.0厚自粘聚合物改性沥青防水卷材
　　　　（PY类）
防水层2：3.0厚自粘聚合物改性沥青防水卷材
　　　　（PY类双面粘）
防水层1：2.5厚非固化橡胶沥青防水涂料
找平层：10厚聚合物纤维水泥砂浆
绝热层：40～80厚挤塑聚苯板，5厚聚合物水
　　　　泥砂浆挤浆坐铺
结构层：现浇钢筋混凝土屋面板，结构找坡
　　　　1.5%～2.0%，随浇随抹压

细石混凝土
饰面
结构找坡
一级

刚性保护层（可兼辅助防水）：同平屋1
隔离层：空铺无纺布200g/m²或0.3厚聚乙烯
　　　　丙纶
防水层3：1.5厚自粘聚合物改性沥青防水卷材
　　　　（N类高分子膜）
防水层2：3.0厚自粘聚合物改性沥青防水卷材
　　　　（PY类双面粘）
防水层1：2.5厚非固化橡胶沥青防水涂料
找平层：10厚聚合物纤维水泥砂浆
绝热层：40～80厚挤塑聚苯板，5厚聚合物水
　　　　泥砂浆挤浆坐铺
结构层：现浇钢筋混凝土屋面板，结构找坡
　　　　1.5%～2.0%，随浇随抹压

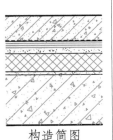

构造简图

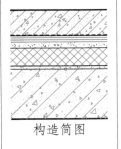

构造简图

构造层类　　隔离层可按实际需要选用。采用模条时，建议首选聚乙烯丙纶，
　　　　　　　　并用聚合物水泥胶点粘，余类推。

细石混凝土饰面结构找坡一级	刚性保护层（可兼辅助防水）：同平屋1 隔离层：空铺无纺布200g/m² 或0.3厚聚乙烯丙纶 防水层3：4.0厚SBS弹性体改性沥青防水卷材（Ⅱ型PY类） 防水层2：4.0厚SBS弹性体改性沥青防水卷材（Ⅱ型PY类） 防水层1：2.5厚非固化橡胶沥青防水涂料 找平层：10厚聚合物纤维水泥砂浆 绝热层：40～80厚挤塑聚苯板，5～8厚聚合物水泥砂浆挤浆坐铺 结构层：现浇钢筋混凝土屋面板，结构找坡1.5%～2.0%，随浇随抹压	细石混凝土饰面结构找坡二级	刚性保护层（可兼辅助防水）：同平屋1 隔离层：空铺无纺布200g/m² 或0.3厚聚乙烯丙纶 防水层2：≥ 1.2厚PVC（带背衬）或1.5厚TPO（带自粘层）防水卷材或1.2厚热塑性橡胶自粘防水卷材 防水层1：2.0厚聚合物水泥防水涂料（Ⅰ型，内衬50g/m² 无纺布） 找平层：10厚聚合物纤维水泥砂浆 绝热层：40～80厚挤塑聚苯板，5～8厚聚合物水泥砂浆挤浆坐铺 结构层：现浇钢筋混凝土屋面板，结构找坡1.5%～2.0%，随浇随抹压

构造简图

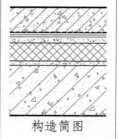

构造简图

构造层类　　若结构找坡不精准，绝热层挤塑板可用12厚聚合物水泥砂浆挤浆坐铺，找平层则为8厚聚合物水泥砂浆。余类推。

平屋 27		平屋 28	
细石混凝土 饰面 材料找坡 兼隔热 一级	刚性保护层（可兼辅助防水）：同平屋1 隔离层：空铺无纺布200g/m² 或 0.3厚聚乙烯 　　　　丙纶 防水层3：1.5厚自粘聚合物改性沥青防水卷材 　　　　（N类高分子膜） 防水层2：3.0厚自粘聚合物改性沥青防水卷材 　　　　（PY类双面粘） 防水层1：2.5厚非固化橡胶沥青防水涂料 找平层：15厚聚合物水泥砂浆 保温兼找坡层：水泥聚苯整浇，坡度2%，厚度 　　　　　　按单体设计 结构层：现浇钢筋混凝土屋面板	细石混凝土 饰面 材料找坡 兼隔热 二级	刚性保护层（可兼辅助防水）：同平屋1 隔离层：空铺无纺布200g/m² 或 0.3厚聚乙烯 　　　　丙纶 防水层2：≥ 1.2 厚PVC(带背衬) 或 1.5厚 　　　　TPO(带自粘层) 防水卷材或1.2厚热 　　　　塑性橡胶自粘防水卷材 防水层1：2.0厚聚合物水泥防水涂料（Ⅰ型， 　　　　内衬 50g/m² 无纺布） 找平层：15厚聚合物水泥砂浆 保温兼找坡层：水泥聚苯整浇，坡度2%，厚度 　　　　　　按单体设计 结构层：现浇钢筋混凝土屋面板

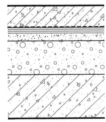

构造简图

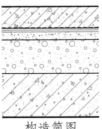

构造简图

现浇水泥聚苯抗压强度不小于4MPa，是否设泄水口
及排汽装置，应由专业公司根据实际情况设计并施工。

现浇水泥聚苯抗压强度不小于4MPa，是否设泄水口
及排汽装置，应由专业公司根据实际情况设计并施工。

构造层类　挤塑板厚度可按本图集有关建议直选，也可按计算确定，余类推；水泥聚苯亦
可为现浇泡沫混凝土，密度建议不小于600kg/m³，专业公司设计施工，余类推。

细石混凝土饰面 结构找坡 一级	刚性保护层（可兼辅助防水）：同平屋1 隔离层：空铺无纺布200g/m²或0.3厚聚乙烯丙纶 防水层3：1.5厚自粘聚合物改性沥青防水卷材（N类高分子膜） 防水层2：3.0厚自粘聚合物改性沥青防水卷材（PY类双面粘） 找平层：10厚聚合物纤维水泥砂浆 绝热层：40～80厚挤塑聚苯板，8厚聚合物水泥砂浆挤浆坐铺 防水层1：2.0厚聚合物水泥防水涂料（Ⅰ型，内衬50g/m²无纺布） 结构层：现浇钢筋混凝土屋面板，结构找坡1.5%～2.0%，随浇随抹压	细石混凝土饰面 结构找坡 二级	刚性保护层兼辅助防水：50厚C25细石混凝土，找平压实，内配φ4@100，双向。@4500～5000设缝，采用定型防水模条（缝内置10厚挤塑聚苯板，上缝嵌填聚氨酯密封胶，深10，表面凹入3，聚合物水泥防水砂浆保护） 隔离层：0.3厚聚乙烯丙纶 防水层2：≥1.2厚PVC（带背衬）或1.5厚TPO（带自粘层）防水卷材 防水层1（兼找平）：7厚聚合物水泥防水砂浆，中间压入聚酯网格布 绝热层：40～80厚挤塑聚苯板，5厚聚合物水泥砂浆挤浆坐铺 （找平层）：12厚聚合物水泥砂浆 结构层：现浇钢筋混凝土屋面板，结构找坡1.5%～2.0%，随浇随抹压

构造简图

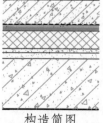

构造简图

构造层类　　防水层被分隔时，应配套采用泄排兼备之水落口及排汽装置，余类推。

平屋31

细石混凝土
饰面
材料找坡
一级

刚性保护层（可兼辅助防水）：同平屋1
隔离层：空铺无纺布200g/m² 或 0.3厚聚乙烯
　　　　丙纶
防水层3：3.0厚自粘聚合物改性沥青防水卷材
　　　　（PY类）
防水层2：3.0厚自粘聚合物改性沥青防水卷材
　　　　（PY类双面粘）
（隔离层）：JS-I 一道（若涂料不含有害挥发
　　　　物及影响粘贴之物，不设此JS隔离层）
防水层1：2.0厚聚氨酯防水涂料
找平层：10厚聚合物纤维水泥砂浆
绝热层：40～80厚挤塑聚苯板，5厚纤维聚合
　　　　物水泥砂浆挤浆坐铺
找坡层：1：3：6陶粒混凝土，2.0%找坡，
　　　　最薄处30，随找平随拍压，随铺15厚聚
　　　　合物纤维水泥砂浆，找平压实
结构层：现浇钢筋混凝土屋面板

构造简图

陶粒密度等级800，筒压强度4.0MPa，1h吸水率10%，余类推。

平屋32

地砖饰面
准倒置
隔热兼找坡
一级

饰面层：10厚浅色地砖，3～6m分缝，内嵌聚
　　　　氨酯密封胶，表面涂2厚JS保护
粘贴层（兼辅助防水）：3.0厚聚合物水泥防水
　　　　砂浆粘贴并匀平缝
找平层：15厚纤维聚合物水泥砂浆
隔热兼找坡：水泥聚苯整浇，坡度2%，厚度按
　　　　单体设计
隔离层：0.3厚聚乙烯丙纶
防水层3：1.5厚自粘聚合物改性沥青防水卷材
　　　　（N类高分子膜）
防水层2：2.0厚自粘聚合物改性沥青防水卷材
　　　　（N类高分子膜）
防水层1：2.0厚聚合物水泥防水涂料（I型，
　　　　内衬50g/m² 无纺布）
找平层：15厚M15（地面）纤维水泥砂浆
结构层：现浇钢筋混凝土屋面板

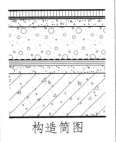

构造简图

现浇水泥聚苯抗压强度不小于4MPa，须设泄
水口及排汽装置，应由专业公司设计并施工。

构造层类　　挤浆坐铺的 XPS 板，其上找平也可为 5 厚聚合物
　　　　　　　水泥砂浆，中间压入聚酯无纺布，余类推。

细石混凝土
饰面
结构找坡
二级

刚性保护层（可兼辅助防水）：同平屋1
隔离层：空铺无纺布200g/m² 或 0.3厚聚乙烯
　　　　丙纶
防水层2：≥ 1.2厚PVC（带背衬）或1.5厚TPO
　　　　（带自粘层）防水卷材
防水层1：1.5厚聚合物水泥防水涂料（Ⅰ型，
　　　　内衬50g/m² 无纺布）
找平层：10厚聚合物纤维水泥砂浆
绝热层：40～80厚挤塑聚苯板，8厚聚合物水
　　　　泥砂浆挤浆坐铺
结构层：现浇钢筋混凝土屋面板，结构找坡
　　　　1.5%～2.0%，随浇随抹压

非使用上人
屋面
轻型护面
结构找坡
二级

保护饰面：4厚玻纤沥青薄板，冷胶或热熔
　　　　　铺贴
防水层2：4.0厚SBS弹性体改性沥青防水卷材
　　　　（Ⅰ型PY类）热熔铺贴
防水层1（兼找平）：5厚聚合物水泥防水砂浆，
　　　　　中间压入聚酯网格布
绝热层：40～80厚挤塑聚苯板，5厚聚合物水
　　　　　泥砂浆挤浆坐铺
（找平层）：12厚聚合物水泥砂浆
结构层：现浇钢筋混凝土屋面板，结构找坡
　　　　1.5%～2.0%，随浇随抹压

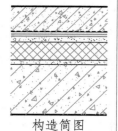

构造简图

先精确找平，再挤浆坐铺，使XPS板平整而稳固

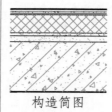

构造简图

先精确找平，再挤浆坐铺，使XPS板平整而稳固

专用玻纤沥青薄板，300×300×4 或 450×450×3，
以玻纤毡为胎基，经浸涂石油沥青后，一面覆粘浅
色矿物粒料，另一面为PE隔离薄膜，粘贴时除去。

构造层类　　水落口周边500范围内坡降建议不少于6%，并在
　　　　　　　隔离层位置加设聚酯无纺布泄水，余类推。

倒屋1		倒屋2	
地砖饰面 结构找坡 一级	饰面层：8厚浅色防滑地砖，3.0厚聚合物水泥砂浆满浆铺贴、勾缝，分缝位置与刚性保护层对应 刚性保护层（可兼辅助防水）：50厚C25细石混凝土，找平压实，内配 ϕ4@100，双向。@4000～5000设缝，缝内置10厚挤塑聚苯板，上缝嵌填聚氨酯密封胶，深10，表面凹入3，聚合物水泥防水砂浆保护 隔离层：干铺无纺布 绝热层：40～80厚挤塑聚苯板（可聚合物水泥胶粘贴） 防水层3：1.5厚自粘聚合物改性沥青防水卷材（N类高分子膜） 防水层2：2.0厚自粘聚合物改性沥青防水卷材（N类高分子膜） 防水层1：2.0厚聚合物水泥防水涂料（Ⅰ型，内衬50g/m² 无纺布） 找平层：5厚聚合物水泥防水砂浆 结构层：现浇钢筋混凝土屋面板，结构找坡1.5%～2.0%，随浇随抹压	细石混凝土 饰面 结构找坡 一级	刚性保护层（可兼辅助防水）：同倒屋1 隔离层：干铺无纺布 绝热层：40～80厚挤塑聚苯板（可5厚聚合物水泥砂浆坐铺） 防水层3：3.0厚自粘聚合物改性沥青防水卷材（PY类） 防水层2：3.0厚自粘聚合物改性沥青防水卷材（PY类双面粘） 防水层1：2.0厚聚氨酯防水涂料（上表面涂JS两道，厚约0.8） 找平层：5厚聚合物水泥防水砂浆 结构层：现浇钢筋混凝土屋面板，结构找坡1.5%～2.0%，随浇随抹压
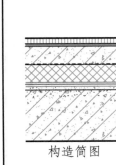 构造简图	本图集凡XPS板均不小于45kg/m³，余类推。	构造简图	卷材若不含有害挥发物及影响粘贴之物，可不设此JS隔离层。

构造层类　辅助构造层，左右可互换。

| 细石混凝土
饰面
材料找坡
二级 | 刚性保护层（可兼辅助防水）：同倒屋1
隔离层：干铺无纺布
绝热层：40～80厚挤塑聚苯板（可聚合物水
　　　泥胶粘贴）
防水层2：3.0厚自粘聚合物改性沥青防水卷材
　　　（PY类）或1.5厚自粘聚合物改性沥青
　　　防水卷材（N类高分子膜）
防水层1：1.5厚聚合物水泥防水涂料（Ⅰ型，
　　　内衬50g/m² 无纺布）或1.5厚聚氨酯防
　　　水涂料（上表面涂聚合物水泥胶隔离）
找坡层：C25细石混凝土2.0％找坡，原浆压光，
　　　最低处M20纤维水泥砂浆过渡（聚合物
　　　水泥砂浆修补）
结构层：现浇钢筋混凝土屋面板 | 细石混凝土
饰面
细石混凝土
二次找坡
二级 | 刚性保护层（可兼辅助防水）：40～90厚
　　　C25细石混凝土，0.5％找坡压实，内配
　　　φ4@100，双向。@4000～5000设缝，
　　　缝内置10厚挤塑聚苯板，上缝嵌填聚氨
　　　酯密封胶，深10，表面凹入3，聚合物
　　　水泥防水砂浆保护
隔离层：干铺无纺布
绝热层：40～80厚挤塑聚苯板（可JS粘贴）
防水层2：3.0厚SBS弹性体改性沥青防水卷材
　　　（Ⅰ型PY类）
防水层1：2.0厚非固化橡胶沥青防水涂料
细石混凝土找坡：C25细石混凝土1.0％～1.5％
　　　找坡，原浆压光，最低处M20纤维水泥
　　　砂浆过渡（聚合物水泥砂浆修补）
结构层：现浇钢筋混凝土屋面板 |

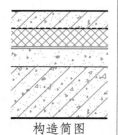

构造简图

不含有害挥发物及影响粘贴之物
者，不设此聚合物水泥胶隔离层。

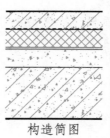

构造简图

刚性保护层找坡时，需精确计算，
限制厚度范围，以减少开裂。

构造层类　　材料找坡的设计，需甲方无异议。

| 细石混凝土 饰面 结构找坡 二级 | 刚性保护层（可兼辅助防水）：同倒屋1
隔离层：干铺无纺布
绝热层：40～80厚挤塑聚苯板
防水层2：≥1.2厚PVC（带背衬）或1.5厚TPO（带自粘层）防水卷材
防水层1：1.5厚聚合物水泥防水涂料（Ⅰ型，内衬50g/m² 无纺布）
结构层：现浇钢筋混凝土屋面板，结构找坡1.5%～2.0%，随浇随抹压 | 细石混凝土 饰面 材料找坡 二级 | 刚性保护层（可兼辅助防水）：同倒屋1
隔离层：干铺无纺布
绝热层：40～80厚挤塑聚苯板（可聚合物水泥胶粘贴）
防水层2：3.0厚自粘聚合物改性沥青防水卷材（PY类）
防水层1：2.0厚非固化橡胶沥青防水涂料
找坡层：C25细石混凝土2.0%找坡，原浆压光，最低处M20纤维水泥砂浆过渡（聚合物水泥砂浆修补）
结构层：现浇钢筋混凝土屋面板 |
| | 构造简图 | | 构造简图 |

不含有害挥发物及影响粘贴之物者,不设此聚合物水泥胶隔离层。

构造层类

| 细石混凝土
饰面
结构找坡
二级 | 刚性保护层（可兼辅助防水）：同倒屋1
隔离层：干铺无纺布
绝热层：40～80厚挤塑聚苯板（可聚合物水
　　　泥胶粘贴）
防水层2：1.5厚自粘聚合物改性沥青防水卷材
　　　（N类高分子膜）
防水层1：1.5厚湿铺防水卷材（高分子膜双
　　　面粘）
找平层：10厚聚合物水泥砂浆
结构层：现浇钢筋混凝土屋面板，结构找坡
　　　1.5%～2.0%，随浇随抹压 | 细石混凝土
饰面
结构找坡
二级 | 刚性保护层（可兼辅助找坡防水）：同倒屋4
隔离层：干铺无纺布
绝热层：40～80厚挤塑聚苯板（可聚合物水
　　　泥胶粘贴）
防水层2：3.0厚自粘聚合物改性沥青防水卷材
　　　（PY类）
防水层1：1.5厚自粘聚合物改性沥青防水卷材
　　　（N类高分子膜双面粘）或1.5厚湿铺
　　　防水卷材（高分子膜双面粘）
结构层：现浇钢筋混凝土屋面板，结构找坡
　　　1.0%～1.5%，随浇随抹压 |

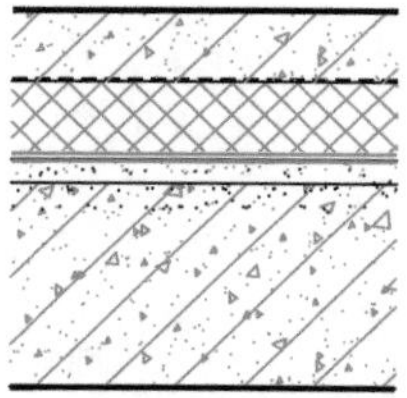

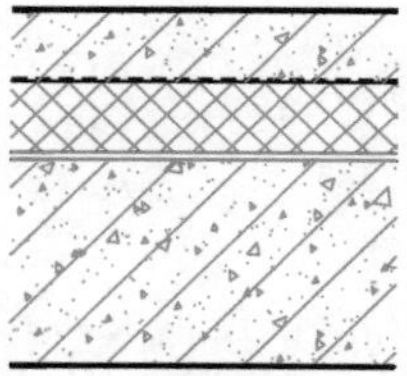

构造简图

构造简图

刚性保护层找坡时，需精准计算，限制最厚，防止开裂。

构造层类

细石混凝土 饰面 材料找坡 二级	刚性保护层（可兼辅助防水）：同倒屋1 隔离层：干铺无纺布 绝热层：40～80厚挤塑聚苯板（可JS粘贴） 防水层2：3.0厚SBS弹性体改性沥青防水卷材 　　　　（Ⅰ型PY类） 防水层1：3.0厚SBS弹性体改性沥青防水卷材 　　　　（Ⅰ型PY类） 细石混凝土找坡：C25细石混凝土2.0％找坡， 　　　　原浆压光。最薄处M20纤维水泥砂浆 　　　　过渡 结构层：现浇钢筋混凝土屋面板	细石混凝土 饰面 材料找坡 二级	刚性保护层（可兼辅助防水）：同倒屋4 隔离层：干铺无纺布 绝热层：40～80厚挤塑聚苯板（最后一道涂 　　　　料粘贴） 防水层2：2.0厚聚合物水泥防水涂料（Ⅰ型， 　　　　内衬50g/m² 无纺布） 细石混凝土找坡：C25细石混凝土1.0％～1.5％ 　　　　找坡，原浆压光。最薄处M20纤维水泥 　　　　砂浆过渡 防水层1：1.0厚水泥基渗透结晶型防水涂料， 　　　　1.5kg/m²，涂刷或干撒法施作 结构层：现浇钢筋混凝土屋面板

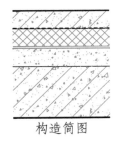

构造简图

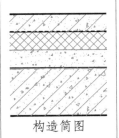

构造简图

防水层1可与结构层结合，采用水泥基渗透结晶防水剂，内掺法施工，并采用厚板，密筋。

构造层类　　材料找坡的设计，需甲方无异议。

| 细石混凝土
饰面
细石混凝土
二次找坡
三级 | 刚性保护层（可兼辅助防水）：同倒屋 4
隔离层：干铺无纺布
绝热层：40～80 厚挤塑聚苯板，可 5 厚聚合
　　　物水泥砂浆坐铺
防水层：2.0 厚聚合物水泥防水涂料（Ⅰ型，内
　　　衬 50g/m² 无纺布）
细石混凝土找坡：C25 细石混凝土 1.0%～1.5%
　　　找坡，原浆压光。最薄处 M20 纤维水泥
　　　砂浆过渡
结构层：现浇钢筋混凝土屋面板 | 细石混凝土
饰面
混合找坡
三级 | 刚性保护层（可兼辅助防水）：同倒屋 1
隔离层：干铺无纺布
绝热层：40～80 厚挤塑聚苯板，可 5 厚聚合
　　　物水泥砂浆坐铺（若不采用坐铺挤塑板，
　　　应加置聚酯无纺布隔离）
防水层：2.0 厚聚氨酯防水涂料（内衬耐碱玻纤
　　　网格布）
结构层：现浇钢筋混凝土屋面板，结构找坡
　　　1.5%～2.0%，随浇随抹压 |

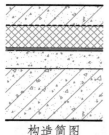

构造简图

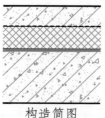

构造简图

构造层类

| 细石混凝土
饰面
结构找坡
三级 | 刚性保护层（可兼辅助防水）：同倒屋 1
隔离层：干铺无纺布
绝热层：40～80 厚挤塑聚苯板（可聚合物水
　　　　泥胶粘贴）
防水层：2.0 厚自粘聚合物改性沥青防水卷材（N
　　　　类高分子膜，PY 类）
结构层：现浇钢筋混凝土屋面板，结构找坡
　　　　1.5％～2.0％，随浇随抹压 | 细石混凝土
饰面
结构找坡
三级 | 刚性保护层（可兼辅助防水）：同倒屋 4
隔离层：干铺无纺布
绝热层：40～80 厚挤塑聚苯板（可聚合物水
　　　　泥胶粘贴）
防水层：2.0 厚湿铺防水卷材（高分子膜）
找平层：10 厚聚合物水泥砂浆
结构层：现浇钢筋混凝土屋面板，结构找坡
　　　　1.0％～1.5％，随浇随抹压 |

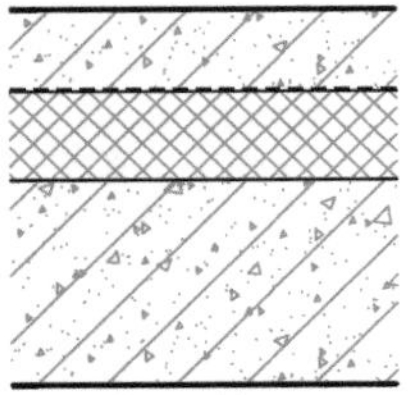

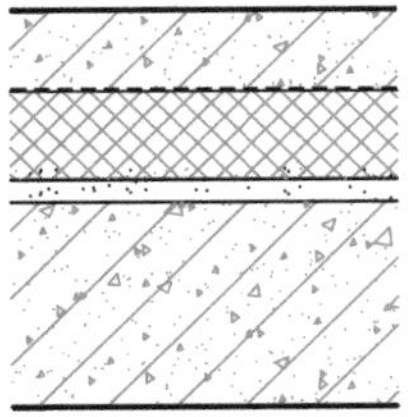

构造简图　　　　　　　　　　　　　　　　　　　构造简图

构造层类　　卷材之 PE 隔离薄膜应保留。

细石混凝土 饰面 结构找坡 三级	刚性保护层（可兼辅助防水）：同倒屋1 隔离层：干铺无纺布 绝热层：40～80厚挤塑聚苯板（可聚合物水 　　　　泥胶粘贴） 防水层：4.0厚SBS弹性体改性沥青防水卷材 　　　　（Ⅰ型PY类） 结构层：现浇钢筋混凝土屋面板，结构找坡 　　　　1.5％～2.0％，随浇随抹压	PU硬泡 结构找坡 ＋ 材料找坡 三级	保护层：300×300×40预制C20细石混凝土块 　　　　1：3纤维聚合物水泥砂浆坐铺，聚合物 　　　　水泥防水砂浆勾平缝 隔离层：干铺无纺布一层 绝热兼防水：喷涂40厚Ⅲ型硬泡聚氨酯 　　　　（≥55kg/m³），找坡1.5％ 防水层：2.0厚聚氨酯防水涂料（内衬耐碱玻纤 　　　　网格布） 基层处理：渗透环氧2道 结构层：现浇钢筋混凝土屋面板，结构找坡 　　　　1.5％，随浇随抹压

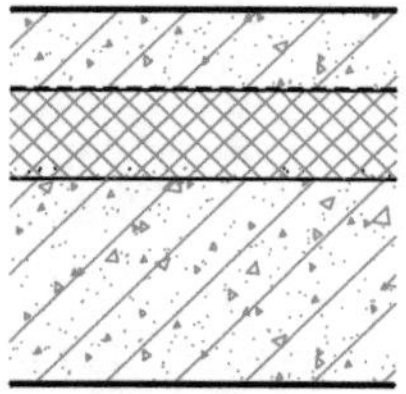

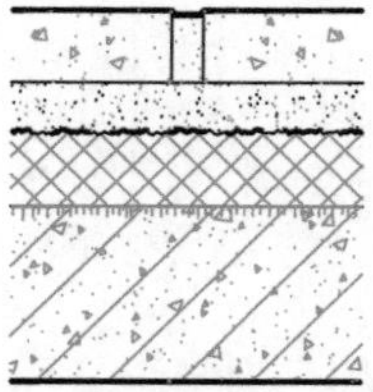

构造简图

构造简图

构造层类

	倒屋17		倒屋18

细石混凝土
饰面
结构找坡
三级

刚性保护层（可兼辅助防水）：同倒屋1
隔离层：干铺无纺布
绝热层：40～80厚挤塑聚苯板（可用聚合物
　　　　水泥胶粘贴）
防水层：≥1.2厚PVC(带背衬)或1.5厚TPO(带
　　　　自粘层)防水卷材
找平层：15厚聚合物水泥砂浆
结构层：现浇钢筋混凝土屋面板，结构找坡
　　　　1.5％～2.0％，随浇随抹压

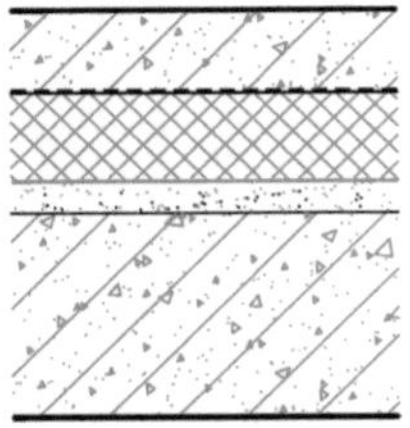

浮铺压块
结构找坡
三级

保护层：精致混凝土浮砌压块，不锈钢锁片连接
隔离层：聚酯毡，200g/m²
绝热：40～80厚挤塑聚苯板（≥45kg/m³）
防水层：1.5厚PVC卷材，双道热熔焊接(外露型)
结构层：防水混凝土（掺高效减水剂）屋面板，
　　　　结构找坡1.5％～2.0％，局部反坡2.0％，
　　　　直接压实抹光

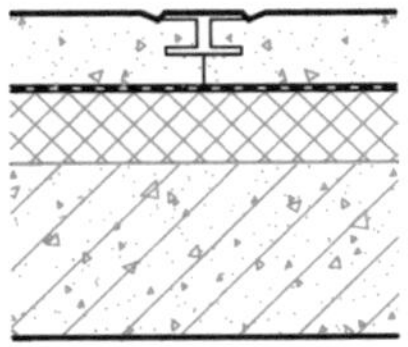

构造简图

构造简图

须设泄水口、排汽装置。

构造层类

| 细石混凝土
饰面
结构找坡
一级 | 刚性保护层（可兼辅助防水）：同倒屋1
隔离层：0.3厚聚乙烯丙纶或干铺无纺布
绝热层：40～80厚挤塑聚苯板（聚合物水泥
　　　　胶粘贴）
防水层3：3.0厚自粘聚合物改性沥青防水卷材
　　　　（PY类）
防水层2：3.0厚自粘聚合物改性沥青防水卷材
　　　　（PY类双面粘）
防水层1：2.0厚聚合物水泥防水涂料（Ⅰ型，
　　　　内衬50g/m² 无纺布）
结构层：现浇钢筋混凝土屋面板，结构找坡
　　　　1.5%～2.0%，随捣随抹 | 细石混凝土
饰面
结构找坡
一级 | 刚性保护层（可兼辅助防水）：同倒屋1
隔离层：0.3厚聚乙烯丙纶或干铺无纺布
绝热层：40～80厚挤塑聚苯板（聚合物水泥
　　　　胶粘贴）
防水层3：1.5厚自粘聚合物改性沥青防水卷材
　　　　（N类高分子膜）
防水层2：2.0厚自粘聚合物改性沥青防水卷材
　　　　（N类高分子膜）
（隔离层）：聚合物水泥胶一道（若上道卷材
　　　　不含有害挥发物及影响粘贴之物，不设
　　　　此隔离层）
防水层1：2.0厚聚氨酯防水涂料
结构层：现浇钢筋混凝土屋面板，结构找坡
　　　　1.5%～2.0%，随捣随抹 |

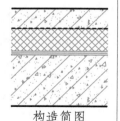

构造简图

若结构找坡不精准，XPS板则可
用8厚聚合物水泥砂浆挤浆坐铺。

构造简图

构造层类　　封闭压置层建议设置排汽装置，且水口处考虑泄水，余类推。

| 细石混凝土
饰面
结构找坡
一级 | 刚性保护层（可兼辅助防水）：同倒屋1
隔离层：0.3厚聚乙烯丙纶或干铺无纺布
绝热层：40～80厚挤塑聚苯板（聚合物水泥
　　　　胶粘贴）
防水层3：3.0厚自粘聚合物改性沥青防水卷
　　　　材（PY类）
防水层2：3.0厚自粘聚合物改性沥青防水卷
　　　　材（PY类双面粘）
防水层1：2.5厚非固化橡胶沥青防水涂料
结构层：现浇钢筋混凝土屋面板，结构找坡
　　　　1.5%～2.0%，随捣随抹 | 细石混凝土
饰面
结构找坡
一级 | 刚性保护层（可兼辅助防水）：同倒屋1
隔离层：0.3厚聚乙烯丙纶或干铺无纺布
绝热层：40～80厚挤塑聚苯板（聚合物水泥
　　　　胶粘贴）
防水层3：1.5厚自粘聚合物改性沥青防水卷材
　　　　（N类高分子膜）
防水层2：3.0厚自粘聚合物改性沥青防水卷材
　　　　（PY类双面粘）
防水层1：2.5厚非固化橡胶沥青防水涂料
找平层：15厚聚合物水泥砂浆
结构层：现浇钢筋混凝土屋面板，结构找坡
　　　　1.5%～2.0% |

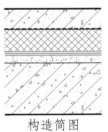

构造简图

构造简图

构造层类　刚性保护层兼作辅助防水的必要条件是：分格缝
作平面设计，且采用定型模条。余类推。

细石混凝土
饰面
结构找坡
一级

刚性保护层（可兼辅助防水）：同倒屋 1
隔离层：0.3 厚聚乙烯丙纶或干铺无纺布
绝热层：40～80 厚挤塑聚苯板（聚合物水泥
　　　　胶粘贴）
防水层 3：4.0 厚 SBS 弹性体改性沥青防水卷材
　　　　（Ⅱ型 PY 类）
防水层 2：4.0 厚 SBS 弹性体改性沥青防水卷材
　　　　（Ⅱ型 PY 类）
防水层 1：2.5 厚非固化橡胶沥青防水涂料
结构层：现浇钢筋混凝土屋面板，结构找坡
　　　　1.5%～2.0%，随捣随抹

细石混凝土
饰面
结构找坡
二级

刚性保护层（可兼辅助防水）：同倒屋 1
隔离层：0.3 厚聚乙烯丙纶或干铺无纺布
绝热层：40～80 厚挤塑聚苯板（聚合物水泥
　　　　胶粘贴）
防水层 2：≥1.2 厚 PVC（带背衬）或 1.5 厚 TPO
　　　　（带自粘层）防水卷材
防水层 1：2.0 厚聚合物水泥防水涂料（Ⅰ型，
　　　　内衬 50g/m² 无纺布）
结构层：现浇钢筋混凝土屋面板，结构找坡
　　　　1.5%～2.0%，随捣随抹

构造简图

构造简图

构造层类　　若采用防水模条，隔离层应选用聚乙烯丙纶，
　　　　　　　并用 JS 粘贴，以利于模条的临时固定。

细石混凝土	刚性保护层（可兼辅助防水）：同倒屋 1
饰面	隔离层：0.3 厚聚乙烯丙纶或干铺无纺布
材料找坡	绝热层：40～80 厚挤塑聚苯板（聚合物水泥
一级	胶粘贴）
	防水层 3：同防水层 2
	防水层 2：聚乙烯丙纶卷材复合防水卷材（0.7
	厚卷材 +1.3 厚聚合物水泥胶结料，卷
	材芯材 0.5 厚）
	防水层 1：2.0 厚聚合物水泥防水涂料（Ⅰ型，
	内衬 50g/m² 无纺布）
	找平层（兼防水层）：3 厚聚合物水泥防水砂浆
	找坡找平层：1：3：6 水泥陶粒混凝土，2%
	坡度，最薄处 30，随找平随拍压，随
	铺 15 厚聚合物纤维水泥砂浆，找平
	压实
	结构层：现浇钢筋混凝土屋面板

构造简图

陶粒密度等级 800，筒压强度
4.0MPa,1h吸水率10%,余类推。

细石混凝土	刚性保护层（可兼辅助防水）：同倒屋 1
饰面	隔离层：0.3 厚聚乙烯丙纶或干铺无纺布
材料找坡	绝热层：40～80 厚挤塑聚苯板（聚合物水泥
一级	胶粘贴）
	防水层 3：1.5 厚自粘聚合物改性沥青防水卷材
	（N 类高分子膜）
	防水层 2：2.0 厚湿铺防水卷材（高分子膜双
	面粘）
	防水层 1：5.0 厚聚合物水泥防水砂浆
	细石混凝土找坡：C25 细石混凝土 1.5% 找坡，
	原浆压光。最薄处 M20 纤维水泥砂浆过
	渡，最厚处不宜超过 200
	结构层：现浇钢筋混凝土屋面板

构造简图

构造层类　　　水落口周边 500 范围内坡降建议不少于 6%，并在
　　　　　　　　　隔离层位置加设聚酯布泄水，余类推。

细石混凝土 饰面 结构找坡 一级	刚性保护层（可兼辅助防水）：同倒屋1 隔离层：0.3厚聚乙烯丙纶或干铺无纺布 绝热层：40～80厚挤塑聚苯板（聚合物水泥 　　　　胶粘贴） 防水层3：3.0厚自粘聚合物改性沥青防水卷材 　　　　（PY类） 防水层2：2.0厚自粘聚合物改性沥青防水卷材 　　　　（N类高分子膜） 防水层1：2.0厚聚合物水泥防水涂料（Ⅰ型， 　　　　内衬 50g/m² 无纺布） 找平层（兼防水层）：3厚聚合物水泥防水砂浆 结构层：现浇钢筋混凝土屋面板，结构找坡 　　　　1.5％～2.0％，随捣随抹	细石混凝土 饰面 结构找坡 一级	刚性保护层（可兼辅助防水）：同倒屋1 隔离层：0.3厚聚乙烯丙纶或干铺无纺布 绝热层：40～80厚挤塑聚苯板（聚合物水泥 　　　　胶粘贴） 防水层3：3.0厚自粘聚合物改性沥青防水卷材 　　　　（PY类） 防水层2：2.0厚自粘聚合物改性沥青防水卷材 　　　　（N类高分子膜） （隔离层）：聚合物水泥胶一道（若上道卷材 　　　　不含有害挥发物，不设此隔离层） 防水层1：2.0厚聚氨酯防水涂料 找平层（兼防水层）：3厚聚合物水泥防水砂浆 结构层：现浇钢筋混凝土屋面板，结构找坡 　　　　1.5％～2.0％，随捣随抹

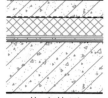

构造简图

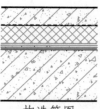

构造简图

构造层类　　挤塑板厚度可按本图集有关建议直选，也可
　　　　　　　　按计算确定。余类推。

细石混凝土饰面 材料找坡 一级	刚性保护层（可兼辅助防水）：同倒屋 1 隔离层：0.3 厚聚乙烯丙纶或干铺无纺布 绝热层：40～80 厚挤塑聚苯板（聚合物水泥 　　　　胶粘贴） 防水层 3：1.5 厚自粘聚合物改性沥青防水卷材 　　　　（Ｎ类高分子膜） 防水层 2：2.0 厚自粘聚合物改性沥青防水卷材 　　　　（Ｎ类高分子膜）或 1.5 厚湿铺防水卷 　　　　材（高分子膜基） 防水层 1：2.0 厚聚合物水泥防水涂料（Ⅰ型， 　　　　内衬 50g/m² 无纺布） 找平层：20（12+8）厚聚合物水泥砂浆 找坡层：1：3：6 水泥陶粒混凝土，2% 坡度， 　　　　最薄处 20 结构层：现浇钢筋混凝土屋面板	细石混凝土饰面 材料找坡 一级	刚性保护层（可兼辅助防水）：同倒屋 1 隔离层：0.3 厚聚乙烯丙纶或干铺无纺布 绝热层：40～80 厚挤塑聚苯板（3 厚聚合物水 　　　　泥防水砂浆挤浆坐铺） 防水层 3：3.0 厚自粘聚合物改性沥青防水卷材 　　　　（PY 类） 防水层 2：3.0 厚自粘聚合物改性沥青防水卷材 　　　　（PY 类双面粘） 防水层 1：2.0 厚单组分聚氨酯防水涂料 找平层：20（12+8）厚聚合物水泥砂浆 找坡层：1：3：6 水泥陶粒混凝土，2% 坡度， 　　　　最薄处 20 结构层：现浇钢筋混凝土屋面板
	构造简图		构造简图

构造层类　若能确保找坡层在进入下道工序前不进水，
　　　　　　可与找平层分设。余类推。

倒屋 31

细石混凝土
饰面
材料找坡
二级

刚性保护层（可兼辅助防水）：同倒屋1
隔离层：0.3厚聚乙烯丙纶或干铺无纺布
绝热层：40～80厚挤塑聚苯板（聚合物水泥
　　　　胶密缝点粘）
防水层2：≥1.2厚PVC（带背衬）或1.5厚TPO
　　　　（带自粘层）防水卷材
防水层1：2.0厚聚合物水泥防水涂料（Ⅰ型，
　　　　内衬50g/m² 无纺布）
找平层：20（12+8）厚聚合物水泥砂浆
找坡层：1：3：6水泥陶粒混凝土，2%坡度，
　　　　最薄处20
结构层：现浇钢筋混凝土屋面板

构造简图

倒屋 32

细石混凝土
饰面
结构找坡
一级

刚性保护层（可兼辅助防水）：同倒屋1
隔离层：0.3厚聚乙烯丙纶或干铺无纺布
绝热层：40～80厚挤塑聚苯板（聚合物水泥
　　　　胶密缝点粘）
防水层3：1.5厚自粘聚合物改性沥青防水卷材
　　　　（N类高分子膜）
防水层2：2.0厚湿铺防水卷材（高分子膜双
　　　　面粘）
防水层1：7.0厚聚合物水泥防水砂浆
结构层：现浇钢筋混凝土屋面板，结构找坡
　　　　1.5％～2.0％，随捣随抹

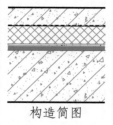

构造简图

构造层类　若结构找坡不够精准，须增设找平层，建议为
纤维水泥砂浆，厚度15（8+7）或20（12+8）。

构造节点

所有节点设计，应根据选定的构造层类稍加调整

所有节点设计，应随选定的防水层（比如：PVC 或 TPO）及构造层类略作调整

本图集不推荐砂垫层。也不推荐水泥砂浆或现浇的不配筋细石混凝土保护。

若防水层、保温层按要点原则选用，也不推荐在两者之间再设隔离层。

倒置屋面采用的绝热材料因蓄热量小，并与混凝土屋面构成外保温系统，因此同时具有隔热作用，故不须再设架空隔热层。

变形缝若有防火要求，可在缝下端嵌填防火胶泥或防火矿棉毡，并由专业公司施工。

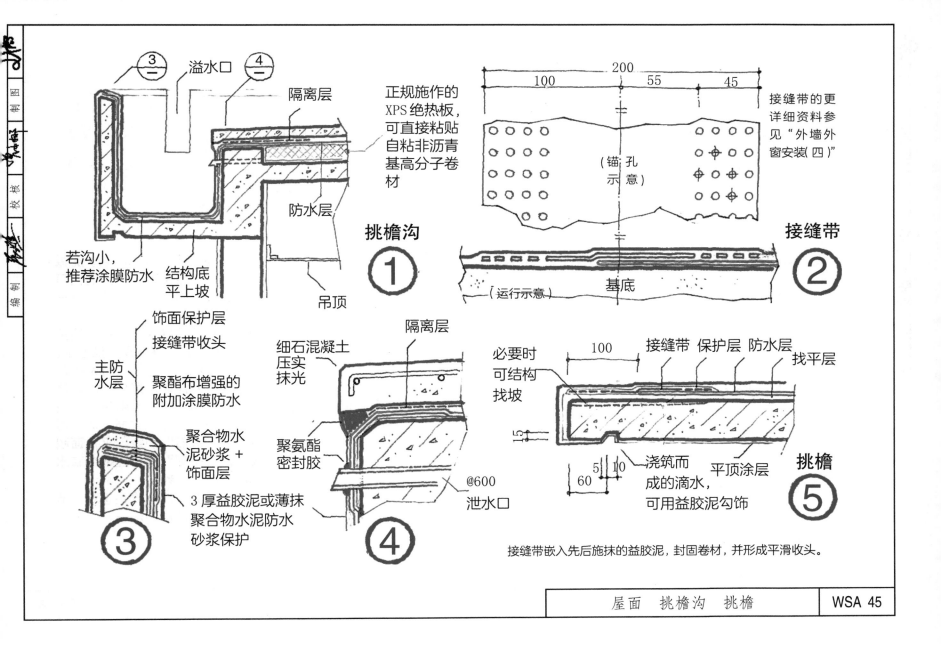

正规施作的XPS绝热板，可直接粘贴自粘非沥青基高分子卷材

隔离层

防水层

③ 溢水口 ④

吊顶

若沟小，推荐涂膜防水

结构底平上坡

挑檐沟 ①

200

100   55   45

（锚孔示意）

接缝带的更详细资料参见"外墙外窗安装（四）"

接缝带 ②

基底

（运行示意）

饰面保护层

接缝带收头

主防水层

聚酯布增强的附加涂膜防水

聚合物水泥砂浆＋饰面层

3厚益胶泥或薄抹聚合物水泥防水砂浆保护

③

隔离层

细石混凝土压实抹光

聚氨酯密封胶

@600

泄水口

④

必要时可结构找坡

接缝带 保护层 防水层

找平层

100

15

5 10

60

浇筑而成的滴水，可用益胶泥勾饰

平顶涂层

挑檐 ⑤

接缝带嵌入先后施抹的益胶泥，封固卷材，并形成平滑收头。

屋面 挑檐沟 挑檐

WSA 45

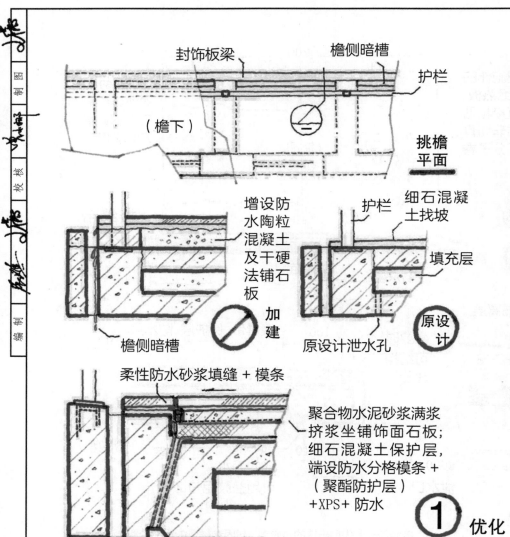

封饰板梁　　　　檐侧暗槽

护栏

（檐下）

**挑檐
平面**

增设防水陶粒混凝土及干硬法铺石板

护栏　　细石混凝土找坡

填充层

加建

檐侧暗槽

原设计泄水孔

原设计

柔性防水砂浆填缝＋模条

聚合物水泥砂浆满浆挤浆坐铺饰面石板；细石混凝土保护层，端设防水分格模条＋（聚酯防护层）＋XPS＋防水

① 优化

渗集水层中的饱和水，在檐墙交界处形成洇水污迹

渗水长时间浸积融碱渗出，形成钟乳现象

檐侧封板及暗槽

架空屋面平台设计无梁厚挑板时，为避免自由落水带来的檐口污渍，设计封饰梁板，不失为一种好方案。

但表面简洁的檐板，内在构造并不简：填充层、保温层、找坡层，均系"渗积水构造"。特别是带有干硬性水泥砂浆层时，问题严重。只有尽快将暗水泄出，缩短其滞留时间，才能减弱泛碱、污迹及"钟乳石"现象。平台面积较大的"干硬"层，应配合暗水排除系统的设计。

上表面平齐，泛水收头也难。节点①提供了解决办法一。

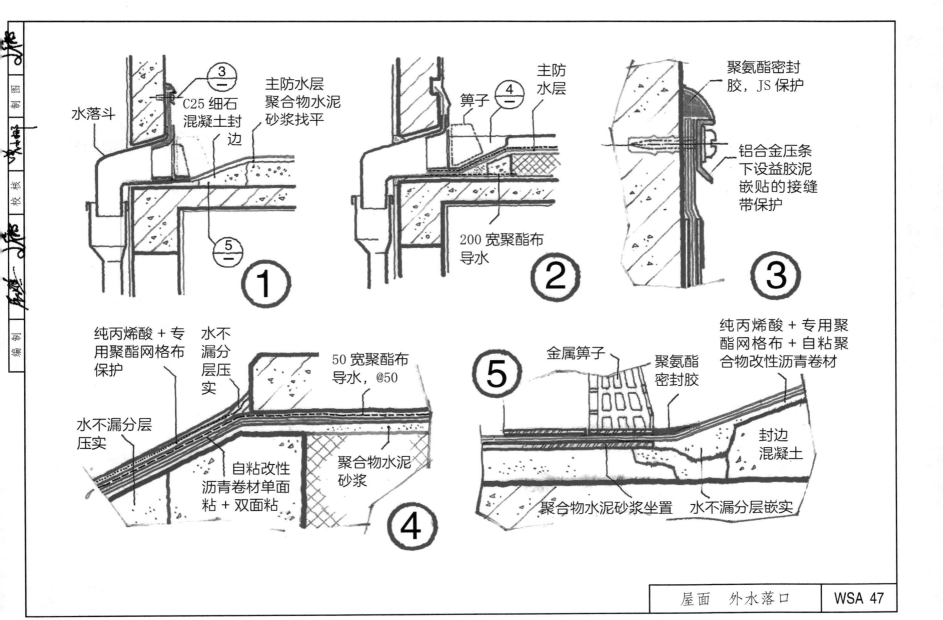

①

水落斗

③

C25 细石
混凝土封
边

主防水层
聚合物水泥
砂浆找平

⑤

②

箅子

④

主防
水层

200 宽聚酯布
导水

③

聚氨酯密封
胶，JS 保护

铝合金压条
下设益胶泥
嵌贴的接缝
带保护

④

纯丙烯酸＋专
用聚酯网格布
保护

水不
漏分
层压
实

50 宽聚酯布
导水，@50

水不漏分层
压实

自粘改性
沥青卷材单面
粘＋双面粘

聚合物水泥
砂浆

⑤

金属箅子

聚氨酯
密封胶

纯丙烯酸＋专用聚
酯网格布＋自粘聚
合物改性沥青卷材

封边
混凝土

聚合物水泥砂浆坐置   水不漏分层嵌实

屋面　外水落口

WSA 47

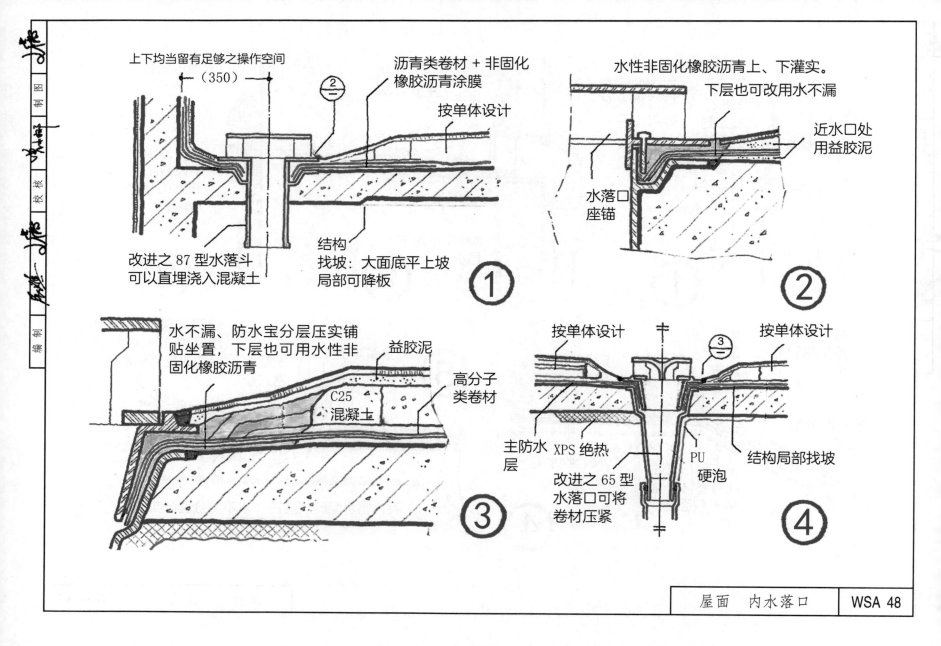

上下均当留有足够之操作空间
（350）

沥青类卷材＋非固化
橡胶沥青涂膜

按单体设计

改进之 87 型水落斗
可以直埋浇入混凝土

结构
找坡：大面底平上坡
局部可降板

①

水性非固化橡胶沥青上、下灌实。
下层也可改用水不漏

近水口处
用益胶泥

水落口
座锚

②

水不漏、防水宝分层压实铺
贴坐置，下层也可用水性非
固化橡胶沥青

益胶泥

高分子
类卷材

C25
混凝土

③

按单体设计

按单体设计

主防水
层

XPS 绝热

改进之 65 型
水落口可将
卷材压紧

PU
硬泡

结构局部找坡

④

屋面　内水落口　　WSA 48

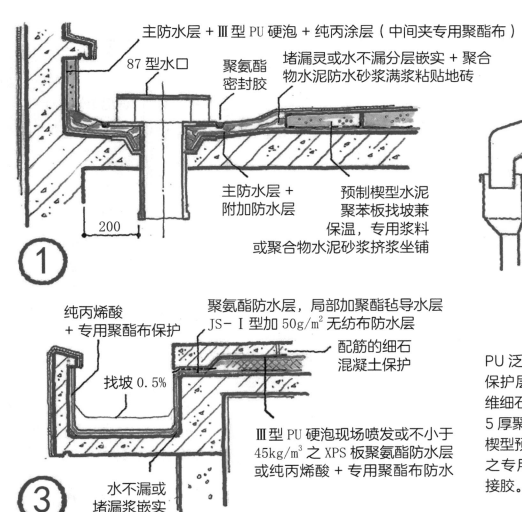

主防水层 + Ⅲ型 PU 硬泡 + 纯丙涂层（中间夹专用聚酯布）

87 型水口

聚氨酯
密封胶

堵漏灵或水不漏分层嵌实 + 聚合
物水泥防水砂浆满浆粘贴地砖

主防水层 +
附加防水层

预制楔型水泥
聚苯板找坡兼
保温，专用浆料
或聚合物水泥砂浆挤浆坐铺

200

①

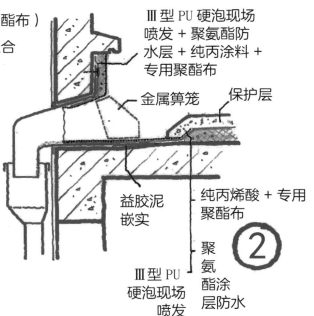

Ⅲ型 PU 硬泡现场
喷发 + 聚氨酯防
水层 + 纯丙涂料 +
专用聚酯布

金属箅笼

保护层

益胶泥
嵌实

纯丙烯酸 + 专用
聚酯布

Ⅲ型 PU
硬泡现场
喷发

聚
氨
酯
涂
层
防水

②

纯丙烯酸
+ 专用聚酯布保护

聚氨酯防水层，局部加聚酯毡导水层
JS-Ⅰ型加 $50g/m^2$ 无纺布防水层

配筋的细石
混凝土保护

找坡 0.5%

Ⅲ型 PU 硬泡现场喷发或不小于
$45kg/m^3$ 之 XPS 板聚氨酯防水层
或纯丙烯酸 + 专用聚酯布防水

水不漏或
堵漏浆嵌实

③

PU 泛水保温 30~50 厚
保护层：配筋的细石混凝土或 30 厚纤
维细石混凝土。泛水层水口附近也可为
5 厚聚合物纤维水泥砂浆。
楔型预制板可加设找平层。其挤浆坐铺
之专用浆料：废纸 + 膨胀珍珠岩 + 粘
接胶。

屋面　保温兼找坡

WSA 49

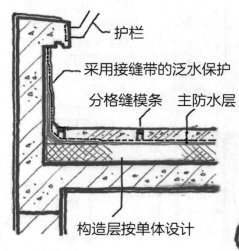

护栏

采用接缝带的泛水保护

分格缝模条　主防水层

构造层按单体设计

① 矮女儿墙

卷材端部覆盖接缝带全带上下夹施聚合水泥防水砂浆（益胶泥）

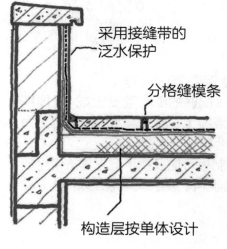

采用接缝带的泛水保护

分格缝模条

构造层按单体设计

② 传统女儿墙

预制清水混凝土压顶 120 ～ 150 厚 C25φ6@100 纵向 4φ6 聚合物水泥砂浆坐铺并勾平缝

保护层

④

定型阴角模条（XPS）

详见单体设计

③ 人孔

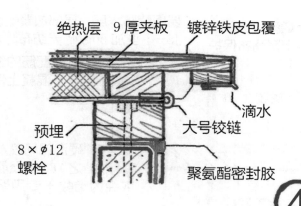

绝热层　9厚夹板　镀锌铁皮包覆

滴水

大号铰链

预埋 8×φ12 螺栓

聚氨酯密封胶

④

屋面　矮女儿墙　压顶　人孔

WSA 50

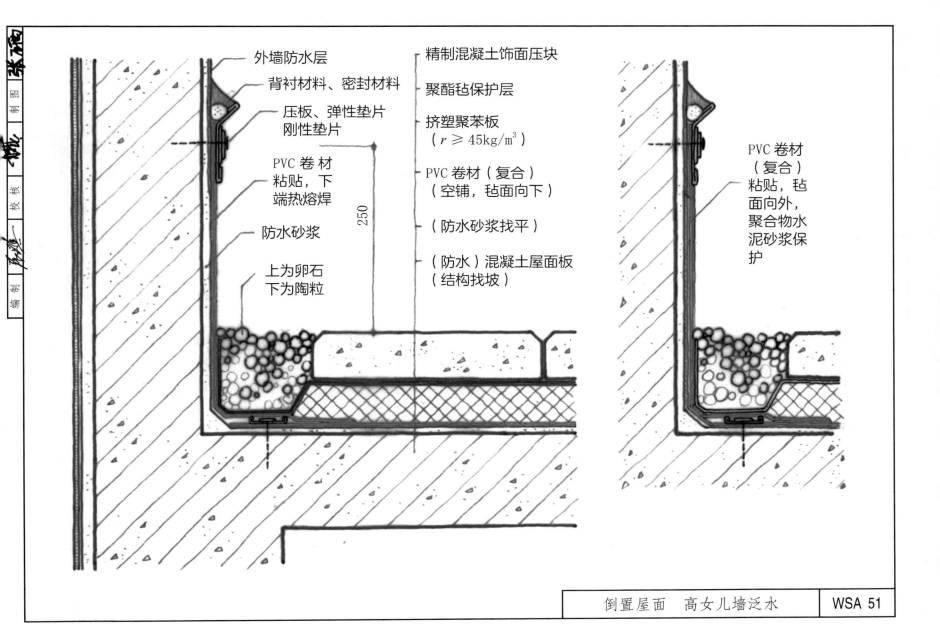

外墙防水层

背衬材料、密封材料

压板、弹性垫片
刚性垫片

PVC 卷材
粘贴，下
端热熔焊

防水砂浆

上为卵石
下为陶粒

精制混凝土饰面压块

聚酯毡保护层

挤塑聚苯板
（ $r \geqslant 45\mathrm{kg/m}^3$ ）

PVC 卷材（复合）
（空铺，毡面向下）

（防水砂浆找平）

（防水）混凝土屋面板
（结构找坡）

250

PVC 卷材
（复合）
粘贴，毡
面向外，
聚合物水
泥砂浆保
护

倒置屋面　高女儿墙泛水

WSA 51

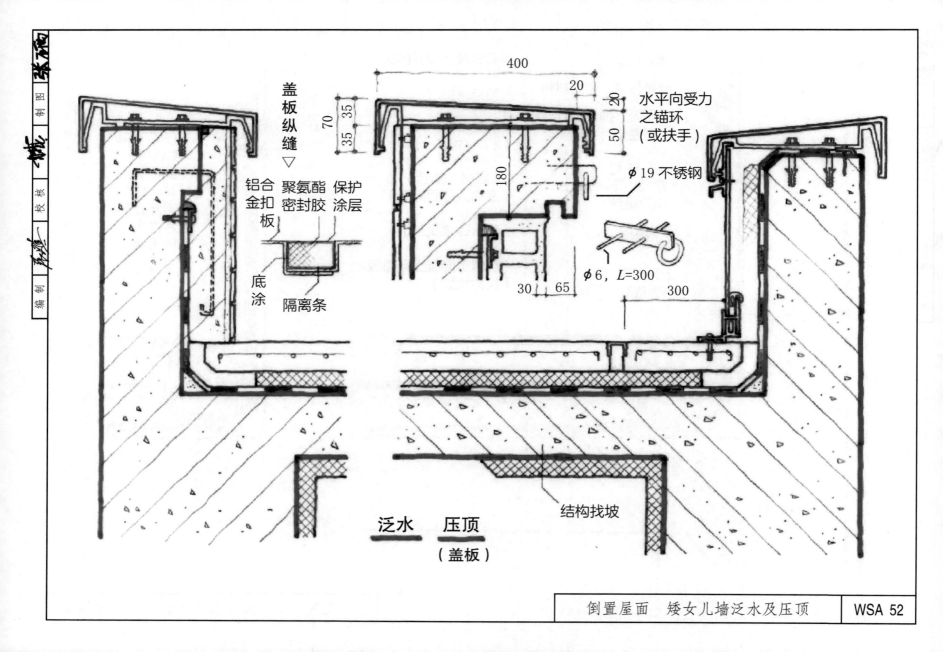

400

20

70

35 35

35 35

盖板纵缝
▽

铝合金扣板

聚氨酯密封胶

保护涂层

底涂

隔离条

180

20

50

水平向受力之锚环（或扶手）

Φ19 不锈钢

30 65

Φ6，L=300

300

结构找坡

泛水 **压顶**
        （盖板）

倒置屋面 矮女儿墙泛水及压顶   WSA 52

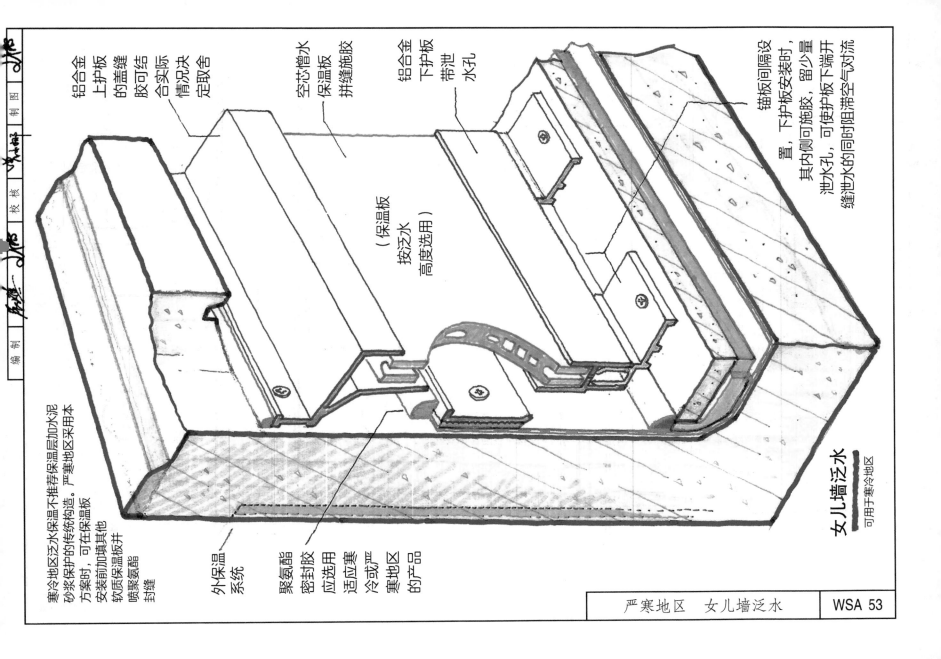

铝合金
上护板
的盖缝缝
胶可结
合实际
情况决
定取舍

空芯嵌水
保温板
拼缝施胶

铝合金
下护板
带泄
水孔

（保温水
按泛水
高度选用）

锚板间隔设
置，下护板安装时，留少量
其内侧可施胶，泄水孔，可使护板下端开
泄水孔，可使护板下端开
缝泄水的同时阻滞空气对流

寒冷地区泛水保温层不推荐保温层加水泥
砂浆保护的传统构造。严寒地区采用本
方案时，可在保温板
安装前加填其他
软质保温板并
喷聚氨酯
封缝

外保温
系统

聚氨酯
密封胶
应选用
适应寒
冷或严
寒地区
的产品

女儿墙泛水
可用于寒冷地区

| 严寒地区　女儿墙泛水 | WSA 53 |

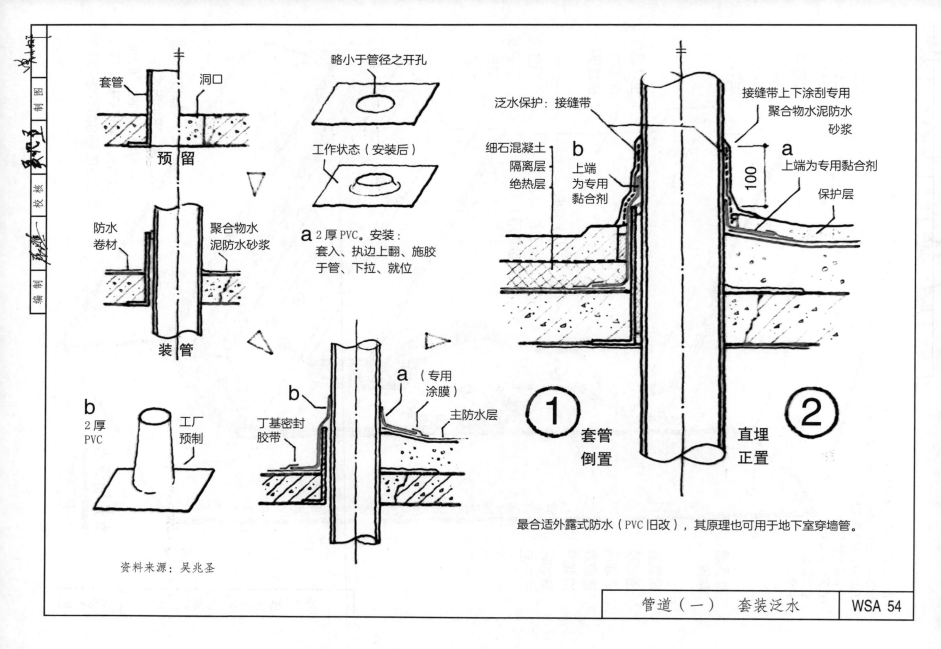

套管　洞口

预留

防水卷材　聚合物水泥防水砂浆

装管

略小于管径之开孔

工作状态（安装后）

a 2厚PVC。安装：套入、执边上翻、施胶于管、下拉、就位

b 2厚PVC　工厂预制

b　a（专用涂膜）

丁基密封胶带　主防水层

资料来源：吴兆圣

泛水保护：接缝带

细石混凝土隔离层绝热层

b 上端为专用黏合剂

接缝带上下涂刮专用聚合物水泥防水砂浆

a 上端为专用黏合剂

100

保护层

① 套管倒置

② 直埋正置

最合适外露式防水（PVC旧改），其原理也可用于地下室穿墙管。

管道（一）　套装泛水　WSA 54

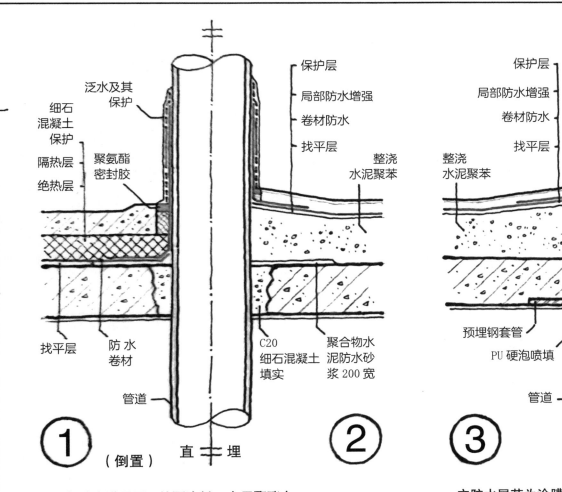

细石混凝土保护
隔热层
绝热层
泛水及其保护
聚氨酯密封胶
保护层
局部防水增强
卷材防水
找平层
整浇水泥聚苯

找平层
防水卷材
管道

C20细石混凝土填实
聚合物水泥防水砂浆200宽

①（倒置）
直埋
②

保护层
局部防水增强
卷材防水
找平层
整浇水泥聚苯
预埋钢套管
PU硬泡喷填
管道

聚合物水泥防水砂浆保护
聚氨酯密封胶
XPS条板填
细石混凝土保护
隔离层
绝热层
局部防水增强
防水卷材

③
套管
④（倒置）

局部防水增强层：纯丙涂料＋专用聚酯布。
泛水高200；防水同增强层；保护层为聚合物防水砂
浆薄层涂抹，压入粘贴型接缝带。

泛水：涂层好过卷材。不推荐混凝土护墩。

主防水层若为涂膜，应沿管上翻200，则增强层可为同种涂料。
不推荐吊模，建议首选③④。

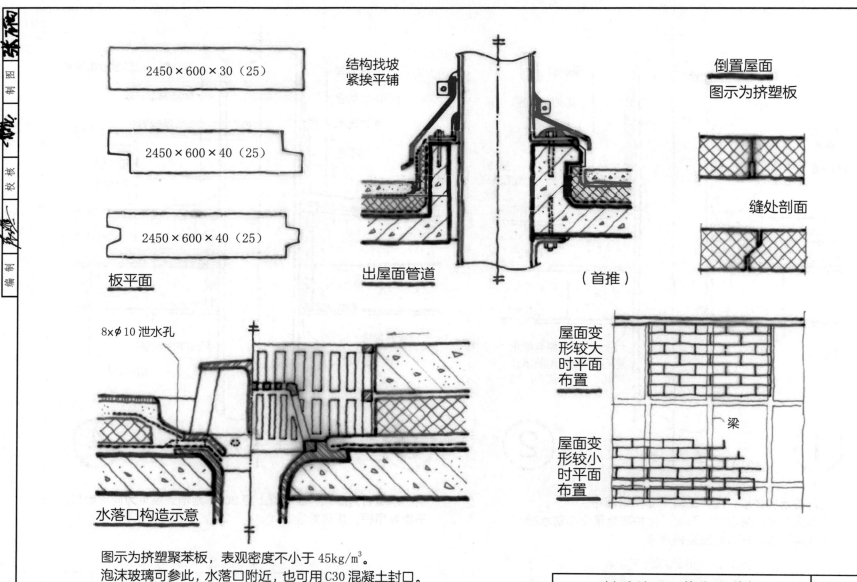

2450×600×30（25）

2450×600×40（25）

2450×600×40（25）

板平面

结构找坡
紧挨平铺

出屋面管道

（首推）

倒置屋面

图示为挤塑板

缝处剖面

8x φ10 泄水孔

水落口构造示意

屋面变形较大时平面布置

梁

屋面变形较小时平面布置

图示为挤塑聚苯板，表观密度不小于 45kg/m³。
泡沫玻璃可参此，水落口附近，也可用 C30 混凝土封口。

倒置屋面 挤塑聚苯板

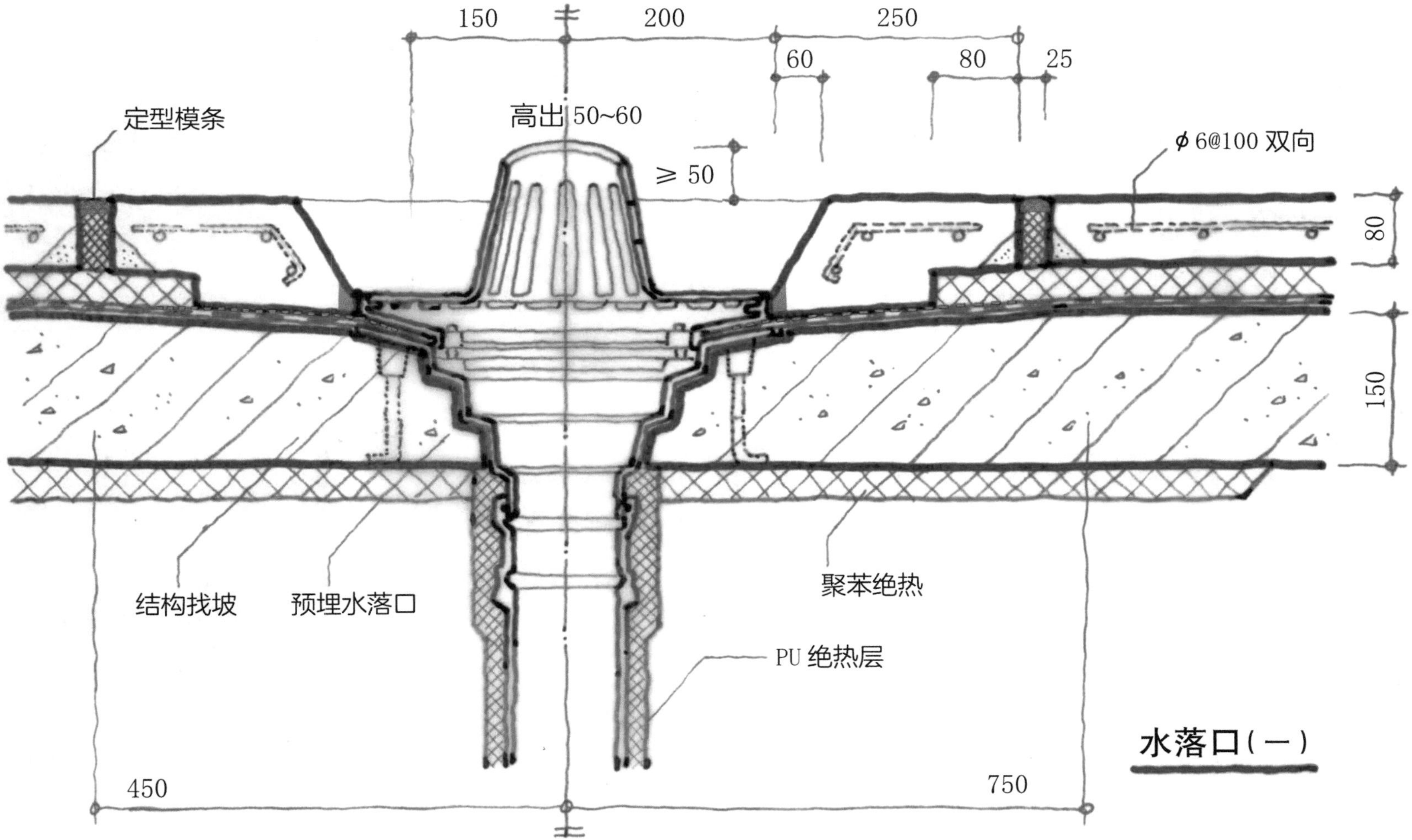

150　　　200　　　　　250

60　　　　80　　25

定型模条

高出 50~60

φ6@100 双向

≥ 50

80

150

结构找坡　　预埋水落口

聚苯绝热

PU 绝热层

水落口（一）

450　　　　　　　　　　750

注意：结构板在水落口范围内的坡降处理至关重要。必要时，紧贴主防水上作泄水处理。

倒置屋面　水落口（一）

水落口（二）

预埋水落口
梁至少降 50

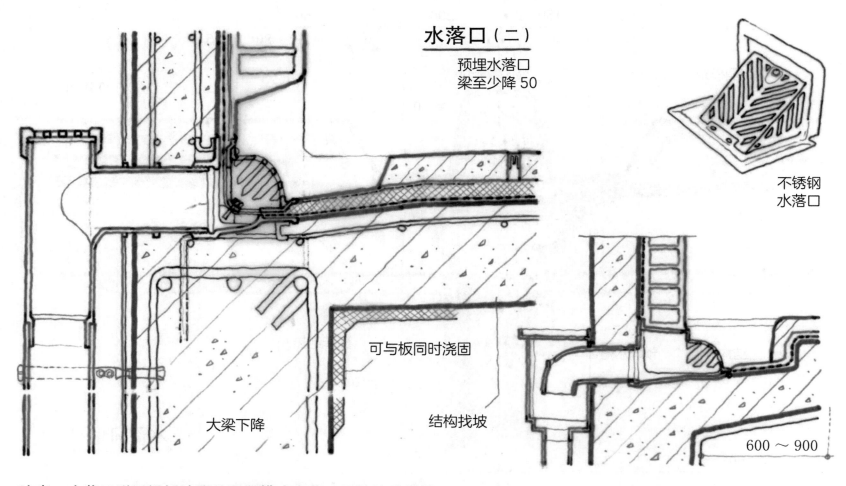

不锈钢
水落口

可与板同时浇固

大梁下降

结构找坡

600 ～ 900

注意：水落口附近梁板坡降处理及横式水落口配件的独特性。

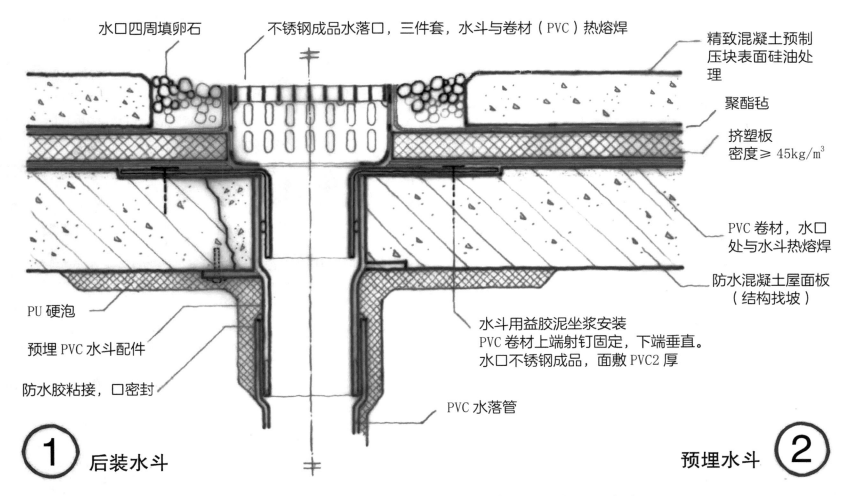

水口四周填卵石　　不锈钢成品水落口，三件套，水斗与卷材（PVC）热熔焊　　精致混凝土预制压块表面硅油处理

聚酯毡

挤塑板
密度≥45kg/m³

PVC 卷材，水口处与水斗热熔焊

防水混凝土屋面板（结构找坡）

水斗用益胶泥坐浆安装
PVC 卷材上端射钉固定，下端垂直。
水口不锈钢成品，面敷 PVC2 厚

PU 硬泡

预埋 PVC 水斗配件

防水胶粘接，口密封

PVC 水落管

① 后装水斗

预埋水斗 ②

水落口三件套：上件，不锈钢方形箅；中件，敷塑不锈钢水口；下件，PVC 水斗

无特别要求时，水口应选用高出屋面 100 者（成品铸铝）。

倒置屋面　水落口（三）　　WSA 59

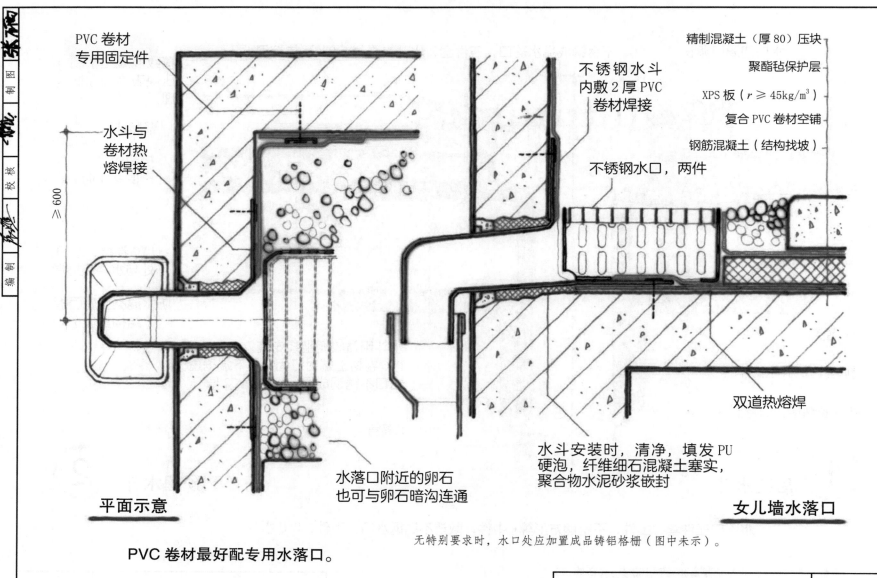

PVC 卷材
专用固定件

水斗与
卷材热
熔焊接

≥ 600

不锈钢水斗
内敷 2 厚 PVC
卷材焊接

精制混凝土（厚 80）压块

聚酯毡保护层

XPS 板（ $r \geqslant 45kg/m^3$ ）

复合 PVC 卷材空铺

钢筋混凝土（结构找坡）

不锈钢水口，两件

双道热熔焊

水斗安装时，清净，填发 PU
硬泡，纤维细石混凝土塞实，
聚合物水泥砂浆嵌封

平面示意

水落口附近的卵石
也可与卵石暗沟连通

女儿墙水落口

PVC 卷材最好配专用水落口。

无特别要求时，水口处应加置成品铸铝格栅（图中未示）。

倒置屋面　水落口（四）

WSA 60

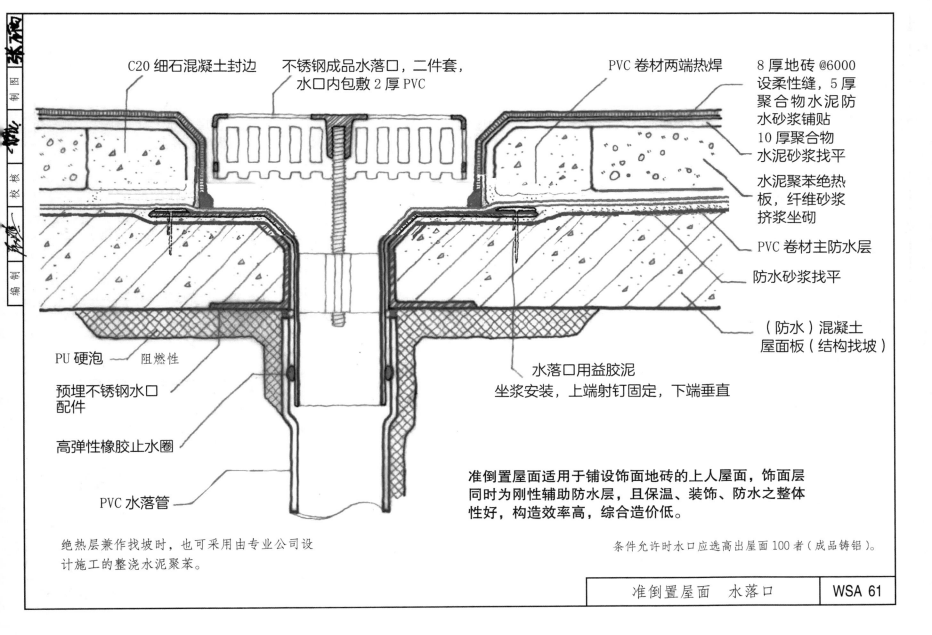

C20 细石混凝土封边

不锈钢成品水落口，二件套，水口内包敷 2 厚 PVC

PVC 卷材两端热焊

8 厚地砖 @6000 设柔性缝，5 厚聚合物水泥防水砂浆铺贴

10 厚聚合物水泥砂浆找平

水泥聚苯绝热板，纤维砂浆挤浆坐砌

PVC 卷材主防水层

防水砂浆找平

（防水）混凝土屋面板（结构找坡）

PU 硬泡 　阻燃性

预埋不锈钢水口配件

高弹性橡胶止水圈

PVC 水落管

水落口用益胶泥坐浆安装，上端射钉固定，下端垂直

准倒置屋面适用于铺设饰面地砖的上人屋面，饰面层同时为刚性辅助防水层，且保温、装饰、防水之整体性好，构造效率高，综合造价低。

绝热层兼作找坡时，也可采用由专业公司设计施工的整浇水泥聚苯。

条件允许时水口应选高出屋面100者（成品铸铝）。

准倒置屋面　水落口

WSA 61

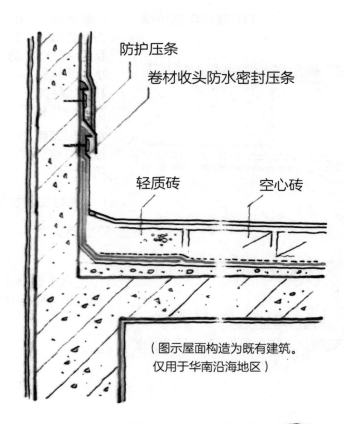

防护压条

卷材收头防水密封压条

轻质砖　　空心砖

（图示屋面构造为既有建筑。
仅用于华南沿海地区）

不推荐水泥钉
图示为塑料胀管螺钉，@ 小于 300。

①

1.0 厚
JS 保护

胶塞螺
钉固定
@ 约 300

金属盖板，上端施打
聚氨酯密封胶

PVC 卷
材，仅
两端专
用环氧
粘合剂
粘固

泛水保护
（益胶泥夹穿
孔接缝带）

XPS 板
兼模板

按单体
（也可倒置）

（上端局部可 PU 发泡）

盖缝之 PVC，留变形
余量，又不积水。

②

泛水　变形缝　高低缝（一）　传统　　WSA 62

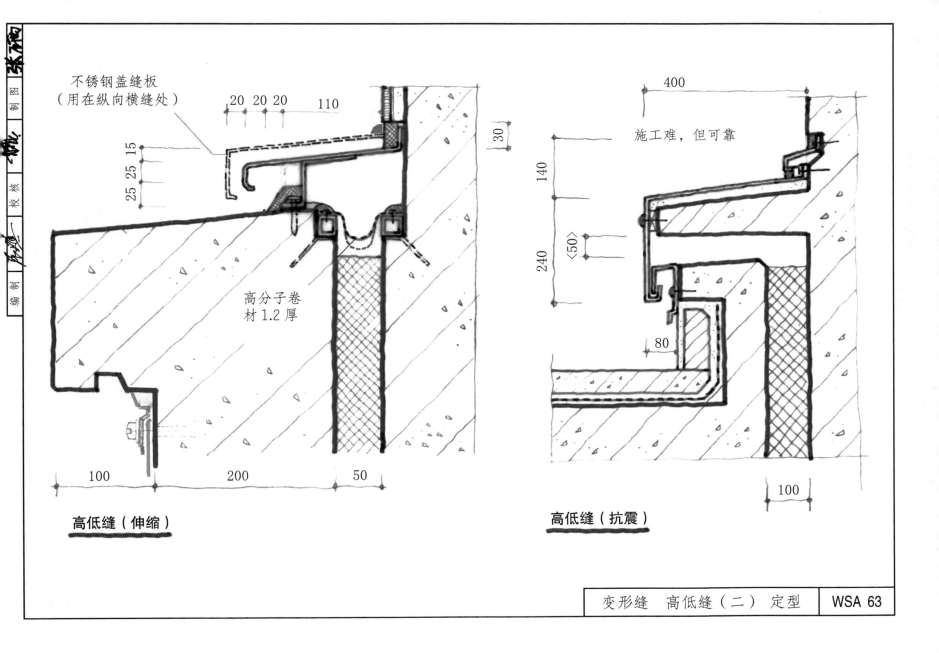

不锈钢盖缝板
（用在纵向横缝处）

高分子卷
材1.2厚

高低缝（伸缩）

施工难，但可靠

高低缝（抗震）

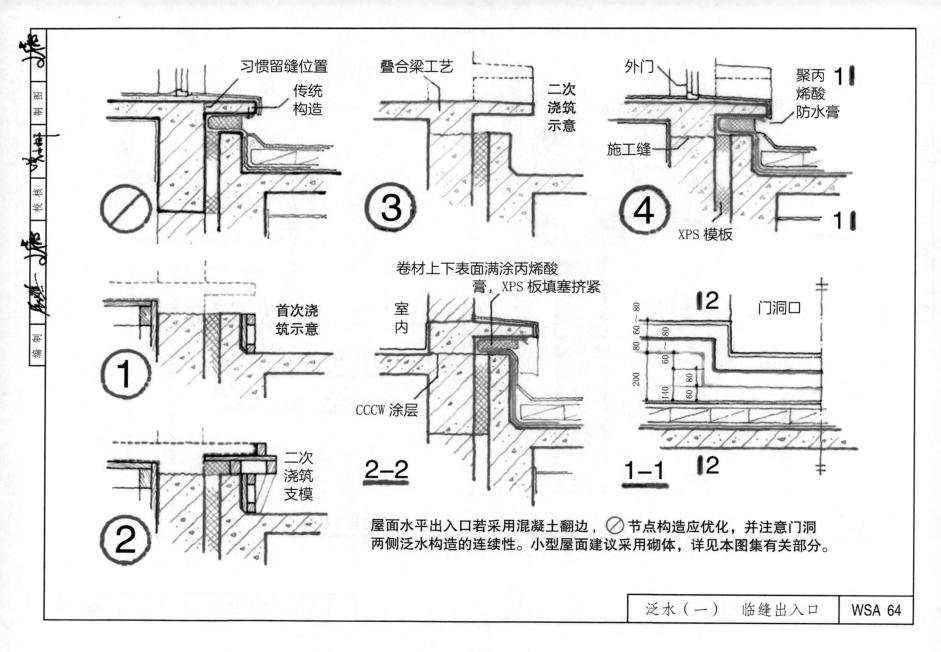

习惯留缝位置

传统构造

二次浇筑示意

叠合梁工艺

外门

聚丙烯酸防水膏

施工缝

XPS 模板

首次浇筑示意

二次浇筑支模

卷材上下表面满涂丙烯酸膏，XPS 板填塞挤紧

室内

CCCW 涂层

门洞口

2-2

1-1

屋面水平出入口若采用混凝土翻边，⊘节点构造应优化，并注意门洞两侧泛水构造的连续性。小型屋面建议采用砌体，详见本图集有关部分。

泛水（一）　临缝出入口　　WSA 64

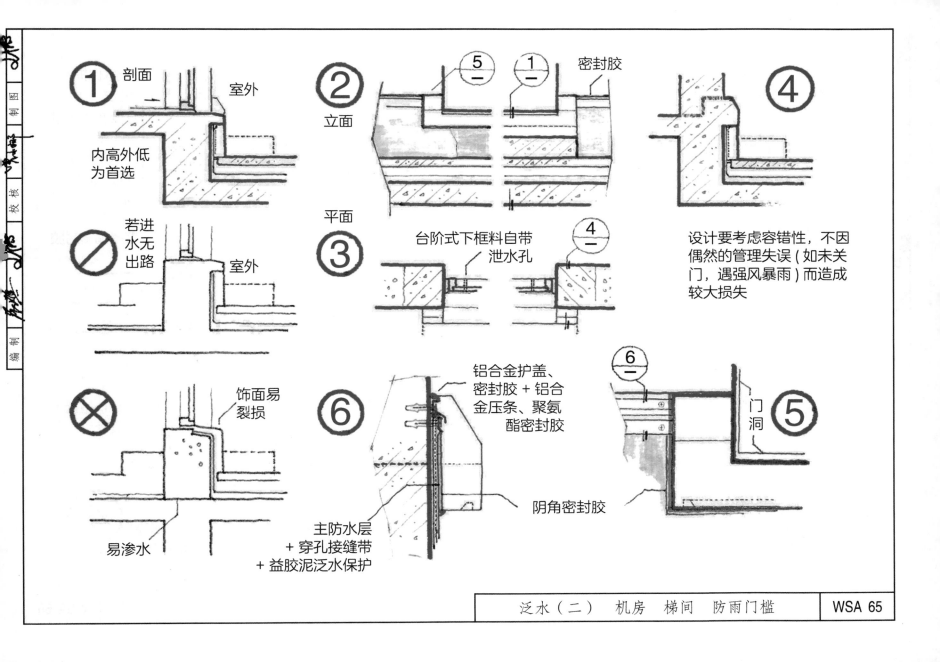

泛水（二）　机房　梯间　防雨门槛

WSA 65

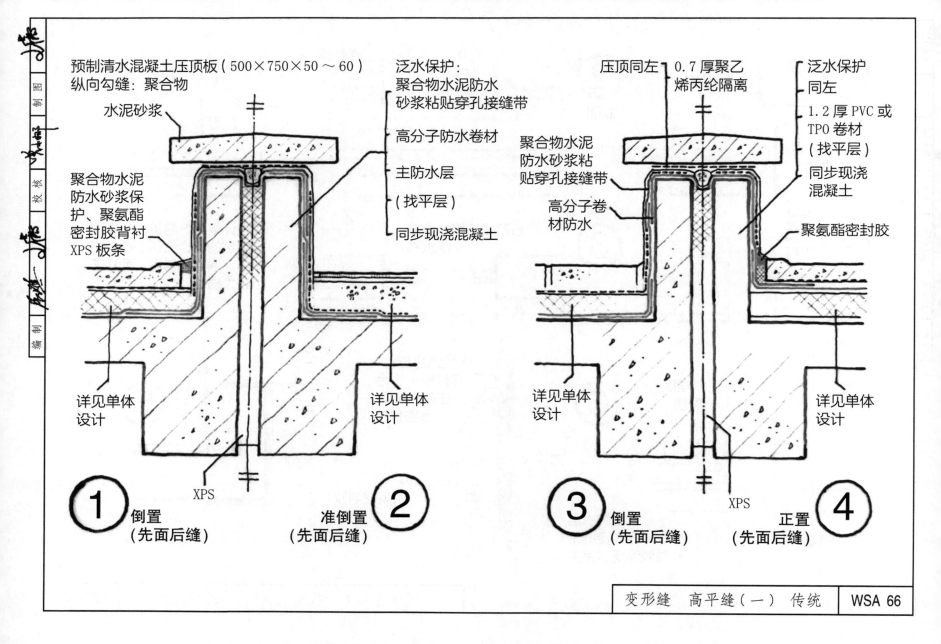

预制清水混凝土压顶板（500×750×50～60）
纵向勾缝：聚合物

水泥砂浆

聚合物水泥防水砂浆保护、聚氨酯密封胶背衬XPS板条

泛水保护：
聚合物水泥防水砂浆粘贴穿孔接缝带

高分子防水卷材

主防水层

（找平层）

同步现浇混凝土

详见单体设计

详见单体设计

XPS

① 倒置
（先面后缝）

② 准倒置
（先面后缝）

压顶同左

0.7厚聚乙烯丙纶隔离

泛水保护同左

1.2厚PVC或TPO卷材
（找平层）

同步现浇混凝土

聚合物水泥防水砂浆粘贴穿孔接缝带

高分子卷材防水

聚氨酯密封胶

详见单体设计

详见单体设计

XPS

③ 倒置
（先面后缝）

④ 正置
（先面后缝）

变形缝　高平缝（一）　传统　　WSA 66

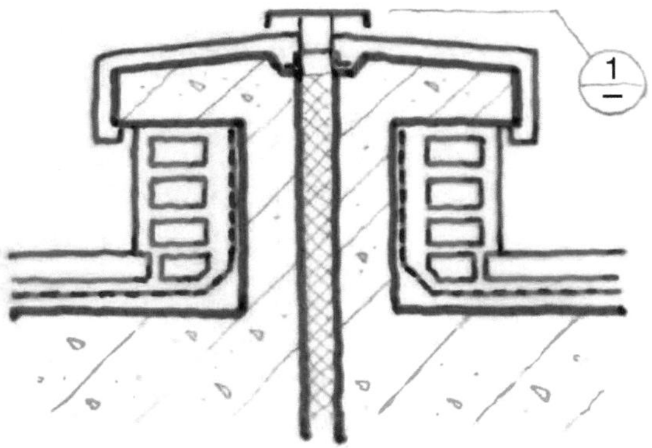

1
—

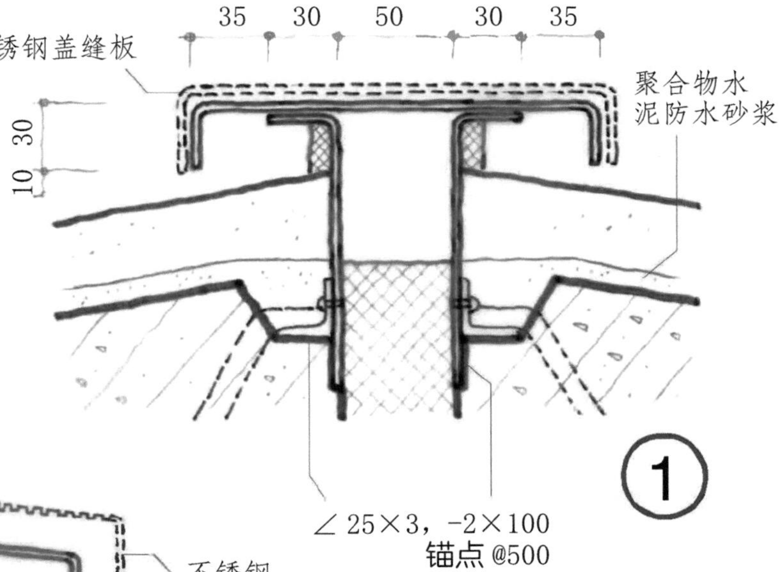

35
30
50
30
35
不锈钢盖缝板
聚合物水泥防水砂浆
30
10
∠25×3，-2×100
锚点@500
1

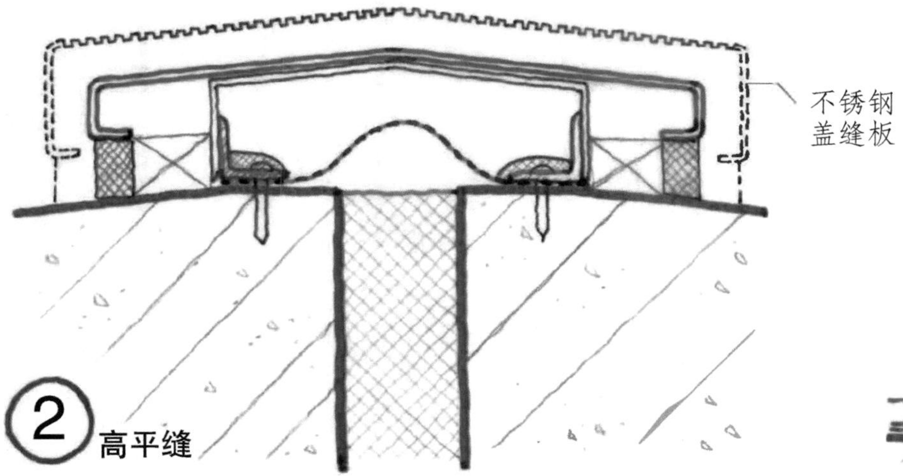

不锈钢盖缝板
2
高平缝

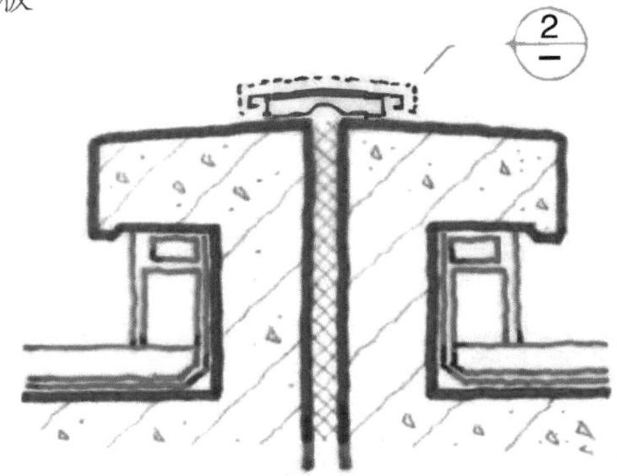

2
—

不锈钢盖缝板宽 250 ～ 300，中间高，两端低，构造防水。

变形缝　高平缝（二）　定型	WSA 67

编制 | 校核 | 制图

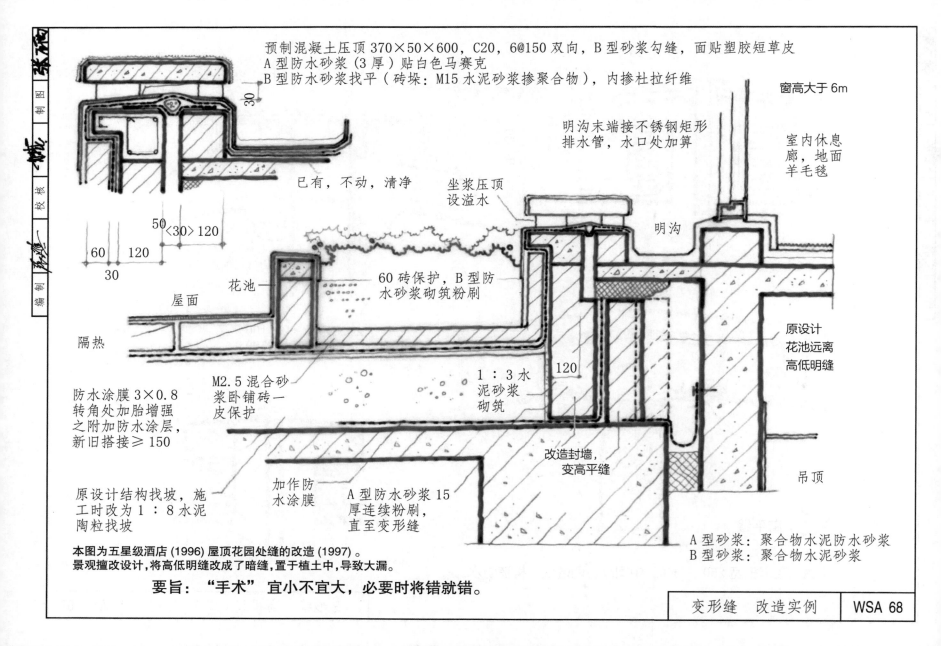

预制混凝土压顶 370×50×600，C20，6@150 双向，B 型砂浆勾缝，面贴塑胶短草皮
A 型防水砂浆（3 厚）贴白色马赛克
B 型防水砂浆找平（砖垛：M15 水泥砂浆掺聚合物），内掺杜拉纤维

窗高大于 6m

明沟末端接不锈钢矩形
排水管，水口处加算

室内休息
廊，地面
羊毛毯

已有，不动，清净

坐浆压顶
设溢水

明沟

30

50 〈30〉120

60 120

30

花池

屋面

60 砖保护，B 型防
水砂浆砌筑粉刷

原设计
花池远离
高低明缝

隔热

120

防水涂膜 3×0.8
转角处加胎增强
之附加防水涂层，
新旧搭接≥150

M2.5 混合砂
浆卧铺砖一
皮保护

1：3 水
泥砂浆
砌筑

吊顶

原设计结构找坡，施
工时改为 1：8 水泥
陶粒找坡

加作防
水涂膜

A 型防水砂浆 15
厚连续粉刷，
直至变形缝

改造封墙，
变高平缝

A 型砂浆：聚合物水泥防水砂浆
B 型砂浆：聚合物水泥砂浆

本图为五星级酒店 (1996) 屋顶花园处缝的改造 (1997)。
景观擅改设计，将高低明缝改成了暗缝，置于植土中，导致大漏。

要旨：“手术”宜小不宜大，必要时将错就错。

变形缝 改造实例 　WSA 68

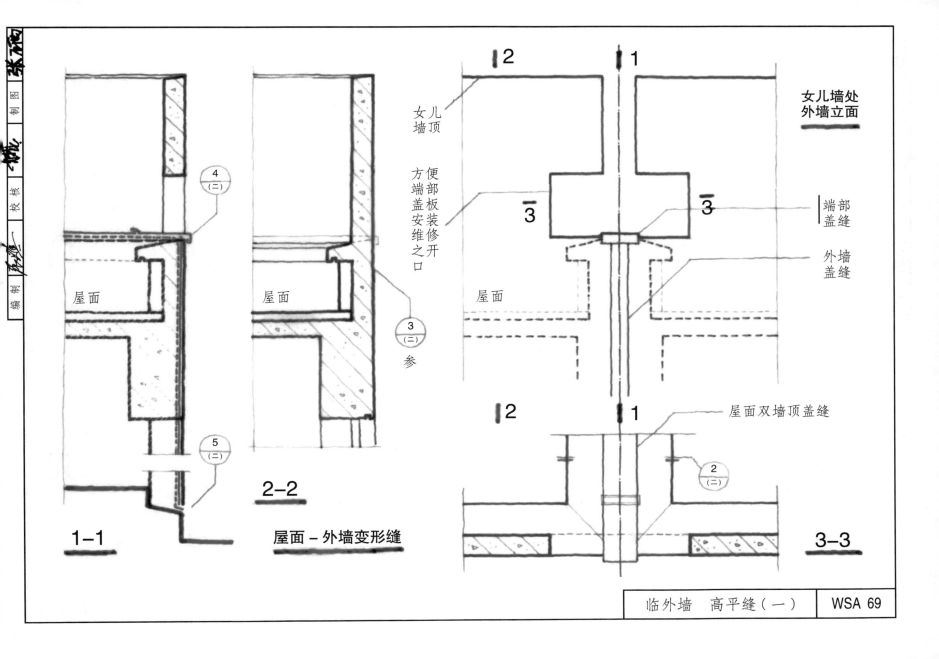

女儿墙处
外墙立面

女儿墙顶

便于端部盖板安装维修之方便开口

端部盖缝

外墙盖缝

屋面

④
(二)

③
(二)
参

屋面

①
(二)

⑤
(二)

1-1

2-2

屋面－外墙变形缝

屋面双墙顶盖缝

②
(二)

3-3

临外墙　高平缝（一）　WSA 69

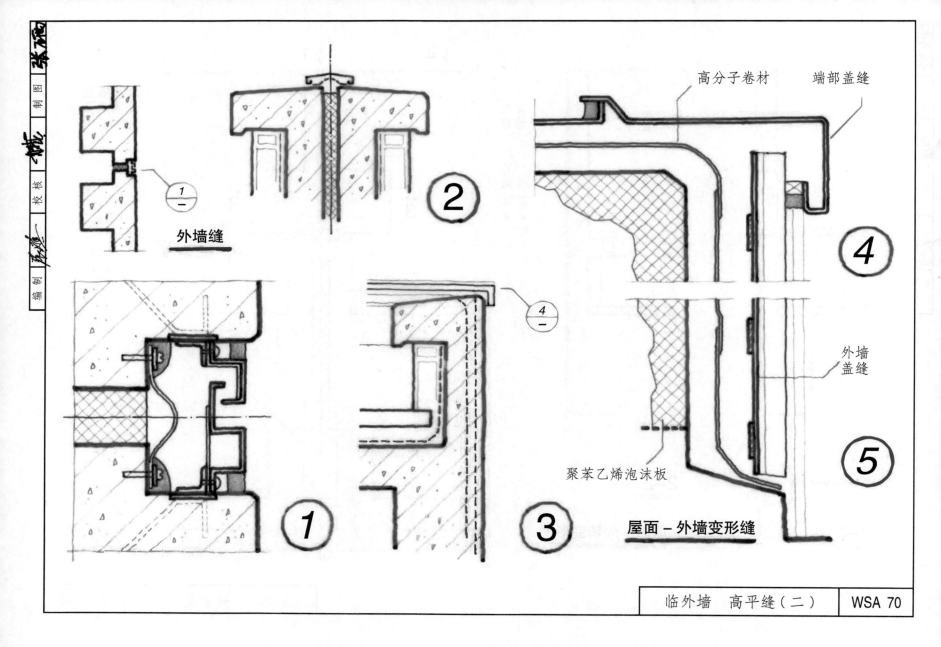

外墙缝

②

①

③

④

⑤

高分子卷材　　端部盖缝

外墙
盖缝

聚苯乙烯泡沫板

屋面－外墙变形缝

临外墙　高平缝（二）　　WSA 70

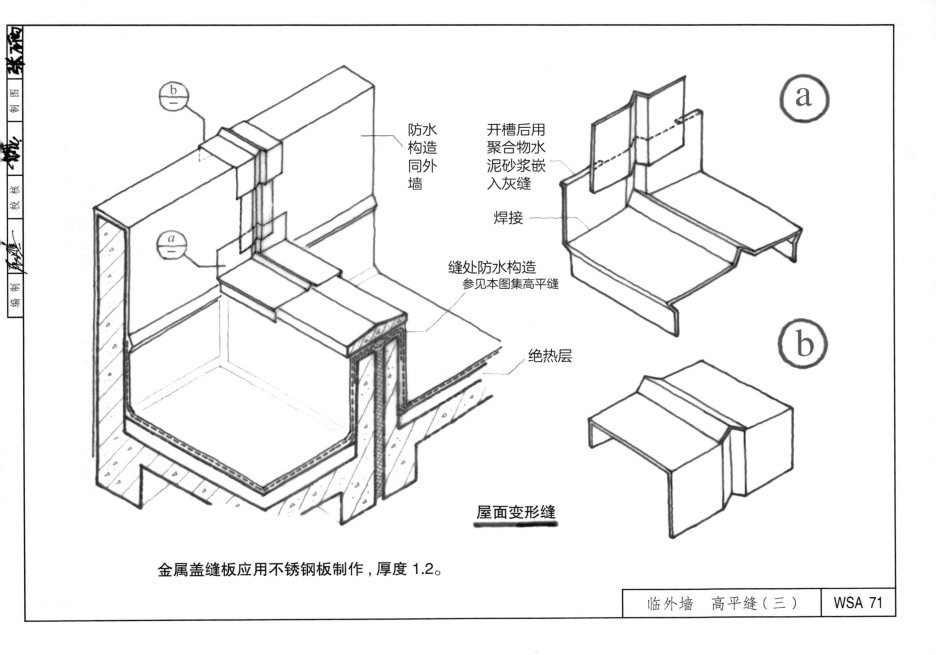

防水构造同外墙

开槽后用聚合物水泥砂浆嵌入灰缝

焊接

缝处防水构造
参见本图集高平缝

绝热层

屋面变形缝

金属盖缝板应用不锈钢板制作，厚度1.2。

临外墙　高平缝（三）　WSA 71

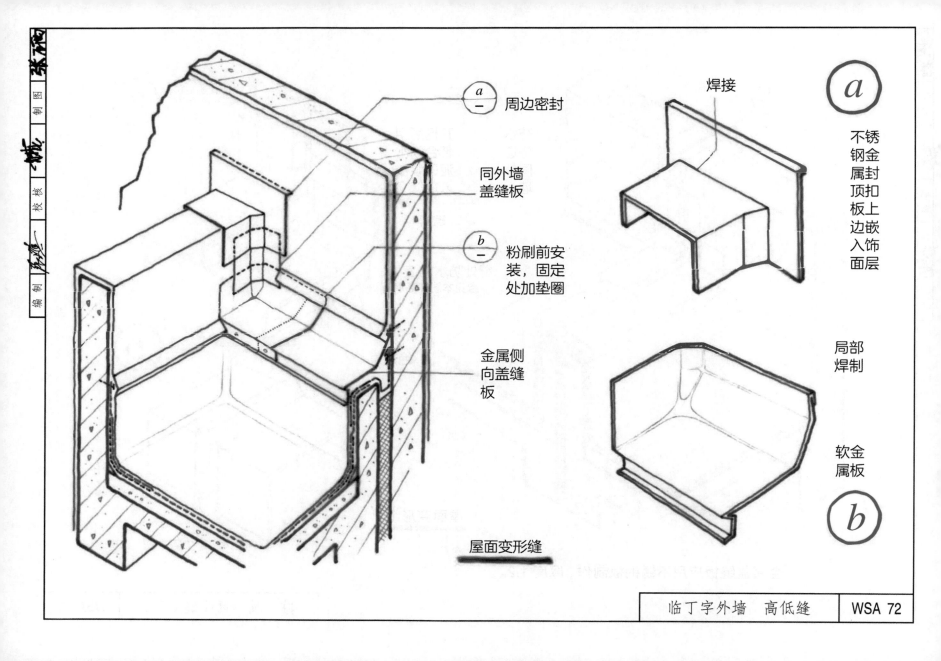

焊接

ⓐ／— 周边密封

同外墙盖缝板

ⓑ／— 粉刷前安装，固定处加垫圈

金属侧向盖缝板

屋面变形缝

不锈钢金属封顶扣板上边嵌入饰面层

ⓐ

局部焊制

软金属板

ⓑ

临丁字外墙　高低缝　│　WSA 72

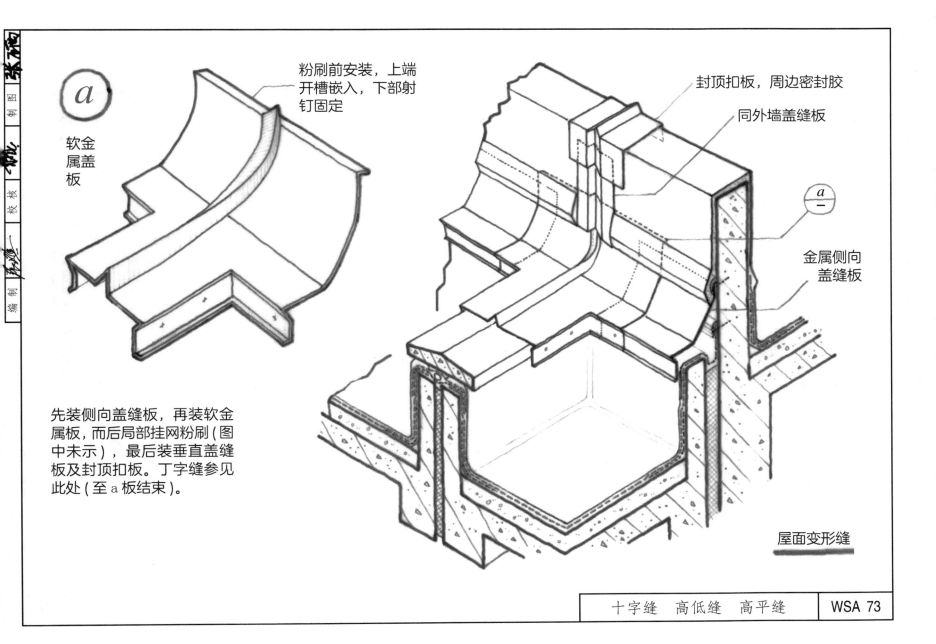

粉刷前安装，上端
开槽嵌入，下部射
钉固定

软金
属盖
板

封顶扣板，周边密封胶

同外墙盖缝板

金属侧向
盖缝板

先装侧向盖缝板，再装软金
属板，而后局部挂网粉刷（图
中未示），最后装垂直盖缝
板及封顶扣板。丁字缝参见
此处（至 a 板结束）。

屋面变形缝

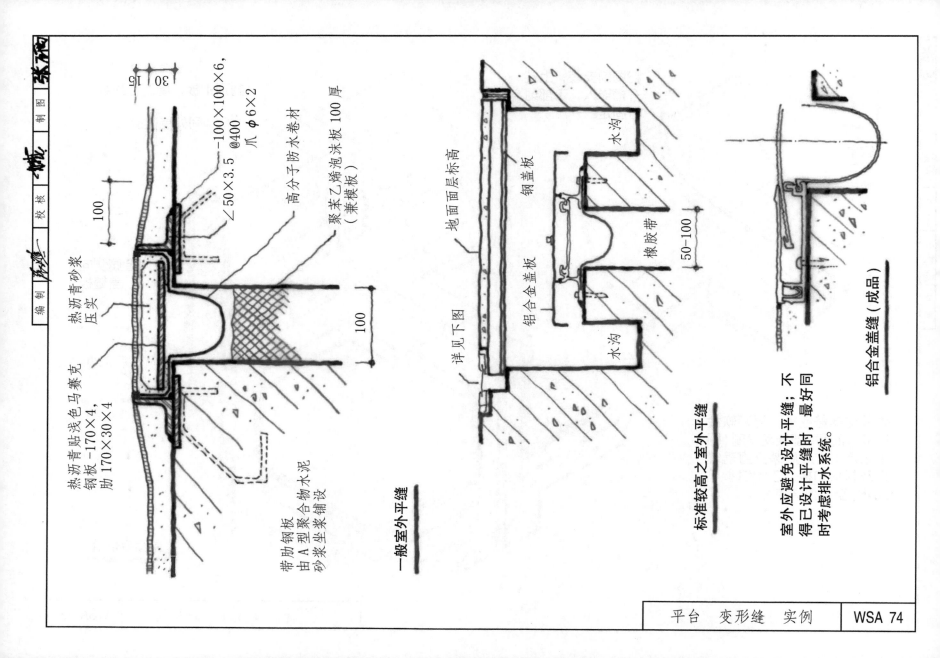

30 15

100

−100×100×6，@400
爪φ6×2

∠50×3.5

高分子防水卷材

聚苯乙烯泡沫板 100 厚（兼模板）

100

热沥青砂浆
压实

热沥青贴浅色马赛克
钢板 −170×4，
肋 170×30×4

带肋钢板
由 A 型聚合物水泥
砂浆坐浆铺设

一般室外平缝

地面面层标高

详见下图

钢盖板

铝合金盖板

水沟

水沟

橡胶带

50−100

标准较高之室外平缝

铝合金盖缝（成品）

室外应避免设计平缝；不得已设计平缝时，最好同时考虑排水系统。

| 平台　变形缝　实例 | WSA 74 |

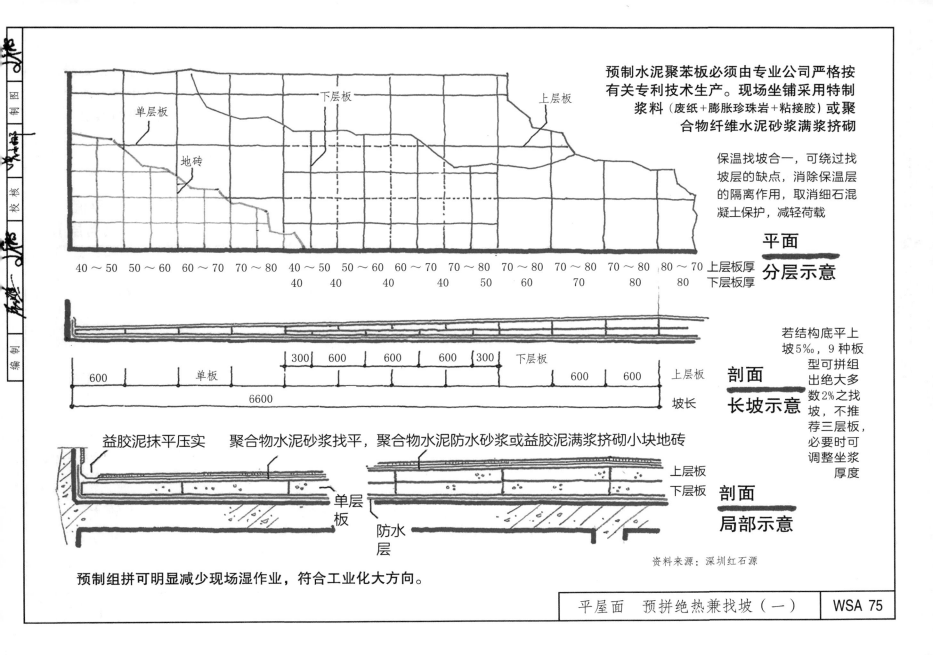

预制水泥聚苯板必须由专业公司严格按有关专利技术生产。现场坐铺采用特制浆料（废纸＋膨胀珍珠岩＋粘接胶）或聚合物纤维水泥砂浆满浆挤砌

单层板

地砖

下层板

上层板

保温找坡合一，可绕过找坡层的缺点，消除保温层的隔离作用，取消细石混凝土保护，减轻荷载

| 40～50 | 50～60 | 60～70 | 70～80 | 40～50 | 50～60 | 60～70 | 70～80 | 70～80 | 70～80 | 70～80 | 80～70 | 上层板厚 |
| | | | | 40 | 40 | 40 | 40 | 50 | 60 | 70 | 80 | 80 | 下层板厚 |

平面 <u>分层示意</u>

| 300 | 600 | 600 | 600 | 300 | 下层板 |
| 600 | 单板 | | | | 600 | 600 | 上层板 |

6600 坡长

剖面 <u>长坡示意</u>

若结构底平上坡5‰，9种板型可拼组出绝大多数2%之找坡，不推荐三层板，必要时可调整坐浆厚度

益胶泥抹平压实　聚合物水泥砂浆找平，聚合物水泥防水砂浆或益胶泥满浆挤砌小块地砖

上层板

下层板

单层板

防水层

剖面 <u>局部示意</u>

预制组拼可明显减少现场湿作业，符合工业化大方向。

平屋面　预拼绝热兼找坡（一）　　WSA 75

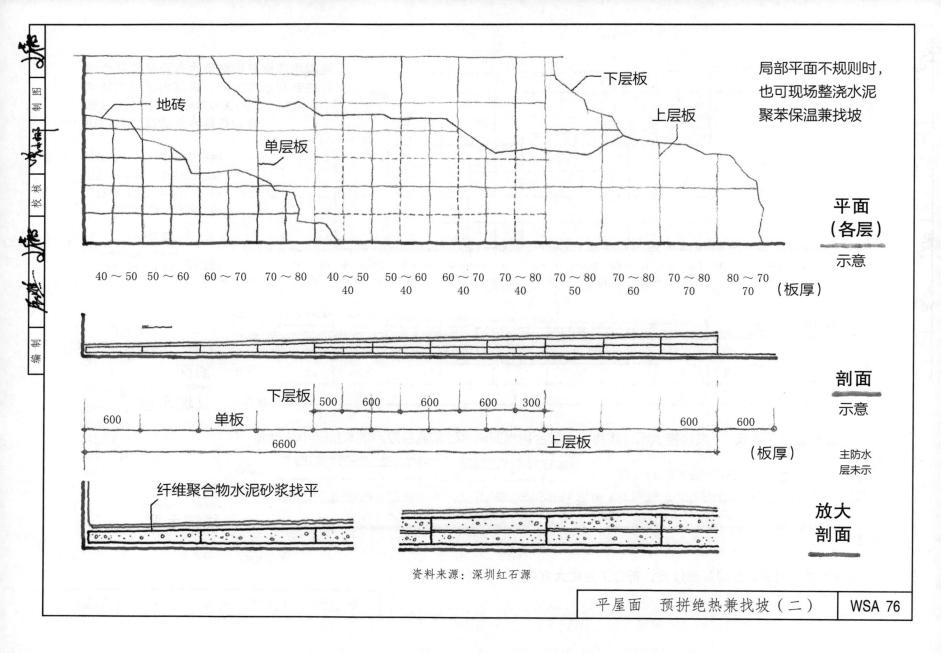

局部平面不规则时，
也可现场整浇水泥
聚苯保温兼找坡

下层板

上层板

地砖

单层板

**平面
（各层）**

示意

40～50　50～60　60～70　70～80　40～50　50～60　60～70　70～80　70～80　70～80　70～80　80～70
　　　　　　　　　　　　　　　　　40　　　40　　　40　　　40　　　50　　　60　　　70　　　70（板厚）

剖面

示意

下层板　500　600　600　600　300

600　　　单板

6600

600　　600

上层板

（板厚）

主防水
层未示

纤维聚合物水泥砂浆找平

**放大
剖面**

资料来源：深圳红石源

平屋面　预拼绝热兼找坡（二）　　WSA 76

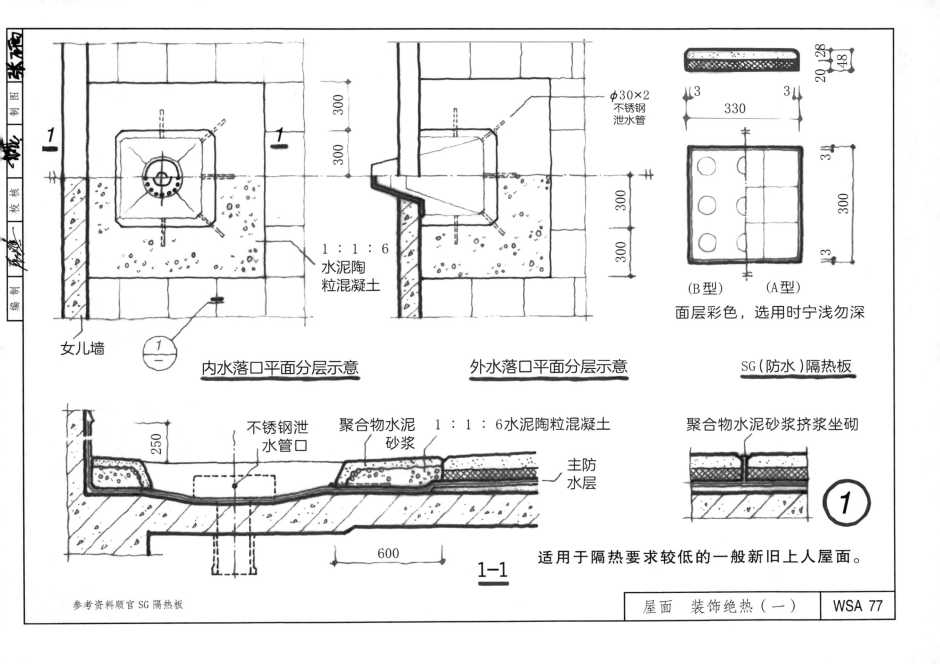

$\phi30\times2$
不锈钢
泄水管

300

300

300

300

300

20 28
48

3   3

330

3

300

3

（B型）   （A型）

面层彩色，选用时宁浅勿深

SG（防水）隔热板

1：1：6
水泥陶
粒混凝土

女儿墙

内水落口平面分层示意

外水落口平面分层示意

250

不锈钢泄
水管口

聚合物水泥
砂浆

1：1：6水泥陶粒混凝土

主防
水层

聚合物水泥砂浆挤浆坐砌

600

1-1

适用于隔热要求较低的一般新旧上人屋面。

参考资料顺官SG隔热板

屋面 装饰绝热（一）

WSA 77

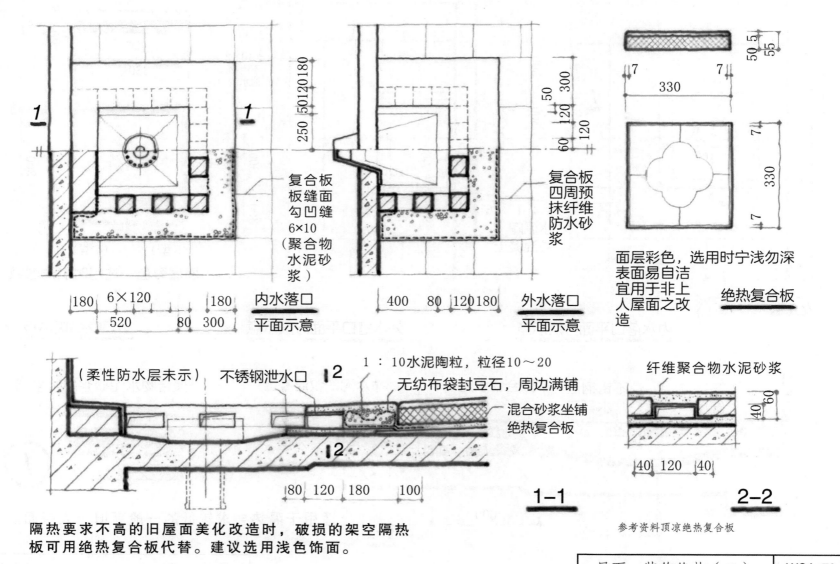

复合板
板缝面
勾凹缝
6×10
（聚合物
水泥砂
浆）

250 50120180

内水落口
平面示意

180 6×120 180
520 80 300

复合板
四周预
抹纤维
防水砂
浆

50 300
120
60 120

外水落口
平面示意

400 80 120180

面层彩色，选用时宁浅勿深
表面易自洁
宜用于非上
人屋面之改
造

绝热复合板

50 5
55

330

330

7 7

7 7

7

（柔性防水层未示） 不锈钢泄水口 ⌐2

1：10水泥陶粒，粒径10～20
无纺布袋封豆石，周边满铺
混合砂浆坐铺
绝热复合板

纤维聚合物水泥砂浆

40 60

2⌐

80 120 180 100

1—1

40 120 40

2—2

隔热要求不高的旧屋面美化改造时，破损的架空隔热
板可用绝热复合板代替。建议选用浅色饰面。

参考资料顶凉绝热复合板

屋面 装饰绝热（二） | WSA 78

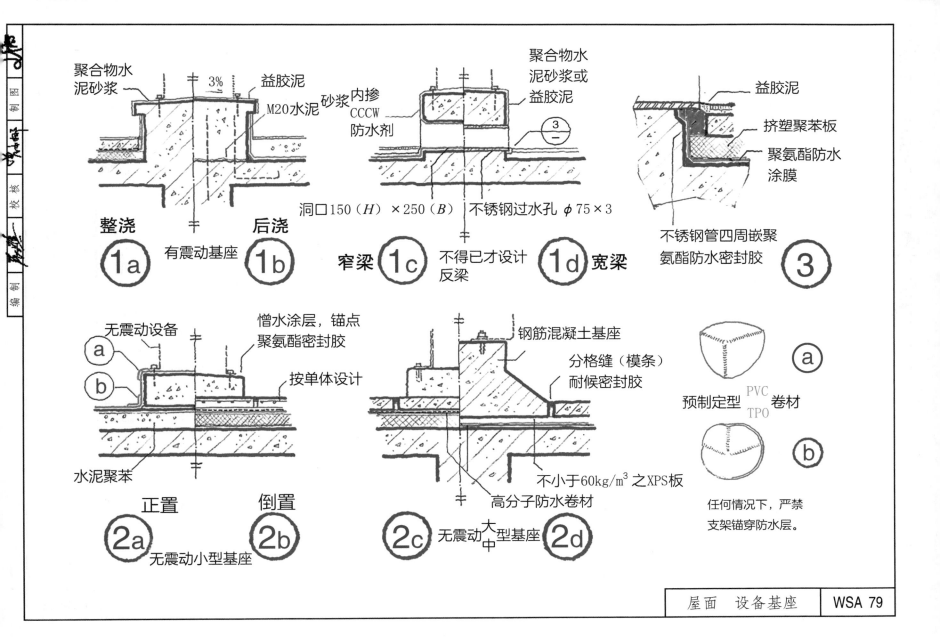

聚合物水泥砂浆　　3%　　益胶泥

整浇　　有震动基座　1a　　后浇　1b

砂浆内掺 M20水泥 CCCW 防水剂

聚合物水泥砂浆或益胶泥

洞口150（H）×250（B）　不锈钢过水孔 φ75×3

窄梁　1c　　不得已才设计反梁　1d　宽梁

益胶泥

挤塑聚苯板

聚氨酯防水涂膜

不锈钢管四周嵌聚氨酯防水密封胶　3

无震动设备
a
b

憎水涂层，锚点聚氨酯密封胶

按单体设计

水泥聚苯

正置　2a　　倒置　2b

无震动小型基座

钢筋混凝土基座

分格缝（模条）耐候密封胶

不小于60kg/m³ 之XPS板

高分子防水卷材

2c　无震动大中型基座　2d

预制定型 PVC TPO 卷材　a
b

任何情况下，严禁支架锚穿防水层。

屋面　设备基座　　WSA 79

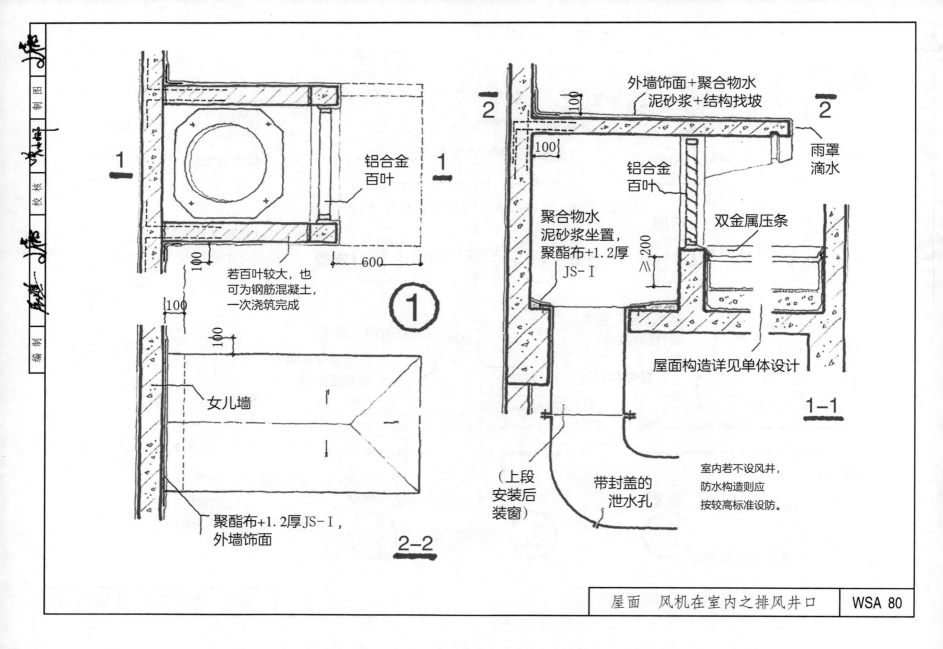

铝合金
百叶

1　　　　1

若百叶较大，也
可为钢筋混凝土，
一次浇筑完成

600

①

100

女儿墙

聚酯布+1.2厚JS-Ⅰ，
外墙饰面

2-2

外墙饰面+聚合物水
泥砂浆+结构找坡

雨罩
滴水

铝合金
百叶

聚合物水
泥砂浆坐置，
聚酯布+1.2厚
JS-Ⅰ

双金属压条

≥200

屋面构造详见单体设计

1-1

（上段
安装后
装窗）

带封盖的
泄水孔

室内若不设风井，
防水构造则应
按较高标准设防。

屋面　风机在室内之排风井口　　WSA 80

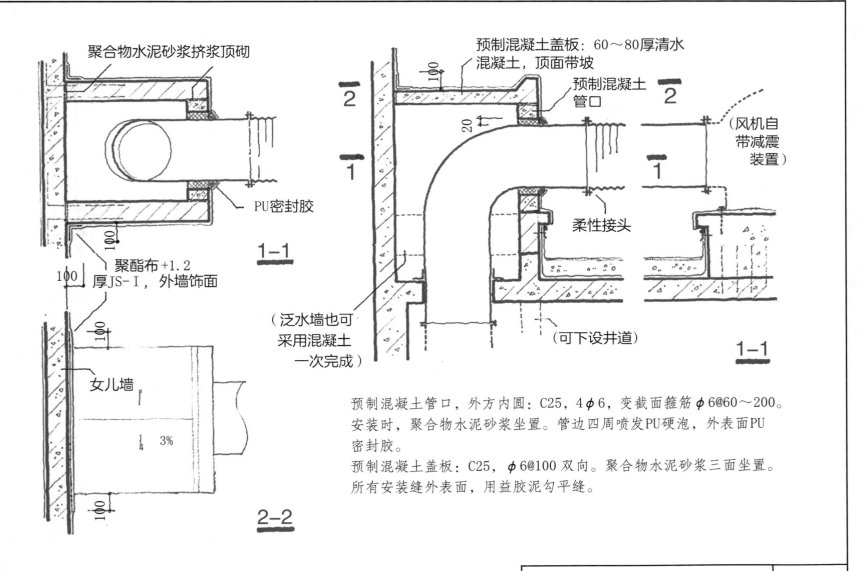

聚合物水泥砂浆挤浆顶砌

预制混凝土盖板：60～80厚清水
混凝土，顶面带坡

预制混凝土
管口

（风机自
带减震
装置）

PU密封胶

柔性接头

1-1

聚酯布 +1.2
厚JS-Ⅰ，外墙饰面

（泛水墙也可
采用混凝土
一次完成）

（可下设井道）

1-1

女儿墙

3%

预制混凝土管口，外方内圆：C25，4ϕ6，变截面箍筋ϕ6@60～200。
安装时，聚合物水泥砂浆坐置。管边四周喷发PU硬泡，外表面PU
密封胶。
预制混凝土盖板：C25，ϕ6@100双向。聚合物水泥砂浆三面坐置。
所有安装缝外表面，用益胶泥勾平缝。

2-2

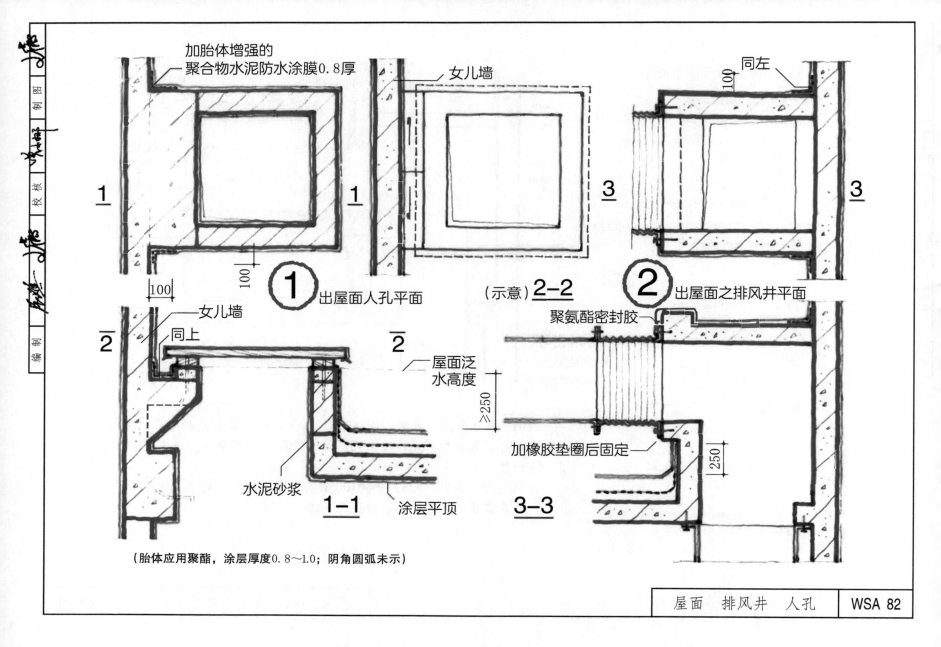

加胎体增强的
聚合物水泥防水涂膜0.8厚

女儿墙

同左

100

① 1 1

100

100

① 出屋面人孔平面

（示意）2-2

② 出屋面之排风井平面

女儿墙

同上

2 2

屋面泛
水高度

聚氨酯密封胶

≥250

250

水泥砂浆

1-1

涂层平顶

加橡胶垫圈后固定

3-3

（胎体应用聚酯，涂层厚度0.8~1.0；阴角圆弧未示）

屋面　排风井　人孔　WSA 82

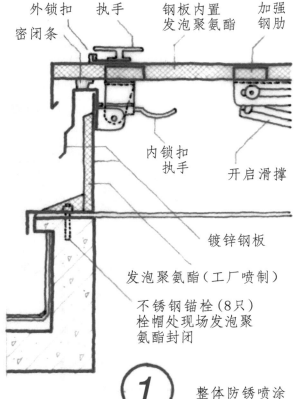

外锁扣　执手　　钢板内置　加强
　　　　　　　发泡聚氨酯　钢肋
密闭条

内锁扣
执手

开启滑撑

镀锌钢板

发泡聚氨酯（工厂喷制）

不锈钢锚栓（8只）
栓帽处现场发泡聚
氨酯封闭

整体防锈喷涂

① 整体防锈喷涂

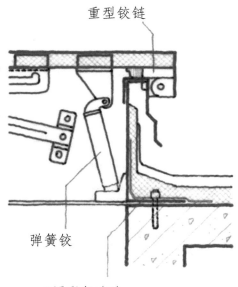

重型铰链

弹簧铰

2厚聚氨酯涂
层，发泡聚
氨酯保温兼
防水，上置
混凝土保护
（主防水层未示）

② 应用于屋面排水最高处

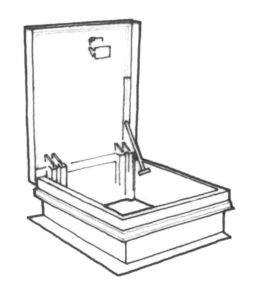

金属（成品）人孔轻便、耐久、美
观，防水隔热（可防台风雨），且
安装简便。

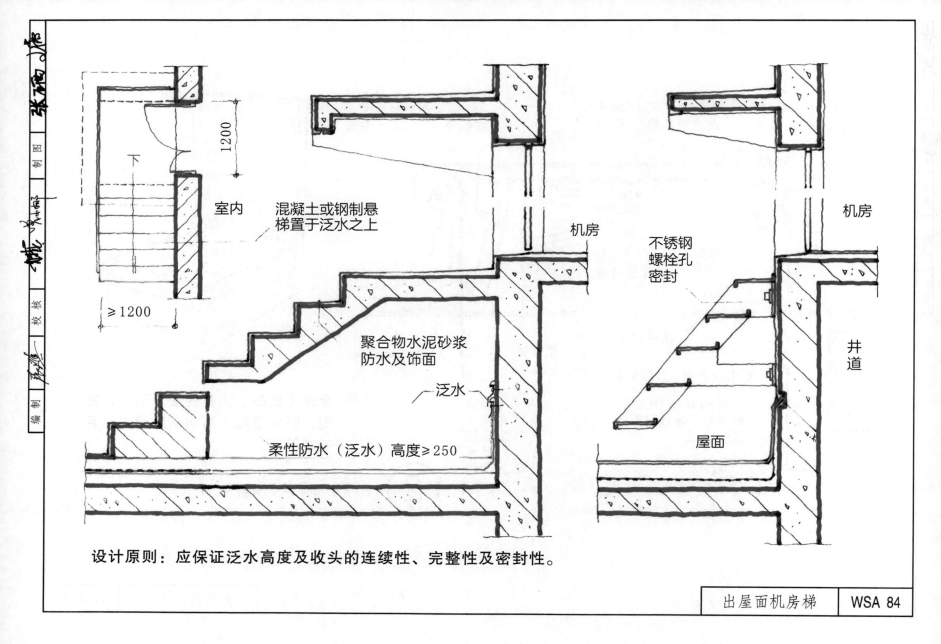

室内

混凝土或钢制悬
梯置于泛水之上

机房

1200

≥1200

机房

不锈钢
螺栓孔
密封

聚合物水泥砂浆
防水及饰面

泛水

井道

柔性防水（泛水）高度≥250

屋面

设计原则：应保证泛水高度及收头的连续性、完整性及密封性。

出屋面机房梯　WSA 84

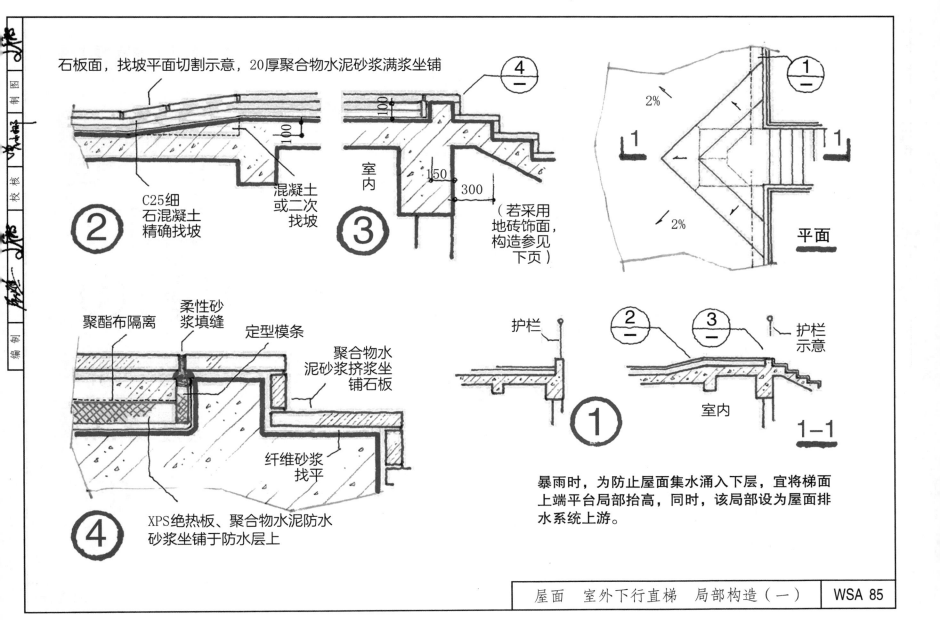

石板面，找坡平面切割示意，20厚聚合物水泥砂浆满浆坐铺

100

④

C25细
石混凝土
精确找坡

混凝土
或二次
找坡

②

100

150

300

室
内

（若采用
地砖饰面，
构造参见
下页）

③

2%

2%

1
1

1 1

平面

聚酯布隔离

柔性砂
浆填缝

定型模条

聚合物水
泥砂浆挤浆坐
铺石板

纤维砂浆
找平

④

XPS绝热板、聚合物水泥防水
砂浆坐铺于防水层上

护栏

② ③

护栏
示意

室内

①

1—1

暴雨时，为防止屋面集水涌入下层，宜将梯面
上端平台局部抬高，同时，该局部设为屋面排
水系统上游。

屋面　室外下行直梯　局部构造（一）

WSA 85

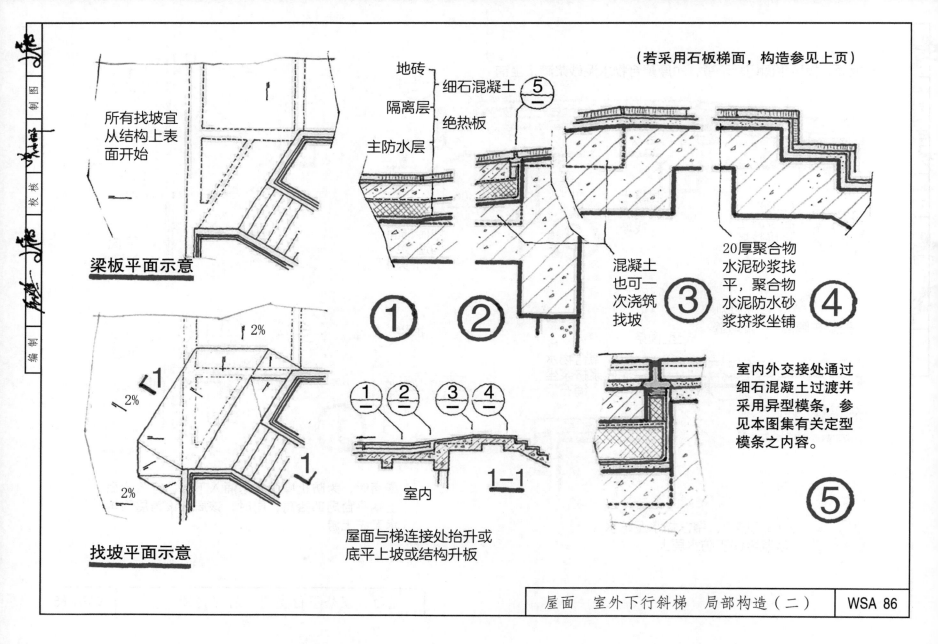

（若采用石板梯面，构造参见上页）

所有找坡宜从结构上表面开始

梁板平面示意

地砖
细石混凝土
隔离层
绝热板
主防水层

⑤

① ②

混凝土也可一次浇筑找坡

③

20厚聚合物水泥砂浆找平，聚合物水泥防水砂浆挤浆坐铺

④

室内外交接处通过细石混凝土过渡并采用异型模条，参见本图集有关定型模条之内容。

⑤

2%

2%

2%

找坡平面示意

① ② ③ ④

室内

1-1

屋面与梯连接处抬升或底平上坡或结构升板

屋面 室外下行斜梯 局部构造（二）　WSA 86

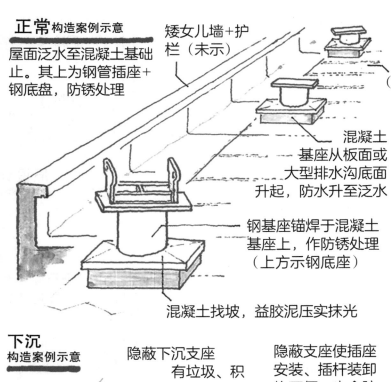

正常构造案例示意

屋面泛水至混凝土基础止。其上为钢管插座+钢底盘，防锈处理

矮女儿墙+护栏（未示）

（沟盖）

混凝土基座从板面或大型排水沟底面升起，防水升至泛水

钢基座锚焊于混凝土基座上，作防锈处理（上方示钢底座）

混凝土找坡，益胶泥压实抹光

工作状态 ▽

装卸杆

底座

橡胶轮

插杆

开始回收示意 ◁

插杆装卸推运，需设一定宽度之通道

钢管基座

擦窗机插杆示意

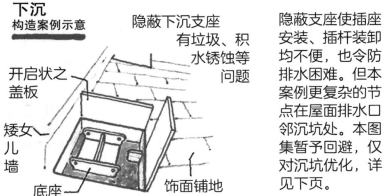

下沉
构造案例示意

开启状之盖板

矮女儿墙

底座

饰面铺地

隐蔽下沉支座有垃圾、积水锈蚀等问题

隐蔽支座使插座安装、插杆装卸均不便，也令防排水困难。但本案例更复杂的节点在屋面排水口邻沉坑处。本图集暂予回避，仅对沉坑优化，详见下页。

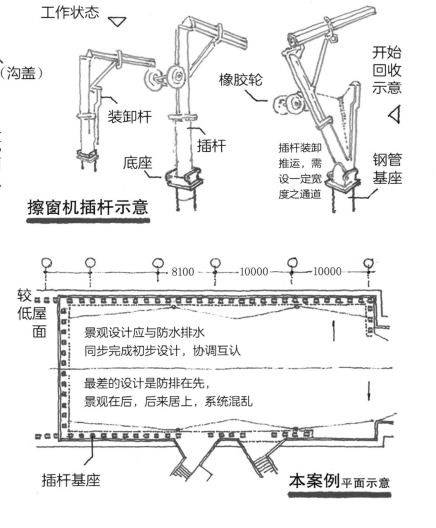

较低屋面

8100 — 10000 — 10000

景观设计应与防水排水同步完成初步设计，协调互认

最差的设计是防排在先，景观在后，后来居上，系统混乱

插杆基座

本案例平面示意

屋面 插杆式擦窗机 基座防水构造

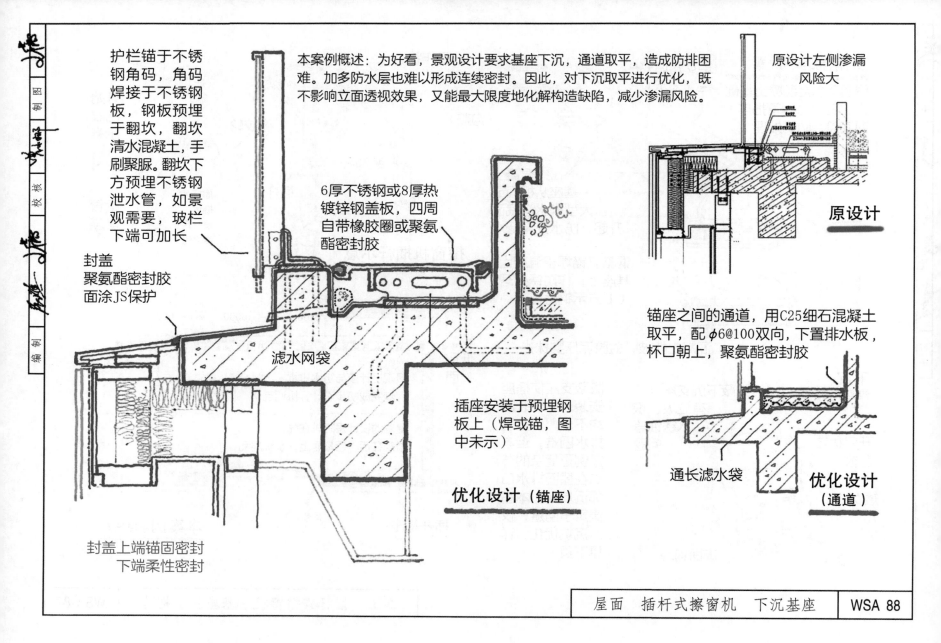

护栏锚于不锈钢角码，角码焊接于不锈钢板，钢板预埋于翻坎，翻坎清水混凝土，手刷聚脲。翻坎下方预埋不锈钢泄水管，如景观需要，玻栏下端可加长

封盖
聚氨酯密封胶
面涂JS保护

本案例概述：为好看，景观设计要求基座下沉，通道取平，造成防排困难。加多防水层也难以形成连续密封。因此，对下沉取平进行优化，既不影响立面透视效果，又能最大限度地化解构造缺陷，减少渗漏风险。

6厚不锈钢或8厚热镀锌钢盖板，四周自带橡胶圈或聚氨酯密封胶

滤水网袋

插座安装于预埋钢板上（焊或锚，图中未示）

封盖上端锚固密封
下端柔性密封

优化设计（锚座）

原设计左侧渗漏风险大

原设计

锚座之间的通道，用C25细石混凝土取平，配$\phi 6@100$双向，下置排水板，杯口朝上，聚氨酯密封胶

通长滤水袋

优化设计（通道）

屋面　插杆式擦窗机　下沉基座　　WSA 88

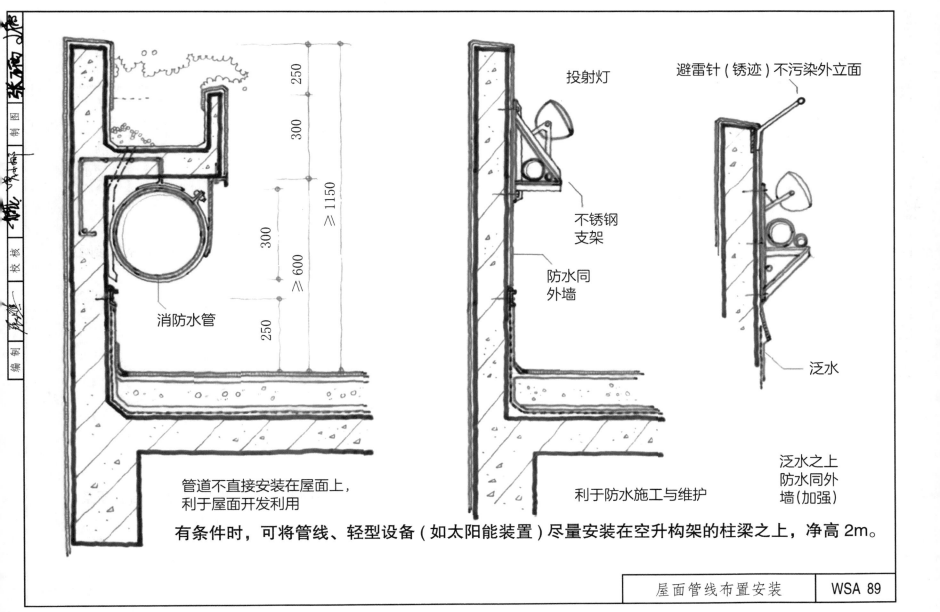

250

300

≥1150

300

≥600

250

消防水管

管道不直接安装在屋面上，
利于屋面开发利用

投射灯

不锈钢
支架

防水同
外墙

利于防水施工与维护

避雷针（锈迹）不污染外立面

泛水

泛水之上
防水同外
墙（加强）

有条件时，可将管线、轻型设备（如太阳能装置）尽量安装在空升构架的柱梁之上，净高2m。

屋面管线布置安装

WSA 89

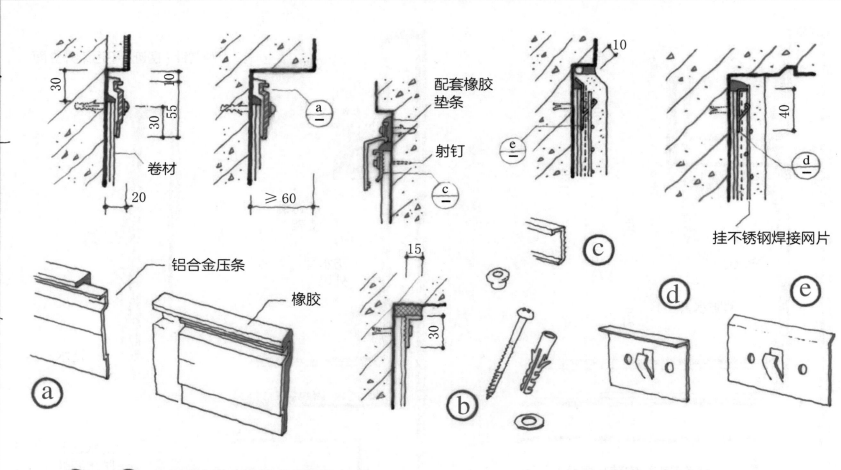

配套橡胶垫条

射钉

卷材

铝合金压条

橡胶

挂不锈钢焊接网片

ⓐ ⓒ 为铝合金专用型材，预穿孔 @300

ⓑ ⓓ ⓔ 为不锈钢制品
不推荐水泥钉，也不支持扁平压条

**最简易，也要用"ㄱ"型铝合金压条，
@300，胶塞螺钉固定。**

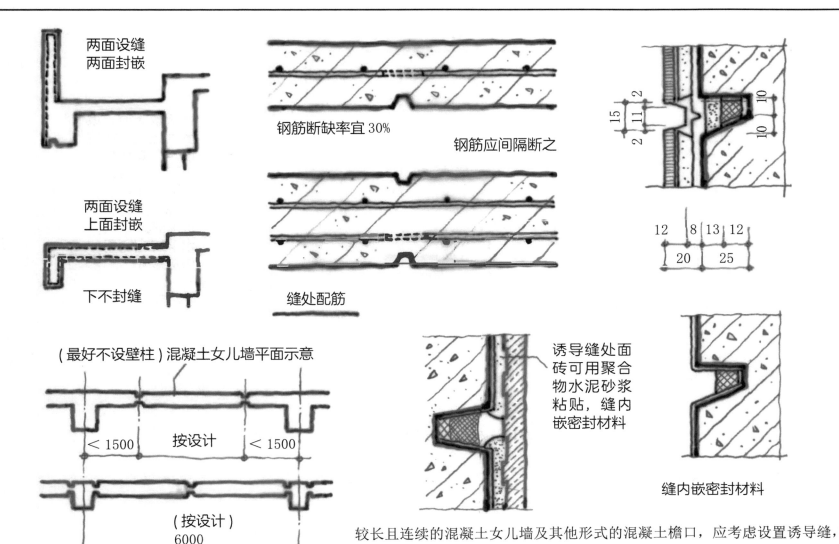

两面设缝
两面封嵌

钢筋断缺率宜 30%

钢筋应间隔断之

两面设缝
上面封嵌

下不封缝

缝处配筋

（最好不设壁柱）混凝土女儿墙平面示意

＜1500　按设计　＜1500

（按设计）
6000

诱导缝处面砖可用聚合物水泥砂浆粘贴，缝内嵌密封材料

缝内嵌密封材料

较长且连续的混凝土女儿墙及其他形式的混凝土檐口，应考虑设置诱导缝，其间距按设计。

屋面　混凝土女儿墙诱导缝　　WSA 91

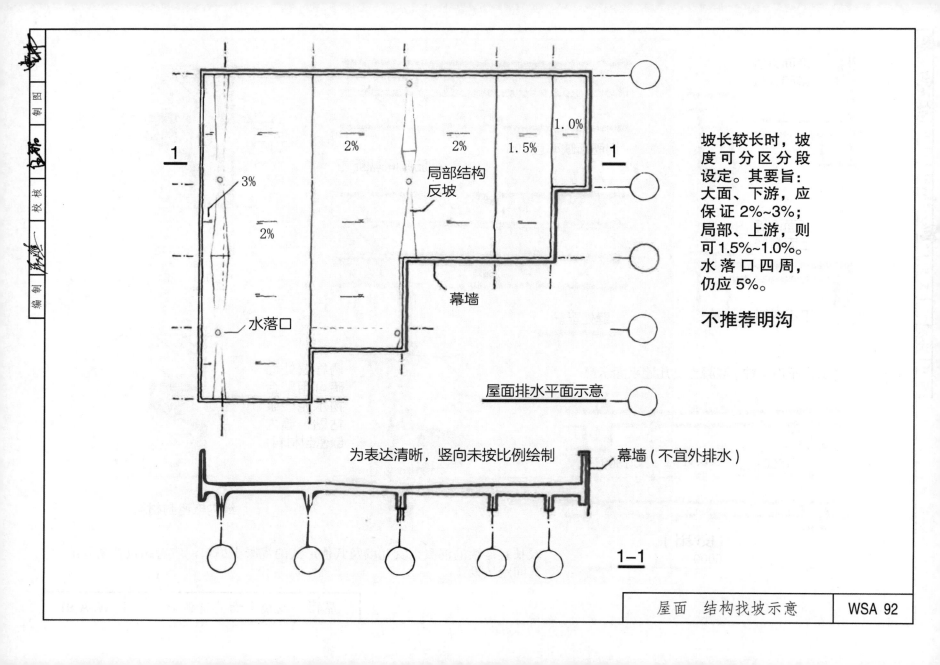

1.0%

2%　　2%　　1.5%

1

3%

2%

局部结构
反坡

幕墙

水落口

屋面排水平面示意

坡长较长时，坡
度可分区分段
设定。其要旨：
大面、下游，应
保证 2%~3%；
局部、上游，则
可1.5%~1.0%。
水落口四周，
仍应 5%。

不推荐明沟

为表达清晰，竖向未按比例绘制

幕墙（不宜外排水）

1–1

屋面　结构找坡示意　　　　WSA 92

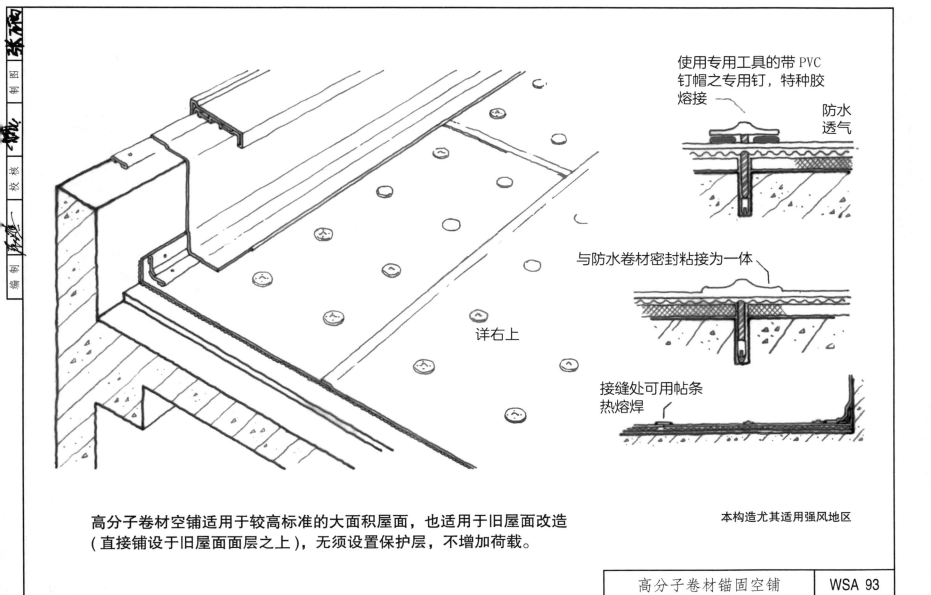

使用专用工具的带 PVC
钉帽之专用钉，特种胶
熔接

防水
透气

与防水卷材密封粘接为一体

详右上

接缝处可用帖条
热熔焊

本构造尤其适用强风地区

高分子卷材空铺适用于较高标准的大面积屋面，也适用于旧屋面改造
（直接铺设于旧屋面面层之上），无须设置保护层，不增加荷载。

高分子卷材锚固空铺

WSA 93

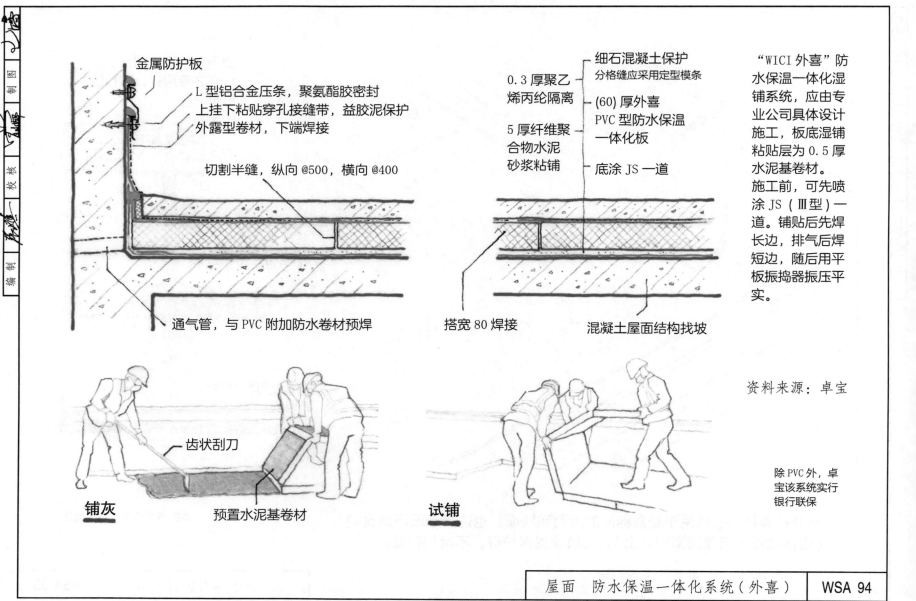

金属防护板

L 型铝合金压条，聚氨酯胶密封
上挂下粘贴穿孔接缝带，益胶泥保护
外露型卷材，下端焊接

切割半缝，纵向 @500，横向 @400

通气管，与 PVC 附加防水卷材预焊

细石混凝土保护
分格缝应采用定型模条

0.3 厚聚乙
烯丙纶隔离

(60) 厚外喜
PVC 型防水保温
一体化板

5 厚纤维聚
合物水泥
砂浆粘铺

底涂 JS 一道

搭宽 80 焊接

混凝土屋面结构找坡

"WICI 外喜"防
水保温一体化湿
铺系统，应由专
业公司具体设计
施工，板底湿铺
粘贴层为 0.5 厚
水泥基卷材。
施工前，可先喷
涂 JS（Ⅲ型）一
道。铺贴后先焊
长边，排气后焊
短边，随后用平
板振捣器振压平
实。

资料来源：卓宝

除 PVC 外，卓
宝该系统实行
银行联保

齿状刮刀

铺灰

预置水泥基卷材

试铺

屋面　防水保温一体化系统（外喜）　WSA 94

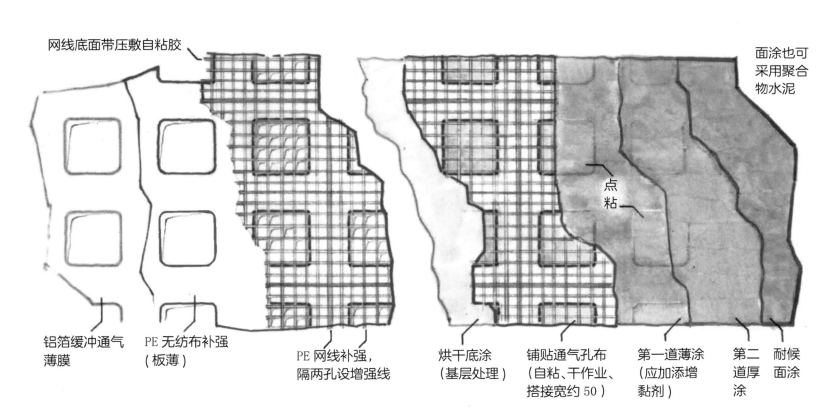

网线底面带压敷自粘胶

面涂也可
采用聚合
物水泥

点粘

铝箔缓冲通气
薄膜

PE 无纺布补强
（板薄）

PE 网线补强，
隔两孔设增强线

烘干底涂
（基层处理）

铺贴通气孔布
（自粘、干作业、
搭接宽约 50 ）

第一道薄涂
（应加添增
黏剂）

第二
道厚
涂

耐候
面涂

自粘复层通气孔布构造示意

如图示，三层在工厂加工复合而
成，宽约 1m，成卷供应，经疲劳
测试，能在 −10~60℃环境下，经
受 2.5~5.0 缝隙之变化而不断裂

防水涂层可为耐候 PU，通过自粘复层通气孔布，使防水层与基层之间
只在开孔处点粘，铝箔部分则形成空铺，确保各向通气。该构造可与
防水透气盘及其他排汽装置配套使用，尤其适用旧屋面渗透治理。

完整工序示意

资料来源：常伟股份

涂膜防水密闭通风构造　　WSA 95

自粘

不锈钢防
雨排气罩
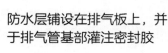
ⓐ

橡塑排
气孔板
ⓑ

PVC
排气管
ⓒ

防水层铺设在排气板上，并
于排气管基部灌注密封胶
ⓓ

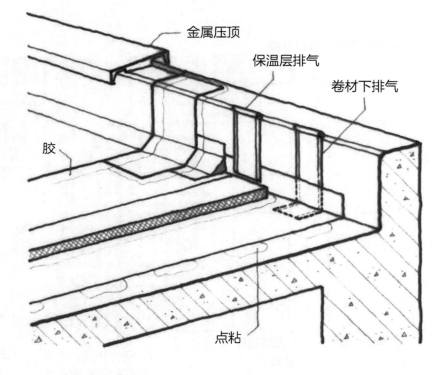

金属压顶

保温层排气

卷材下排气

胶

点粘

排湿通气
主要目的是防止湿气聚集及防水层起鼓破坏，
有条件时，应排向半室外空间或有遮雨之檐下。

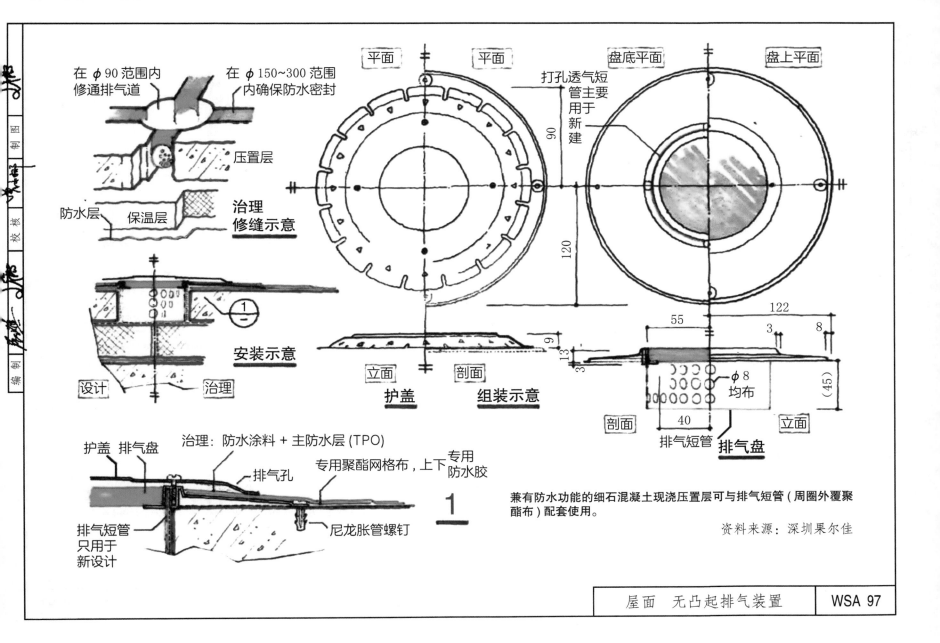

在φ90范围内修通排气道

在φ150~300范围内确保防水密封

压置层

防水层

保温层

治理修缝示意

安装示意

设计　　治理

平面　　平面

盘底平面　　盘上平面

打孔透气短管主要用于新建

90

120

立面　　剖面

护盖　　**组装示意**

55　　122

3　　8

9

13

3

40

φ8均布

排气短管　　**排气盘**

剖面　　立面

护盖　排气盘　治理：防水涂料 + 主防水层(TPO)

排气孔

专用聚酯网格布，上下专用防水胶

排气短管只用于新设计

尼龙胀管螺钉

1

兼有防水功能的细石混凝土现浇压置层可与排气短管(周圈外覆聚酯布)配套使用。

资料来源：深圳果尔佳

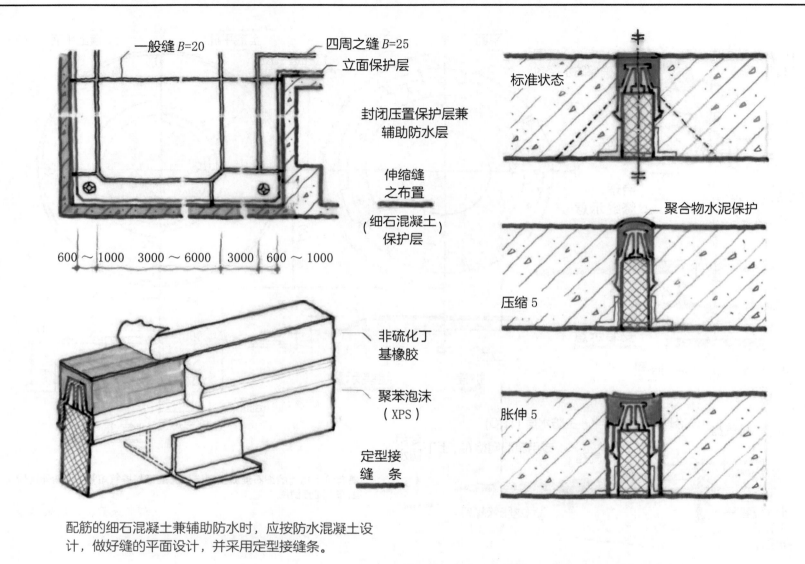

一般缝 B=20
四周之缝 B=25
立面保护层

封闭压置保护层兼
辅助防水层

伸缩缝
之布置

（细石混凝土）
保护层

600～1000 3000～6000 3000 600～1000

非硫化丁
基橡胶

聚苯泡沫
（XPS）

定型接
缝 条

标准状态

聚合物水泥保护

压缩 5

胀伸 5

配筋的细石混凝土兼辅助防水时，应按防水混凝土设
计，做好缝的平面设计，并采用定型接缝条。

细石混凝土
（兼辅助防水）

70 厚混凝土支模前已去除

① 用于 70、80 厚混凝土

80(左)
10
10
70

防水层
（也可置
XPS 板下）

嵌胶前
去除

单面丁基胶带粘固

隔离层

嵌缝前　嵌缝后

XPS 板

50 厚混凝土支模前已去除

② 用于 50、60 厚混凝土

60(左)
10
10
50

防水层

嵌胶前
去除

XPS 板　嵌缝前　嵌缝后

防水层也可置于 XPS 板下

三图构造可互参。

资料来源：深圳大学建筑设计研究院有限公司
（以下简称"深大院"）

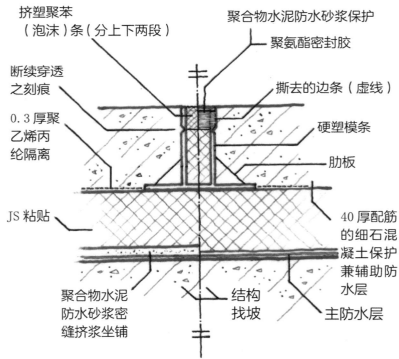

挤塑聚苯
（泡沫）条（分上下两段）

断续穿透
之刻痕

0.3 厚聚
乙烯丙
纶隔离

JS 粘贴

聚合物水泥防水砂浆保护

聚氨酯密封胶

撕去的边条（虚线）

硬塑模条

肋板

40 厚配筋
的细石混
凝土保护
兼辅助防
水层

主防水层

聚合物水泥
防水砂浆密
缝挤浆坐铺

结构
找坡

a. 嵌缝前　　细石混凝土辅助防水层　　b. 嵌缝后
模条分格缝（塑模工艺）

XPS 板不小于 45kg/m³。设找平层时，可直接用 JS 密缝粘铺。

不允许 4 厚切缝的做法。该法用在任何部位都是错误的，因为
好的缝胶伸缩量也不过 6%，因此，预留缝宽至少应为 12。

细石混凝土（兼辅助防水）分格缝模条（二）　WSA 99

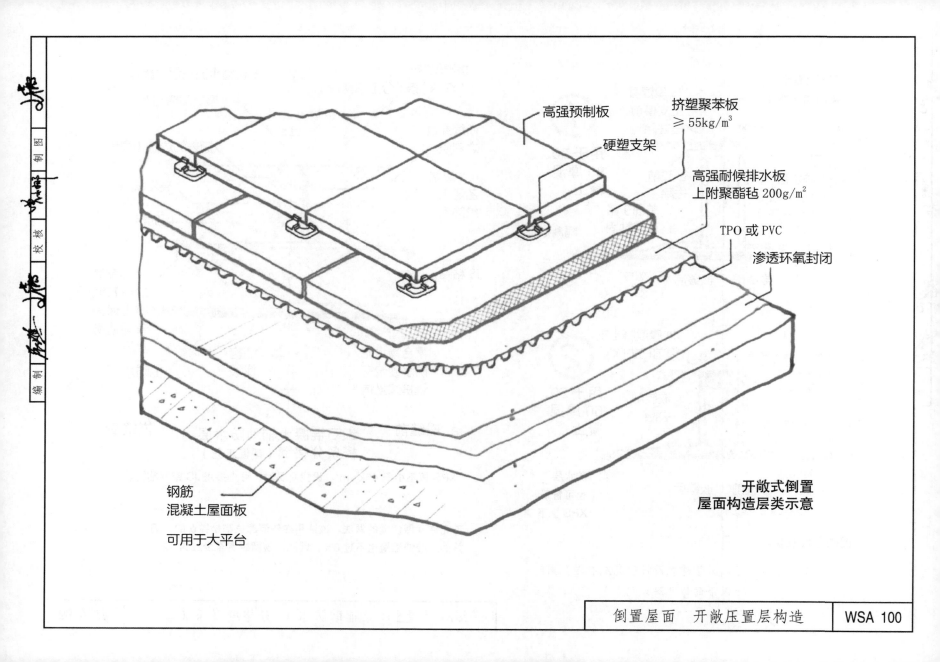

高强预制板

挤塑聚苯板
$\geqslant 55\mathrm{kg/m^3}$

硬塑支架

高强耐候排水板
上附聚酯毡 $200\mathrm{g/m^2}$

TPO 或 PVC

渗透环氧封闭

开敞式倒置
屋面构造层类示意

钢筋
混凝土屋面板

可用于大平台

倒置屋面　开敞压置层构造　　WSA 100

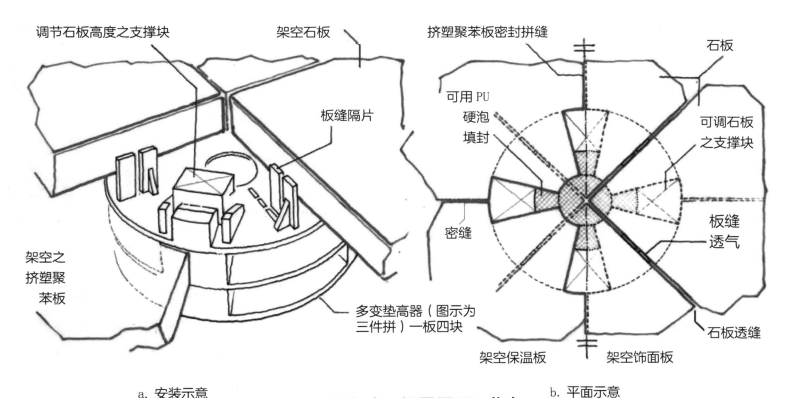

调节石板高度之支撑块

架空石板

挤塑聚苯板密封拼缝

石板

可用 PU 硬泡填封

可调石板之支撑块

板缝隔片

密缝

板缝透气

架空之挤塑聚苯板

多变垫高器（图示为三件拼）一板四块

石板透缝

架空保温板

架空饰面板

a. 安装示意

b. 平面示意

双架空（倒置屋面）节点

漏水大部分经保温板上排走

注意动荷载。只适合上人步行，不应走车，包括自行车、滑板等。

高分子卷材防水屋面　双层架空构造

WSA 101

混凝土压块

①
平面

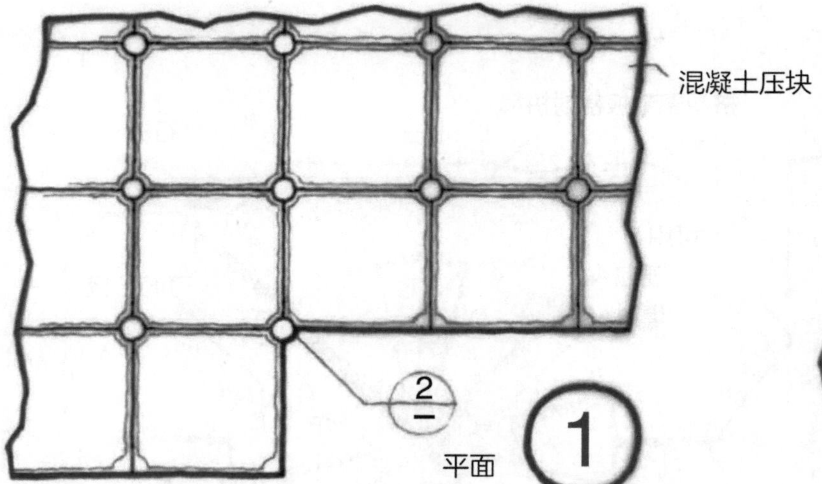

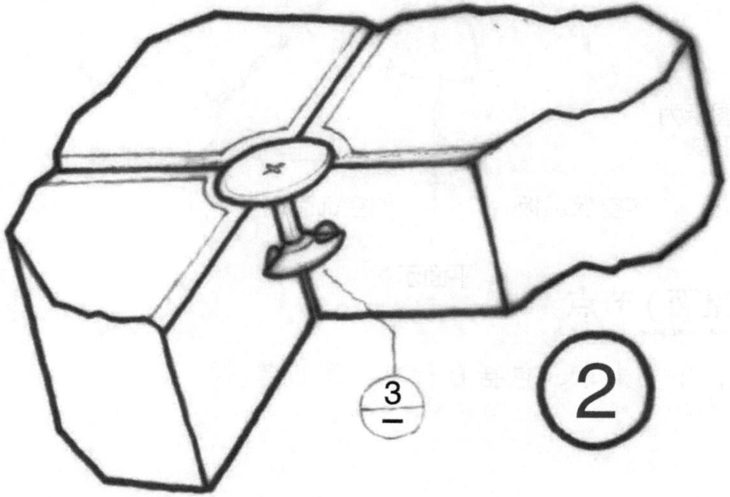

②

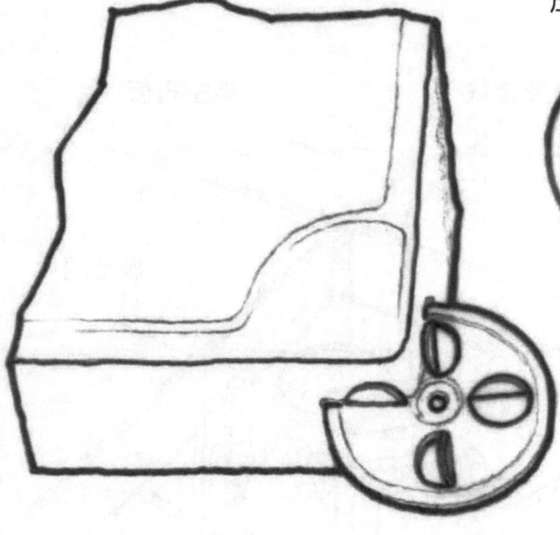

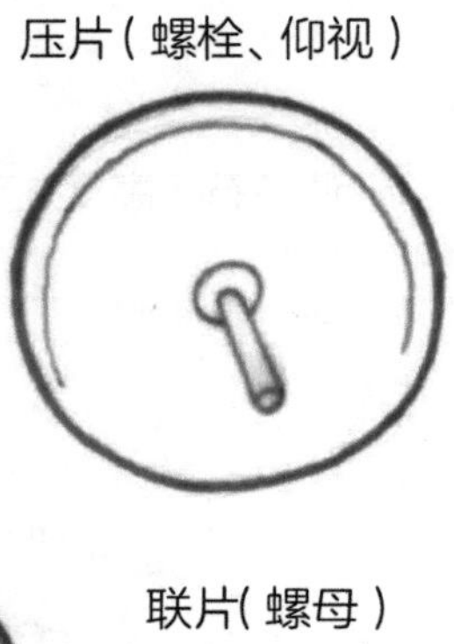

压片（螺栓、仰视）

③

联片（螺母）

用于倒置屋面或小型步行平台的浮砌压块应由专业工厂钢模精制，尺寸精确，上表面可作浅色憎水饰面处理。每 4 块之交汇点用不锈钢联接片连接。压块也可用塑料大垫片直接垫在角汇点之下。目的：令压块下之雨水更易排除。

注：防水层应为 2.0 厚 PVC 或 TPO 卷材。

倒置屋面　浮砌压块　　WSA 102

种植屋面

概念设计

1. 种植屋面更强调系统设计，并由建筑师统一协调。将园林景观（结构）独立割裂分包（产生矛盾的源头）是错误的。因此，设计文件应包括从植土（种类、厚度）直至结构板的所有构造层类。

2. 种植屋面实际上也是一种倒置屋面，特别是隔热为主的地区，轻型绿化即可取得良好的节能效果。土层厚度超过600的重型绿化，同时具有保温作用，但严寒地区应另设保温层。

3. 种植屋面的卷材防水，须可靠、耐久、耐蚀、耐菌，搭接缝耐长期浸水，整体耐根穿。选用PVC、TPO高分子卷材时，建议双道热熔焊接，专用配件固定，用于超轻型种植时，可不加设保护层。

4. 使用耐根穿改性沥青卷材时，应设置保护层。配筋的细石混凝土能经受一般强度的园艺操作，可对防水层形成有效保护。

5. 掺入水泥基渗透结晶防水剂的配筋细石混凝土，其分格缝采用阻根型聚氨酯密封胶嵌缝，可兼做阻根层。需要时，缝处覆盖300宽聚乙烯丙纶保护，粘贴。

6. 地下室顶板重型种植屋面的植土宜与周边土体连成一片，暗沟系统排水。

7. 车行道，应由结构（剖面）设计，否则应设计全断面节点。屋顶花园设计，应与结构柱网及梁板布置配合。高大乔木，应一树一柱；硬地、路面之地表水与种植部分之排水，可按系统分别设计。条件许可时，优选外排水。可兼排植土中饱和水的明沟排水系统，通常与走道一并设计。集中降水量较小的地区，宜采用暗沟排水。汀步比木道更自然，更简便，免维修，若配合暗沟设计，可使整个植屋设计变得简单。

8. 蓄排水层。在凹凸类蓄排水板中，只有凸面顶带泄水孔者，才能构成蓄（排）水，并形成利于植物根系生长的空气穴。轻型种植屋面，应采用营养毯代替蓄排水板。在大部分情况下，植土厚度超过600，或采用高度较大的蓄排水板，可减小或取消排水坡度。

9. 模块种植系统，最适合旧屋面绿化改造，也适合小面积植屋。

10. 防风。乔木可加带底框的斜撑或在树坑四周预埋锚拉装置，轻型草本植层则应加置尼龙网于植土中。

设计提示

1. 种植屋面分类并无统一标准。有资料介绍，北美的花园屋面系统分粗放型（超粗放型）与细作型（超细作型）。前者荷重小，在轻质土中种植草本植物，如景天科；后者植土厚，荷重大，约为前者的十余倍。欧洲，以北欧为例，其粗放型植土约100，植草、苔藓类。细作型植土多在200以上，但实际上只有超过300，才能实施正常浇灌、排水及维护。
   鉴于某些地区要考虑强降雨及强风产生的负压，本图集不推荐薄层粗放。另一方面，随着加速开发地下空间，形成愈来愈多的重型顶板种植。因此本图集暂将分类归为轻型、中型、重型。

2. 轻型种植，排水要畅，且不必强调耐根穿，只需在防水层上粘铺聚乙烯丙纶复合卷材，即可形成对防水层的生化保护及减少园艺操作的影响。

3. 重型种植，可能要动用小型机械，故保护层需加强；但因土厚，排水坡度可减小，若暗沟排水系统完善，甚至可以不找坡。

4. 中型种植，建议结构找坡，其坡度可取小值，但前提是设置合理的蓄排水层。

5. 种植屋面可为隔热节能作出重大贡献，即使是轻型种植，另设保温层的实际意义也仅在于满足有关标准（节能）的规定。

6. 种植屋面的保温作用也很明显。一般认为春、夏、秋植屋面外表面温度比裸屋面低7%～8%，内表面则低10%；冬季外表面高7%，内表面则高达20%。因此，植土较厚时，可不设保温层。

7. 由于气候不稳定，模块化种植更适合我国国情：劳动力不缺，种植变换频繁，特别是近年居住建筑、企业厂房、办公楼等，自种蔬菜的意愿日益高涨，令模块种植之前景更加美好。

补充提示

○ 种植屋面之设计，最忌拆散分包。至少，初步设计时，就应在建筑师统一协调下做好结构、景观、构造、水电等各专业的系统设计。后续之工作，则必须尊重初步设计的成果。

○ 设计必须给出植土厚度范围。土厚影响各构造层的设计：是否找坡、如何找坡，是否保温、怎样选择蓄排水层，保护层具体构造，特别是植土与车行道之间边界的构造设计，等等，这些内容都不宜交给景观设计。

○ 蓄排水设计，应改变现有规范重排轻蓄的概念，以最大限度利用自然降水为要旨。多蓄少排，早在1959年就列为城市建设的大政方针。2020年，又大力推广雨洪利用。建议参阅：种植屋面的蓄排水层设计应用探讨 [J]. 中国建筑防水，2015（11）.

○ 注意超厚植土带来的一系列构造变化，包括专用新型排水管的设计。详见：厚植土专用泄排水管设计 [J]. 中国建筑防水，2018（7）.

○ 陡坡厚植土应从整个系统着眼，解决实际问题，不应套用传统构造。建议参阅：陡坡厚植土顶板新构造 [J]. 中国建筑防水，2016（10）.

编制　校核　制图

编号注释

植屋编号（轻质土）土厚/mm					顶植编号（田园土）土厚/mm			重型刚性保护层由结构设计，隔离层厚度0.7，辅助构造层，大多可互换
超轻1、2、9、10 30～50	轻型3～6、11、12 100～250	轻中7～10、13、14 250～450	中型11～16 450～600	重型17～20 ＞700	中型15～23 0.45～0.8	重型21～26 0.8～1.5	超重 单独设计 1.5～3.0	

植土屋与绿地面积	深圳	植土屋/m	＜0.3	0.3～0.5	0.5～1.0	1.0～1.5	1.5～3.0	＞3.0	其他地区参考	植土屋/m	＜0.5	0.5～1.0	1.0	有关规定截止到2019年7月
		折算系数	0	0.3	0.5	0.6	0.8	0.9		折算系数	0.3	0.6	1.0	

27～30为坡值，不在此表中

植屋 1

超轻型
结构找坡
二级

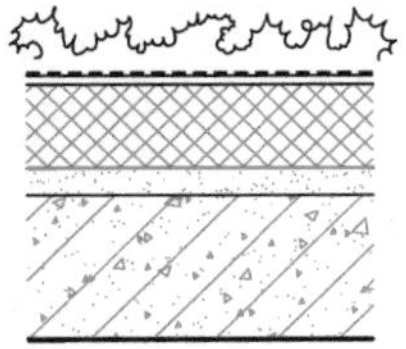

构造简图

种植层：种植毯30～50
保护层：0.5厚聚乙烯丙纶复合卷材，聚合物水泥胶粘贴，搭接宽度不小于150
防水层2：2.0厚自粘聚合物改性沥青防水卷材（N类高分子膜双面粘）
绝热层：40～80厚挤塑聚苯板，聚合物水泥胶密缝满粘
防水层1：2.0厚聚氨酯防水涂料
找平层：5厚M15（地面）纤维水泥砂浆
结构层：现浇钢筋混凝土屋面板，结构找坡2.5%，随浇随抹平压实

植屋 2

超轻型
结构找坡
二级

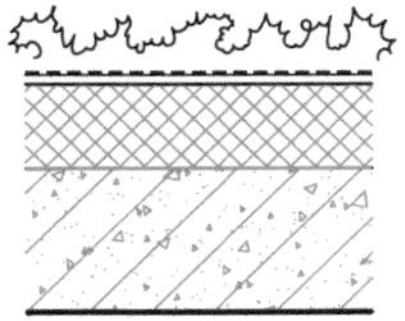

构造简图

种植层：种植毯30～50
保护层：0.5厚聚乙烯丙纶复合卷材，聚合物水泥胶粘贴，搭接宽度不小于150
防水层2：≥1.2厚PVC（带背衬）或1.5厚TPO（带自粘层）防水卷材
绝热层：40～80厚挤塑聚苯板，15厚M15纤维水泥砂浆挤浆坐铺
防水层1：2.0厚聚合物水泥防水涂料（Ⅰ型，内衬50g/m^{2}无纺布）
结构层：现浇钢筋混凝土屋面板，结构找坡1.5%～2.0%，随浇随抹压

构造层类

找坡构造，可左右互换；种植毯，由复合植土、营养蓄排水毯及滑动隔离层组成，专业公司提供。

植屋3

轻型 材料找坡 二级	植土：轻质植土100～250 滤水层：聚酯毡滤水层，200g/m² 蓄排水层：10高凹凸蓄排水板（顶带泄水孔）， 　　　　　抗压强度不应小于150kN/m² 阻根兼保护层：40厚C20细石混凝土，内配 　　　　　φ3.5@75，双向点焊钢筋网片（成品）， 　　　　　随浇随压实抹光。@4500～5500设缝， 　　　　　采用定型模条，宽15，内嵌阻根型聚氨 　　　　　酯密封胶，缝表面用JS粘贴150宽、0.3 　　　　　厚聚乙烯丙纶保护 隔离层：0.3厚聚乙烯丙纶复合卷材 防水层2：2.0厚自粘聚合物改性沥青防水卷材 　　　　　（N类高分子膜） （隔离层）：JS-Ⅲ一道（若上道卷材不含有 　　　　　害挥发物及影响粘贴之物，不设此隔离 　　　　　层） 绝热层：40～80厚挤塑聚苯板（聚合物水泥 　　　　　胶密缝点粘） 防水层1：2.0厚聚氨酯防水涂料 找平层：5厚M15（地面）纤维水泥砂浆 找坡层：1：3：6陶粒混凝土，2.0%找坡， 　　　　　最薄处30，随找平随拍压，随铺15厚 　　　　　聚合物纤维水泥砂浆，抹平压实 结构层：现浇钢筋混凝土屋面板

构造简图

植屋4

轻型 材料找坡 二级	植土：轻质植土100～250 滤水层：聚酯毡滤水层，200g/m² 蓄排水层：10高凹凸蓄排水板（顶带泄水孔）， 　　　　　抗压强度不应小于150kN/m² 阻根兼保护层：同植屋3 隔离层：0.3厚聚乙烯丙纶复合卷材 防水层2：3.0厚自粘聚合物改性沥青防水 　　　　　卷材（PY类） 绝热层：40～80厚挤塑聚苯板（聚合物水泥 　　　　　胶密缝点粘） 防水层1：2.0厚聚合物水泥防水涂料（Ⅰ型， 　　　　　内衬50g/m²无纺布） 细石混凝土找坡：C25细石混凝土2.0%找坡， 　　　　　原浆压光。最薄处M20纤维水泥砂浆 　　　　　过渡 结构层：现浇钢筋混凝土屋面板

构造简图

构造层类

按土厚分型，并无明显界线。
陶粒密度等级800，筒压强度4.0MPa，1h吸水率10%，余类推。

轻型 材料找坡 一级	植土：轻质植土 100 ～ 250 滤水层：聚酯毡，200g/m² 蓄排水层：15 高凹凸蓄排水板（顶带泄水孔）， 　　　　抗压强度不小于 150kN/m² 阻根兼保护层：同植屋 3 隔离层：0.3 厚聚乙烯丙纶复合卷材 （耐根穿）防水层：4.0 厚 SBS 耐根穿刺改性沥 　　　青防水卷材（Ⅱ型 PY 类） 防水层 2：3.0 厚自粘聚合物改性沥青防水卷材 　　　（PY 类双面粘） 绝热层：40 ～ 80 厚挤塑聚苯板，聚合物水泥 　　　胶挤浆坐铺 防水层 1：2.0 厚喷涂速凝橡胶沥青防水涂料 细石混凝土找坡：C25 细石混凝土 2.0% 找坡， 　　　原浆压光。最薄处 M20 纤维水泥砂浆过渡 结构层：现浇钢筋混凝土屋面板

构造简图

轻型 结构找坡 二级	植土：轻质植土 100 ～ 250 滤水层：聚酯毡，200g/m² 蓄排水层：15 高凹凸蓄排水板（顶带泄水孔）， 　　　　抗压强度不小于 150kN/m² 阻根兼保护层：同植屋 3 隔离层：0.3 厚聚乙烯丙纶复合卷材 （耐根穿）防水层：≥ 1.2 厚 PVC（P 类、L 类、 　　　H 类）或 1.5 厚 TPO 耐根穿刺防水卷材（带 　　　自粘层） 防水层：2.0 厚聚合物水泥防水涂料（Ⅰ型，内 　　　衬 50g/m² 厚无纺布） 找平层：10 厚聚合物水泥砂浆 绝热层：40 ～ 80 厚挤塑聚苯板，聚合物水泥 　　　胶挤浆坐铺 结构层：现浇钢筋混凝土屋面板，2.0% 结构找坡

构造简图

构造层类　材料找坡，需甲方认可
适合隔热为主的地区。

轻中型 结构找坡 一级	植土：轻质植土 250～450 滤水层：聚酯毡，250g/m² 蓄排水层：20 高凹凸蓄排水板（顶带泄水孔）， 　　　　　抗压强度不小于 200kN/m² 保护层：50 厚 C25 细石混凝土，内配 φ3.5＠75， 　　　　双向点焊钢筋网片（成品），随浇随压 　　　　实抹光。＠4500～5500 设缝，宽 15， 　　　　内嵌阻根型聚氨酯密封胶，缝表面用 JS 　　　　粘贴 200 宽、0.3 厚聚乙烯丙纶保护 隔离层：0.3 厚聚乙烯丙纶复合卷材 耐根穿防水层：4.0 厚 SBS 耐根穿刺改性沥青防 　　　　　　　水卷材（Ⅱ型 PY 类） 防水层 2：3.0 厚自粘聚合物改性沥青防水卷材 　　　　（PY 类双面粘） 防水层 1：2.5 厚非固化橡胶沥青防水涂料 结构层：现浇钢筋混凝土屋面板，结构找坡 　　　　1.5%～2.0%，包括局部找坡，随浇随抹压	轻中型 结构找坡 二级	植土：轻质植土 250～450 滤水层：聚酯毡，250g/m² 蓄排水层：20 高凹凸蓄排水板（顶带泄水孔）， 　　　　　抗压强度不小于 200kN/m² 保护层：同植屋 7 隔离层：0.3 厚聚乙烯丙纶复合卷材 耐根穿防水层：4.0 厚自粘耐根穿刺改性沥青防 　　　　　　　水卷材 防水层：2.0 厚聚氨酯防水涂料（上表面空铺无 　　　　纺布 200g/m²，抹 20 厚 M15 预拌砂浆） 结构层：现浇钢筋混凝土屋面板，结构找坡 　　　　1.5%～2.0%，随浇随抹压

构造简图　　　　　　　　　　　　　　　　　构造简图

聚氨酯上是否设置隔离层，
如何设，可由设计确定。

构造层类　　材料找坡，需甲方认可
　　　　　　　是否设置绝热层由单体确定。

植屋9

轻中型
结构找坡
一级

植土：轻质植土250～450
滤水层：聚酯毡滤水层，250g/m²
蓄排水层：20～30高凹凸蓄排水板（顶带泄水孔），抗压强度不应小于200kN/m²
阻根兼保护层：50厚C25细石混凝土，内配ϕ3.5@75，双向点焊钢筋网片（成品），随浇随压实抹光。@4500～5500设缝，采用定型模条，宽15，内嵌阻根型聚氨酯密封胶，缝表面用JS粘贴150宽、0.3厚聚乙烯丙纶保护
隔离层：0.3厚聚乙烯丙纶复合卷材
（耐根穿防水层）：4.0厚SBS耐根穿刺改性沥青防水卷材（PY类）
防水层2：3.0厚自粘聚合物改性沥青防水卷材（PY类）
（绝热层）：40～80厚聚异氰脲酸酯保温板，聚合物水泥胶密缝满粘
防水层1：2.0厚喷涂速凝橡胶沥青防水涂料
结构层：现浇钢筋混凝土屋面板，结构找坡1.5%～2.0%，随浇随抹压

构造简图

是否设置绝热层，由设计确定。

植屋10

轻中型
结构找坡
一级

植土：轻质植土250～450
滤水层：聚酯毡滤水层，250g/m²
蓄排水层：20～30高凹凸蓄排水板（顶带泄水孔），抗压强度不应小于200kN/m²
阻根兼保护层：同植屋9
隔离层：0.3厚聚乙烯丙纶复合卷材
（耐根穿防水层）：4.0厚自粘耐根穿刺改性沥青防水卷材（PY类）
防水层2：3.0厚自粘聚合物改性沥青防水卷材（PY类）
防水层1：2.5厚非固化橡胶沥青防水涂料
（绝热层）：40～80厚挤塑聚苯板，15厚M15纤维水泥砂浆挤浆坐铺。上铺聚酯布（规格自选）
结构层：现浇钢筋混凝土屋面板，结构找坡1.5%～2.0%，随浇随抹压

构造简图

是否设置绝热层，由设计确定。

构造层类

是否设置耐根穿层，可通过专家论证确定；
是否设置绝热层，由设计确定。

中型
结构找坡
一级

植土：轻质植土 450～600
滤水层：聚酯毡滤水层，300g/m²
蓄排水层：30～40高凹凸蓄排水板（顶带泄
　　　　水孔），抗压强度不应小于250kN/m²
保护兼阻根层：60厚C25细石混凝土，内配
　　　　φ4.0@100双向，随浇随压实抹光。
　　　　@4500～5500缝，采用定型模条，宽
　　　　15，内嵌阻根型聚氨酯密封胶，缝表面用
　　　　JS粘贴150宽、0.3厚聚乙烯丙纶保护
隔离层：0.3厚聚乙烯丙纶复合卷材
耐根穿防水层：4.0厚SBS耐根穿刺改性沥青防
　　　　水卷材（PY类）
防水层2：2.0厚自粘聚合物改性沥青防水卷材
　　　　（N类高分子膜双面粘）
防水层1：2.0厚喷涂速凝橡胶沥青防水涂料
结构层：现浇钢筋混凝土屋面板，结构找坡
　　　　1.5%～2.0%，随浇随抹压

构造简图

中型
结构找坡
一级

植土：轻质植土 450～600
滤水层：聚酯毡滤水层，300g/m²
蓄排水层：30～40高凹凸蓄排水板（顶带泄
　　　　水孔），抗压强度不应小于250kN/m²
保护兼阻根层：同植屋11
隔离层：0.3厚聚乙烯丙纶复合卷材
耐根穿防水层：4.0厚自粘耐根穿刺改性沥青防
　　　　水卷材
防水层2：3.0厚自粘聚合物改性沥青防水卷材
　　　　（PY类）
防水层1：2.0厚喷涂速凝橡胶沥青防水涂料
结构层：现浇钢筋混凝土屋面板，结构找坡
　　　　1.5%～2.0%，随浇随抹压

构造简图

构造层类　　蓄排水板若选用50高，且正置杯内填实人造轻质砾石者，可不
设找坡；是否设置耐根穿层，可通过专家论证确定。

中型
结构找坡
二级

植土：轻质植土 450～600
滤水层：聚酯毡，300g/m²
蓄排水层：30高凹凸蓄排水板（顶带泄水孔），
　　　　　抗压强度不小于 200kN/m²
保护兼阻根层：同植屋11
隔离层：0.3厚聚乙烯丙纶复合卷材
耐根穿防水层：4.0厚耐根穿刺改性沥青防水卷
　　　　　　　材或 4.0厚自粘耐根穿刺改性沥青防水
　　　　　　　卷材
防水层：2.0厚非固化橡胶沥青防水涂料
结构层：现浇钢筋混凝土屋面板,结构找坡2.0%,
　　　　随浇随抹压

中型
顶板种植
一级

植土：450～600厚种植土，带暗沟(排水)系统，
　　　详见单体设计
滤水层：聚酯毡，300g/m²
蓄排水层：40高凹凸蓄排水板（顶带泄水孔），
　　　　　抗压强度不小于 300kN/m²
保护兼阻根层：同植屋11
隔离层：0.3厚聚乙烯丙纶复合卷材
耐根穿防水层：4.0厚耐根穿刺改性沥青防水卷材
防水层：1.0厚水泥基渗透结晶型防水涂料,
　　　　1.5kg/m² 干撒法施工, 初凝前后压实抹光
　　　　或 3.0厚自粘改性沥青聚酯胎防水卷材
结构层（主体防水）：防水混凝土顶板，结构
　　　　找坡 1.5%～2.0%

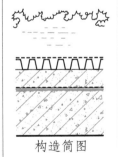

构造简图　　　　　　　　　　　　　　　构造简图

蓄排水板若选用50高，且正置杯
内填实人造砾石者，可不设找坡。

降水量少，或蓄排水板选用50高，且
正置杯内填实人造砾石者,可不设找坡。

构造层类　　中、重型面积较大时，应参植屋 19、20。

中型 顶板种植 一级	植土：450～800厚田园土,带暗沟(排水)系统, 　　　详见单体设计 滤水层：聚酯毡，300g/m² 蓄排水层：30～60高凹凸蓄排水板(顶带泄水孔) 保护：60～80厚C25混凝土，内配φ6钢筋 　　　@150双向，@5500设缝。缝宽10,聚 　　　苯板嵌缝,聚氨酯密封胶填缝,深10, 　　　缝处聚乙烯丙纶保护,宽度不小于300 隔离层：0.3厚聚乙烯丙纶复合卷材 耐根穿防水层：4.0厚耐根穿刺改性沥青类防水 　　　卷材 防水层2：2.0厚自粘聚合物改性沥青防水卷材 　　　(N类高分子膜双面粘) (隔离层)：JS-Ⅲ一道(若上道卷材不含有 　　　害挥发物及影响粘贴之物,不设此隔离 　　　层) 防水层1：2.0厚聚氨酯防水涂料 结构层(主体防水)：防水混凝土顶板,结构 　　　找坡(污染前涂渗透环氧二道)	中型 顶板种植 一级	植土：450～800厚田园土,带暗沟(排水)系统, 　　　详见单体设计 滤水层：聚酯毡，300g/m² 蓄排水层：30～60高凹凸蓄排水板(顶带泄水孔) 保护兼阻根层：60～80厚C25细石混凝土,内 　　　配φ4.0@100双向,随浇随压实抹光。 　　　@4500～5500缝,采用定型模条,宽 　　　15,内嵌阻根型聚氨酯密封胶,缝表面用 　　　JS粘贴150宽、0.3厚聚乙烯丙纶保护 隔离层：0.3厚聚乙烯丙纶复合卷材 耐根穿防水层：4.0厚SBS耐根穿刺改性沥青防 　　　水卷材(PY类) 防水层2：2.0厚自粘聚合物改性沥青防水卷材 　　　(N类高分子膜双面粘) 防水层1：2.0厚喷涂速凝橡胶沥青防水涂料 结构层(主体防水)：防水混凝土顶板,结构 　　　找坡(污染前涂渗透环氧二道)
构造简图	是否找坡,按实际确定。建议：降水少,不找; 土厚超过600,不找;蓄排水板若高于50,且 正置杯内填实人造砾石者,可不找坡,余类推。	构造简图	是否找坡,按实际确定。建议：降水少,不找; 土厚超过600,不找;蓄排水板若高于50,且正 置杯内填实人造砾石者,可不找坡,余类推。

构造层类　　顶植与植屋并无明显划界；严寒地区是否
设置保温层，按单体设计，余类推。

中型 顶板种植 一级	植土：450～800厚田园土,带暗沟(排水)系统, 　　　详见单体设计 滤水层：聚酯毡,300g/m² 蓄排水层：30～60高凹凸蓄排水板(顶带泄水孔) 保护兼阻根层：同植屋16 隔离层：0.3厚聚乙烯丙纶复合卷材 耐根穿防水层：4.0厚耐根穿刺改性沥青类防水 　　　卷材 防水层2：3.0厚自粘聚合物改性沥青防水卷材 　　（PY类双面粘） 防水层1：2.0厚聚合物水泥防水涂料（Ⅰ型, 　　　内衬50g/m²无纺布） 结构层（主体防水）：防水混凝土顶板,结构 　　　找坡2.0%～0（污染前涂渗透环氧二道）	中型 顶板种植 一级	植土：450～800厚田园土,带暗沟(排水)系统, 　　　详见单体设计 滤水层：聚酯毡,300g/m² 蓄排水层：30～60高凹凸蓄排水板(顶带泄水孔) 保护兼阻根层：同植屋16 隔离层：0.3厚聚乙烯丙纶复合卷材 耐根穿防水层：4.0厚自粘耐根穿刺改性沥青类 　　　防水卷材 防水层2：2.0厚自粘聚合物改性沥青防水卷材 　　（N类高分子膜双面粘） 防水层1：2.0厚聚合物水泥防水涂料（Ⅰ型, 　　　内衬50g/m²无纺布） 结构层（主体防水）：防水混凝土顶板,结构 　　　找坡2.0%～0（污染前涂渗透环氧二道）

构造简图　　　　　是否找坡,按实际确定。建议：降水少,不找;
土厚超过600,不找;蓄排水板若高于50,且
正置杯内填实人造砾石者,可不找坡,余类推。

构造简图　　　　　是否找坡,按实际确定。建议：降水少,不找;土
厚超过600,不找;蓄排水板若高于50,不找。

构造层类　　蓄排水板应满足荷载要求。正置杯内填充人造轻质砾石,可不设
　　　　　　　　找坡。

植屋19		植屋（顶植）20	

植屋19

重型
不设找坡
二级

植土：轻质植土700以上
滤水层：聚酯毡，$300g/m^2$
蓄排水层：50高凹凸蓄排水板（顶带泄水孔），
　　　　　抗压强度不小于$300kN/m^2$
保护兼阻根层：同植屋16
隔离层：0.3厚聚乙烯丙纶复合卷材
耐根穿防水层：4.0厚自粘耐根穿刺改性沥青防
　　　　　　水卷材
防水层：3.0厚自粘聚合物改性沥青防水卷材（PY
　　　　类双面粘）或3.0厚湿铺防水卷材（PY
　　　　类双面粘）
找平层：15厚M15（地面）纤维水泥砂浆
结构层：现浇钢筋混凝土屋面板，结构找坡
　　　　1.5%～2.0%，随浇随抹压

构造简图

若选自粘卷材，可不设找平层，结构板直接压实抹光。

植屋（顶植）20

重型
顶板种植
一级

植土：700厚以上种植土，带暗沟（排水）系统，
　　　详见单体设计
滤水层：聚酯毡，$300g/m^2$
蓄排水层：50高凹凸蓄排水板（顶带泄水孔），
　　　　　抗压强度不小于$350kN/m^2$
保护层：80厚C30混凝土，内配$\phi8$钢筋@150
　　　　双向，@5500设缝。缝宽10，聚苯板嵌缝，
　　　　掺阻根剂之聚氨酯密封胶填缝，深10，
　　　　缝处聚乙烯丙纶保护，搭接不小于300
隔离层：0.3厚聚乙烯丙纶复合卷材
耐根穿防水层：≥1.2厚PVC（P类、L类、H类）
　　　　　　或1.5厚TPO耐根穿刺防水卷材（带自
　　　　　　粘层）
防水层：2.0厚聚合物水泥防水涂料（Ⅰ型，内
　　　　衬$50g/m^2$无纺布）
结构层（主体防水）：防水混凝土顶板

构造简图

可不设找坡，但蓄排水板应满足荷载要求。

构造层类 中、重型面积较小时，可参植屋5、植屋6。

植屋21		植屋22	
重型 不设保温 一级	植土：轻质植土（田园土）700左右 滤水层：聚酯毡滤水层，300g/m² 蓄排水层：50高凹凸蓄排水板（顶带泄水孔）， 　　　　　抗压强度不应小于250kN/m² 保护兼阻根层：70厚C30细石混凝土，内配 　　　　　φ6@120双向，随浇随压实抹光。 　　　　　@4500～5500设缝，采用定型模条， 　　　　　宽15，内嵌阻根型聚氨酯密封胶，缝表 　　　　　面用JS粘贴200宽、0.5厚聚乙烯丙纶 　　　　　保护 隔离层：0.3厚聚乙烯丙纶复合卷材 耐根穿防水层：4.0厚自粘耐根穿刺改性沥青防 　　　　　水卷材 防水层2：2.0厚自粘聚合物改性沥青防水卷材 　　　　　（N类高分子膜双面粘）或2.0厚湿铺 　　　　　防水卷材（高分子膜基） 防水层1：2.0厚聚合物水泥防水涂料（I型， 　　　　　内衬50g/m²无纺布） 找平层：15厚M15（地面）纤维水泥砂浆 结构层：现浇钢筋混凝土屋面板，结构找坡 　　　　　1.5%～2.0%，随浇随抹压	重型 不设保温 二级	植土：轻质植土（田园土）700左右 滤水层：聚酯毡滤水层，300g/m² 蓄排水层：50高凹凸蓄排水板（顶带泄水孔）， 　　　　　抗压强度不应小于250kN/m² 保护兼阻根层：同植屋21 隔离层：0.3厚聚乙烯丙纶复合卷材或干铺无纺 　　　　　布，150g/m² 耐根穿防水层：≥1.2厚PVC（P类、L类、H类） 　　　　　或1.5厚TPO耐根穿刺防水卷材（带自 　　　　　粘层） 防水层：2.0厚聚合物水泥防水涂料（I型，内 　　　　　衬50g/m²无纺布） 找平层：15厚M15（地面）纤维水泥砂浆 结构层：现浇钢筋混凝土屋面板
 构造简图	可不设找坡，蓄排水板应满足荷载要求。	构造简图	可不设找坡，蓄排水板应满足荷载要求。

构造层类　　是否设置耐根穿层，可通过专家论证确定。

植屋（顶植）23

| 重型
顶板种植
一级 | 植土：800～1500厚田园土,带暗沟(排水)系统，
详见单体设计
滤水层：聚酯毡，300g/m²
蓄排水层：60高凹凸蓄排水板（顶带泄水孔）
保护层：80～100厚C30混凝土，内配φ8钢
筋@100双向，@6000设缝。缝宽10，
聚苯板嵌缝，聚氨酯密封胶填缝，深
10，缝处聚乙烯丙纶保护，宽度不小于
300
隔离层：0.5厚聚乙烯丙纶复合卷材
耐根穿防水层：4.0厚SBS耐根穿刺改性沥青防
水卷材（PY类）
防水层2：3.0厚自粘聚合物改性沥青防水卷材
（PY类双面粘）
防水层1：2.5厚非固化橡胶沥青防水涂料
结构层（主体防水）：防水混凝土顶板抹平压
实（污染前涂渗透环氧二道） |

构造简图

可不设找坡，蓄排水板应满足荷载要求，余类推。

植屋（顶植）24

| 重型
顶板种植
一级
（标准较高） | 植土：800～1500厚田园土,带暗沟(排水)系统，
详见单体设计
滤水层：聚酯毡，300g/m²
蓄排水层：60高凹凸蓄排水板（顶带泄水孔）
保护层：同植屋23
隔离层：0.5厚聚乙烯丙纶复合卷材
耐根穿防水层：≥1.5厚PVC（H类或P类）或1.8
厚TPO耐根穿刺防水卷材（带自粘层）
防水层：2.0厚聚合物水泥防水涂料（Ⅰ型，内
衬50g/m²无纺布）
结构层（主体防水）：防水混凝土顶板抹平压
实（污染前涂渗透环氧二道） |

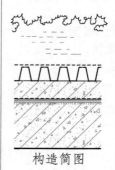

构造简图

不设找坡，蓄排水板应满足荷载要求，余类推。

构造层类

重型 顶板种植 一级	植土：800～1500厚田园土,带暗沟(排水)系统, 详见单体设计 滤水层：聚酯毡，300g/m² 蓄排水层：60高凹凸蓄排水板（顶带泄水孔） 保护层：同植屋23 隔离层：0.5厚聚乙烯丙纶复合卷材 耐根穿防水层：4.0厚耐根穿刺改性沥青类防水 卷材 防水层2：3.0厚自粘聚合物改性沥青防水卷材 （PY类双面粘） 防水层1：1.5厚自粘聚合物改性沥青防水卷材 （N类高分子膜） 结构层（主体防水）：防水混凝土顶板抹平压 实（污染前涂渗透环氧二道）	重型 顶板种植 一级	植土：800～1500厚田园土,带暗沟(排水)系统, 详见单体设计 滤水层：聚酯毡，300g/m² 蓄排水层：60高凹凸蓄排水板（顶带泄水孔） 保护层：同植屋23 隔离层：0.5厚聚乙烯丙纶复合卷材 耐根穿防水层：4.0厚自粘耐根穿刺改性沥青类 防水卷材 防水层2：2.0厚自粘聚合物改性沥青防水卷材 （N类高分子膜双面粘） 防水层1：1.5厚自粘聚合物改性沥青防水卷材 （N类高分子膜） 结构层（主体防水）：防水混凝土顶板抹平压 实（污染前涂渗透环氧二道）

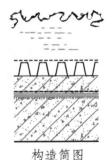

构造简图

构造简图

不设找坡，蓄排水板应满足荷载要求，余类推。

不设找坡，蓄排水板应满足荷载要求，余类推。

构造层类

超轻型 坡顶种植 二级	植土：草皮 挡土构造层：网状挡土（粗目不锈钢弧形网或 　　　　　专用弧形塑料网，绑固于滴灌管网之上， 　　　　　滴灌管上端侧出固结，防止下滑） 保护层：0.3厚聚乙烯丙纶保护（聚合物水泥胶 　　　　粘贴） 防水层：≥1.2厚PVC（H类或P类）或1.5厚 　　　　TPO防水卷材（带自粘层）双道热熔焊 结构层（主体防水）：结构斜板（自防水混凝土， 　　　　坡度小于20%，下方为内保温通风系统 　　　　或半室外空间）	轻中型 坡顶种植 一级	植土：轻质植土（约300厚） 挡土构造层：挡板、植箱、植瓦 持钉层：40厚C20细石混凝土，内配不锈钢网 　　　　片 ϕ 3.8 @ 75 保护层：0.3厚聚乙烯丙纶保护（聚合物水泥胶 　　　　粘贴） 绝热层：40厚挤塑聚苯板（不小于45kg/m，聚 　　　　合物水泥胶挤浆密缝满粘） 防水层2：3.0厚自粘聚合物改性沥青防水卷材 　　　　（PY类） 防水层1：2.0厚聚合物水泥防水涂料（I型， 　　　　内衬50g/m² 无纺布） 结构层（主体防水）：结构斜板（自防水混凝土， 　　　　坡度小于20%）

板下若为住人空间，应设置内通风绝热系统。

构造层类

厚土陡坡 坡顶种植 内掺效果可 达一级	植土：植土厚度超过400 挡土构造层：挡板、植箱、植瓦 防水层：3～5厚高分子益胶泥 结构层（主体防水）：自防水混凝土结构斜板， 　　　　坡度小于40%，内掺亚力士（BESTONE） 　　　　或CCCW，板厚不小于200。下方若为住 　　　　人空间，应设置内通风绝热系统。若为 　　　　有防潮要求的仓储空间，则应设置通风 　　　　系统	台阶式 坡顶种植 内掺效果可 达一级	植土：模块种植 防水层：3～5厚高分子益胶泥 结构层（主体防水）：自防水混凝土结构斜板， 　　　　内掺亚力士（BESTONE）或CCCW，板厚 　　　　不小于200（下方为非住人空间或半室外 　　　　空间） 　　　　上表面设计2%的面排水，0.5%边槽排水
	注：陡坡厚植土构造由结构主体斜板自防水、挡土蓄水板、 挡土植箱、步道护栏及内通风绝热防潮五部分组成，详见 WSB。		

构造层类

构造节点

节点随选定的构造层类调整

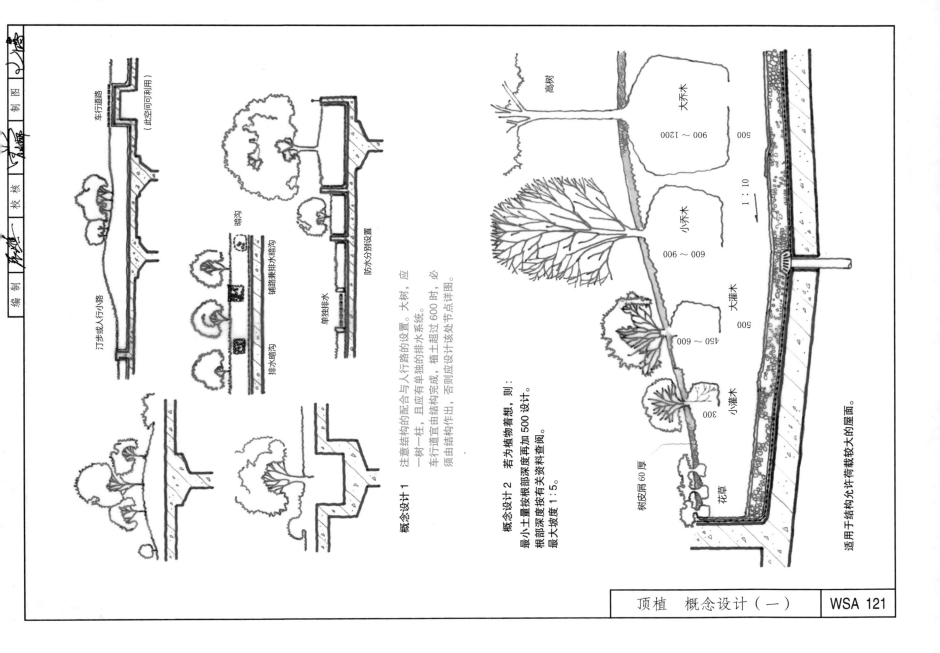

车行道路

（此空间可利用）

汀步或人行小路

暗沟

铺路兼排水暗沟

排水暗沟

单独排水

防水分别设置

概念设计 1 注意结构的配合与人行路的设置。大树，应一树一柱，且应有单独的排水系统。车行道宜由结构完成，植土超过 600 时，必须由结构作出，否则应设计该处节点详图。

概念设计 2 若为植物着想，则：最小土量按根部深度再加 500 设计。根部深度按有关资料查阅。最大坡度 1∶5。

高树

大乔木

900～1200

500

小乔木

600～900

大灌木

450～600

500

小灌木

300

1∶10

树皮屑 60 厚

花草

适用于结构允许荷载较大的屋面。

顶植 概念设计（一）　WSA 121

概念设计 3

一般轻型种植屋面之构造层次：

植土（≥300厚）

聚酯毡夹不锈钢网（重型双层，两毡间夹不锈钢网）

排水层（如级配陶粒）

细石混凝土保护层

耐穿刺卷材

现浇钢筋混凝土屋面（结构找坡）

专用排水沟兼人行小路

结构找坡已，不得设置材料找坡

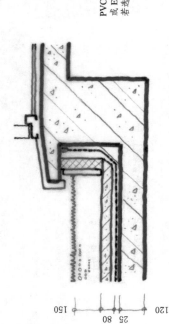

PVC卷材，选用复合型的为好。亦可选用HDPE、LDPE或EVA土工膜。

若选TPO、PVC，建议厚1.2～1.5，双道热熔焊接。

150

挡土梁

蓄、透排水

吊顶

结构找坡

概念设计 4

优选外排水，

注意表土坡度陡然变化时，采取挡土梁是一种好办法，

挡土梁可结合小品设计。

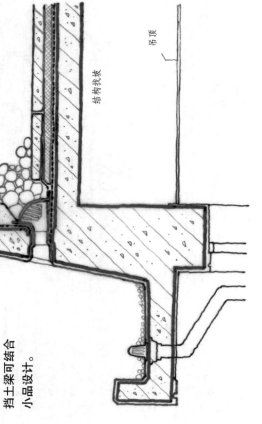

150 25 80 120

顶植 概念设计（二） WSA 122

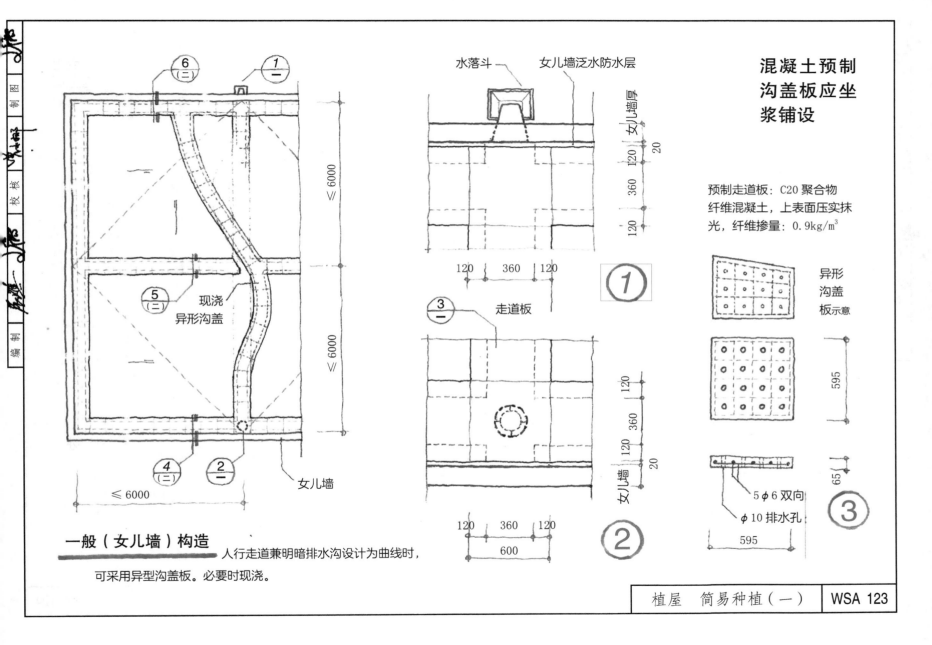

水落斗　女儿墙泛水防水层

⑥
(二)

①
—

混凝土预制
沟盖板应坐
浆铺设

≤6000

现浇
异形沟盖

⑤
(二)

≤6000

④
(二)

②
—

女儿墙

一般（女儿墙）构造

人行走道兼明暗排水沟设计为曲线时，
可采用异型沟盖板。必要时现浇。

女儿墙高

120　360　120

①

③
—

走道板

女儿墙

120　360　120

女儿墙

120　360　120

600

②

预制走道板：C20 聚合物
纤维混凝土，上表面压实抹
光，纤维掺量：0.9kg/m³

异形
沟盖
板示意

595

595

65

5φ6 双向

φ10 排水孔

595

③

植屋　简易种植（一）　WSA 123

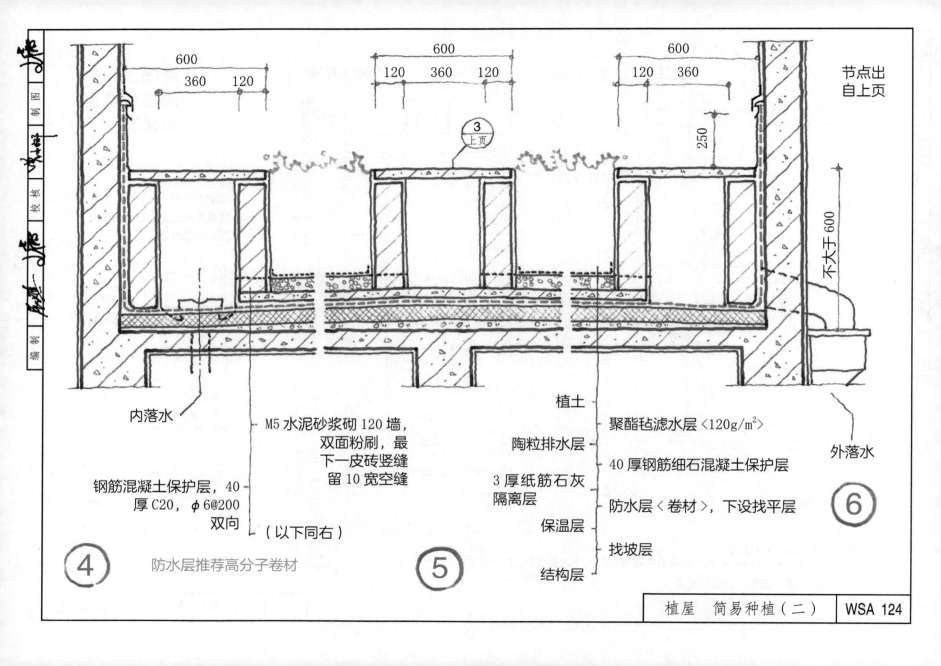

节点出
自上页

600
360 120

600
120 360 120

600
120 360

250

③
上页

不大于 600

内落水

植土

聚酯毡滤水层〈120g/m²〉

陶粒排水层

M5 水泥砂浆砌 120 墙，
双面粉刷，最
下一皮砖竖缝
留 10 宽空缝

40 厚钢筋细石混凝土保护层

3 厚纸筋石灰
隔离层

钢筋混凝土保护层，40
厚 C20，φ6@200
双向

防水层〈卷材〉，下设找平层

保温层

外落水

（以下同右）

找坡层

结构层

⑥

④

防水层推荐高分子卷材

⑤

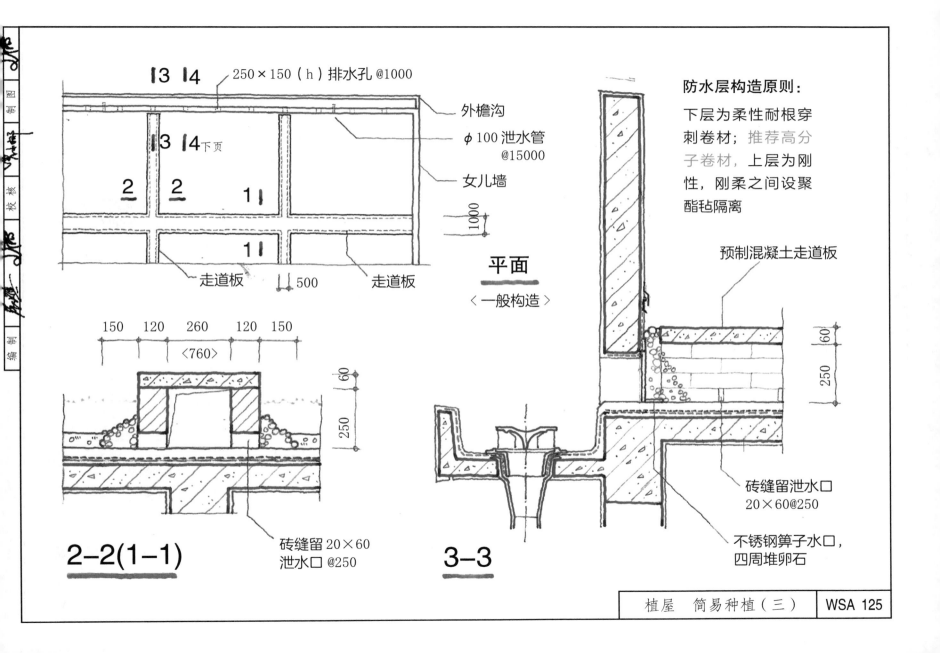

250×150（h）排水孔 @1000

外檐沟

φ100 泄水管 @15000

女儿墙

1000

走道板 ↓↓ 500 走道板

平面
〈一般构造〉

防水层构造原则：
下层为柔性耐根穿刺卷材；推荐高分子卷材，上层为刚性，刚柔之间设聚酯毡隔离

预制混凝土走道板

60

250

砖缝留泄水口 20×60@250

不锈钢算子水口，四周堆卵石

150　120　260　120　150
〈760〉

60

250

砖缝留 20×60 泄水口 @250

2-2(1-1)

3-3

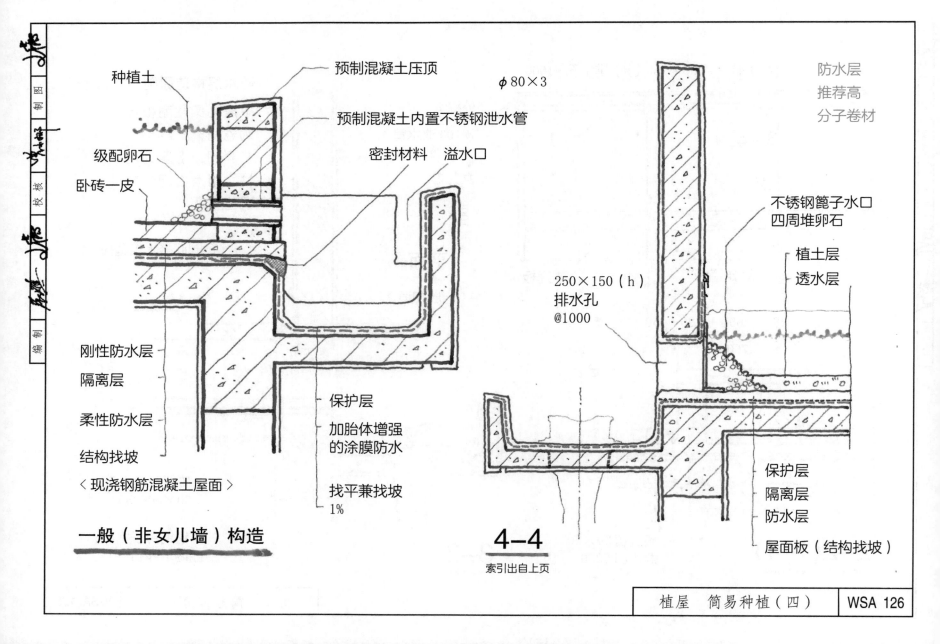

种植土

预制混凝土压顶

$\phi 80 \times 3$

防水层
推荐高
分子卷材

预制混凝土内置不锈钢泄水管

级配卵石

密封材料　溢水口

卧砖一皮

不锈钢篦子水口
四周堆卵石

植土层

透水层

250×150（h）
排水孔
@1000

刚性防水层

隔离层

保护层

柔性防水层

加胎体增强
的涂膜防水

结构找坡

〈现浇钢筋混凝土屋面〉

找平兼找坡
1%

保护层

隔离层

防水层

一般（非女儿墙）构造

4-4

索引出自上页

屋面板（结构找坡）

植屋　简易种植（四）

WSA 126

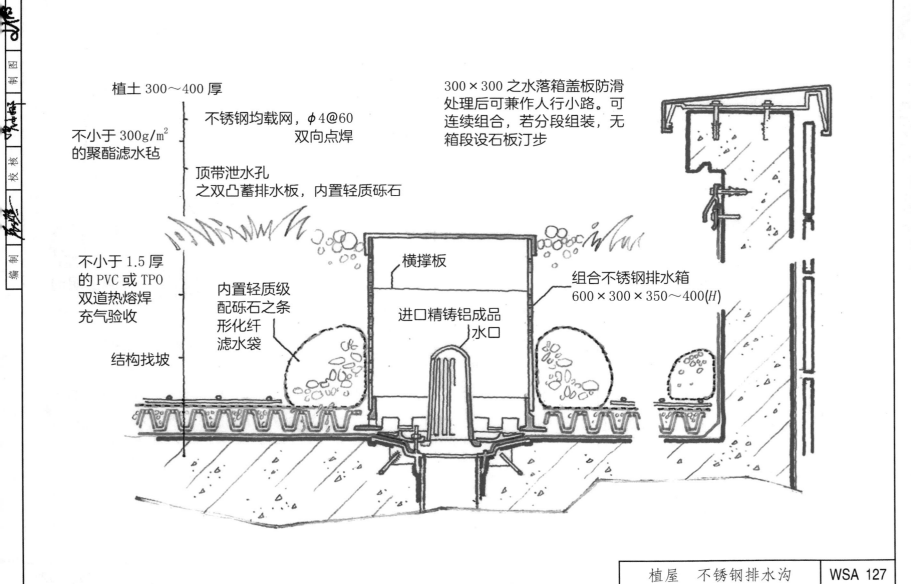

植土 300～400 厚

不锈钢均载网，$\phi 4@60$
双向点焊

300×300 之水落箱盖板防滑
处理后可兼作人行小路。可
连续组合，若分段组装，无
箱段设石板汀步

不小于 $300g/m^2$
的聚酯滤水毡

顶带泄水孔
之双凸蓄排水板，内置轻质砾石

不小于 1.5 厚
的 PVC 或 TPO
双道热熔焊
充气验收

内置轻质级
配砾石之条
形化纤
滤水袋

横撑板

组合不锈钢排水箱
$600 \times 300 \times 350\sim400(H)$

进口精铸铝成品
水口

结构找坡

植屋　不锈钢排水沟

WSA 127

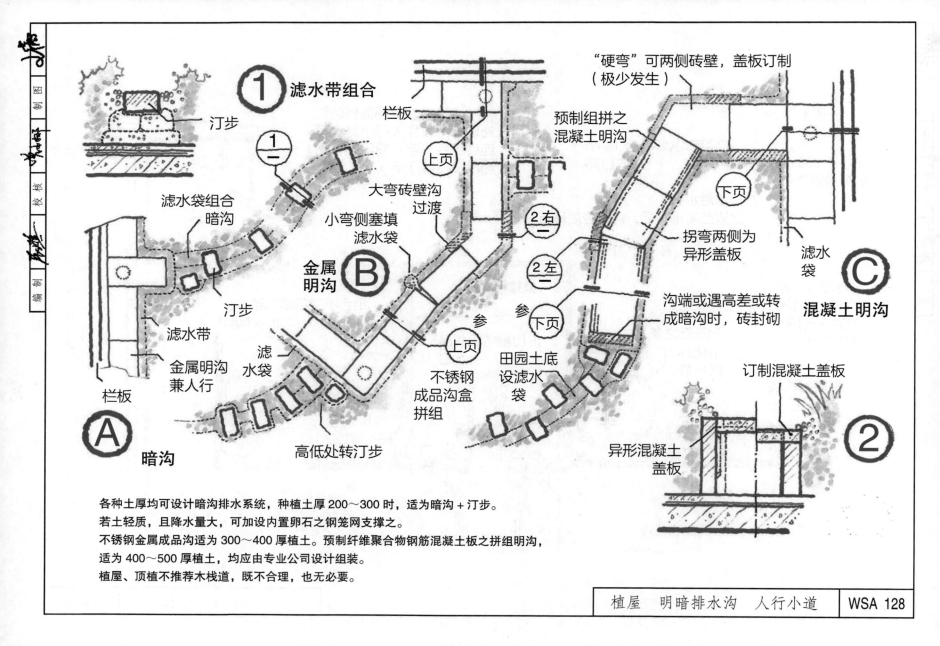

① 滤水带组合

汀步

栏板

"硬弯"可两侧砖壁，盖板订制
（极少发生）

上页

预制组拼之
混凝土明沟

下页

滤水袋组合
暗沟

大弯砖壁沟
过渡

小弯侧塞填
滤水袋

金属
明沟 Ⓑ

2 右

2 左

拐弯两侧为
异形盖板

滤水
袋

Ⓒ
混凝土明沟

滤水袋组合
暗沟

汀步

滤水带

金属明沟
兼人行

栏板

滤
水
袋

Ⓐ
暗沟

高低处转汀步

不锈钢
成品沟盒
拼组

参
上页

参
下页

沟端或遇高差或转
成暗沟时，砖封砌

田园土底
设滤水
袋

订制混凝土盖板

②

异形混凝土
盖板

各种土厚均可设计暗沟排水系统，种植土厚200～300时，适为暗沟＋汀步。
若土轻质，且降水量大，可加设内置卵石之钢笼网支撑之。
不锈钢金属成品沟适为300～400厚植土。预制纤维聚合物钢筋混凝土板之拼组明沟，
适为400～500厚植土，均应由专业公司设计组装。
植屋、顶植不推荐木栈道，既不合理，也无必要。

植屋　明暗排水沟　人行小道 WSA 128

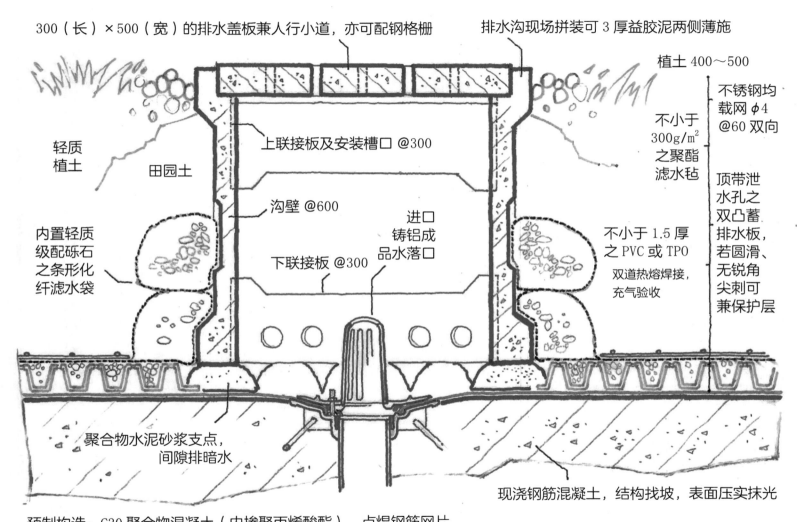

300（长）×500（宽）的排水盖板兼人行小道，亦可配钢格栅

排水沟现场拼装可 3 厚益胶泥两侧薄施

植土 400～500

不锈钢均载网 ϕ4 @60 双向

轻质植土

田园土

上联接板及安装槽口 @300

不小于 300g/m² 之聚酯滤水毡

沟壁 @600

进口铸铝成品水落口

下联接板 @300

内置轻质级配砾石之条形化纤滤水袋

顶带泄水孔之双凸蓄排水板，若圆滑、无锐角尖刺可兼保护层

不小于 1.5 厚之 PVC 或 TPO 双道热熔焊接，充气验收

聚合物水泥砂浆支点，间隙排暗水

现浇钢筋混凝土，结构找坡，表面压实抹光

预制构造：C30 聚合物混凝土（内掺聚丙烯酸酯），点焊钢筋网片

植屋　预制装配混凝土排水沟　WSA 129

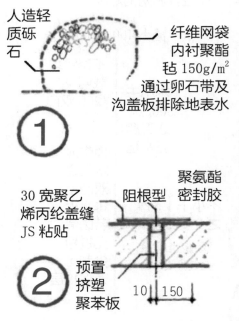

人造轻质砾石

纤维网袋内衬聚酯毡 150g/m² 通过卵石带及沟盖板排除地表水

①

30 宽聚乙烯丙纶盖缝 JS 粘贴

阻根型

聚氨酯密封胶

预置挤塑聚苯板

10　150

②

节水型种植屋面无需找坡。
细石混凝土保护层须做耐根穿分格缝。
不锈钢水落口宜直接埋入混凝土。
（图示为压紧式）
利用反梁围成的空间蓄积雨水时，
注意每格均有软管从底部排水，形
成循环，避免水质腐败。

植土（约 400 厚）

卵石带

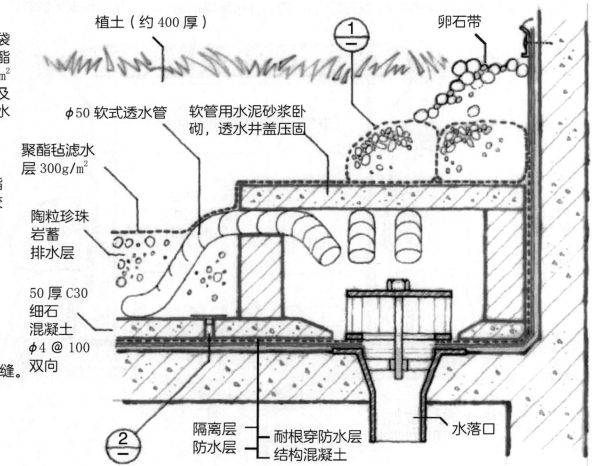

①

φ50 软式透水管

软管用水泥砂浆卧砌，透水井盖压固

聚酯毡滤水层 300g/m²

陶粒珍珠岩蓄排水层

50 厚 C30 细石混凝土 φ4 @ 100 双向

②

隔离层
防水层

耐根穿防水层
结构混凝土

水落口

资料来源：深圳市建筑科学研究院

植屋　节水构造（内排水）　　WSA 130

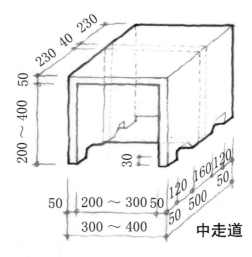

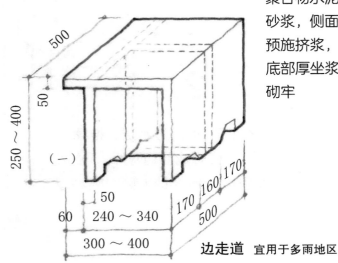

预制：
C30 清水混凝土，
内掺杜拉纤维及聚
合物。内配点焊之
铁筋网片，
$\phi 3.8@75$，居中
放置

安装：
聚合物水泥
砂浆，侧面
预施挤浆，
底部厚坐浆
砌牢

中走道

边走道 宜用于多雨地区

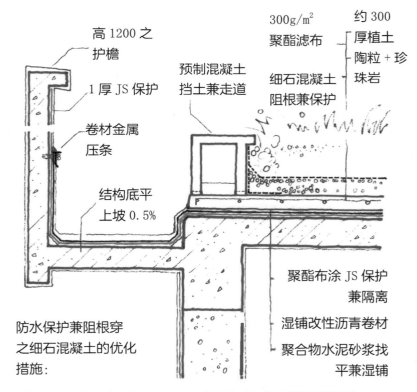

高 1200 之
护檐

1 厚 JS 保护

卷材金属
压条

结构底平
上坡 0.5%

预制混凝土
挡土兼走道

细石混凝土
阻根兼保护

$300g/m^2$
聚酯滤布

约 300
厚植土
陶粒 + 珍
珠岩

聚酯布涂 JS 保护
兼隔离

湿铺改性沥青卷材

聚合物水泥砂浆找
平兼湿铺

防水保护兼阻根穿
之细石混凝土的优化
措施：

- 内掺CCCW 或亚力士（BESTONE）、杜拉纤维、聚丙烯酸酯乳液、
  高效减水剂

- 45 厚 C25 混凝土，$\phi 3.8@75$ 成品点焊钢筋网片

- 分格缝 @5000，成品模条，专用聚氨酯密封胶内掺阻根
  剂，表面 JS 粘贴 0.3 厚聚乙烯丙纶，300 宽

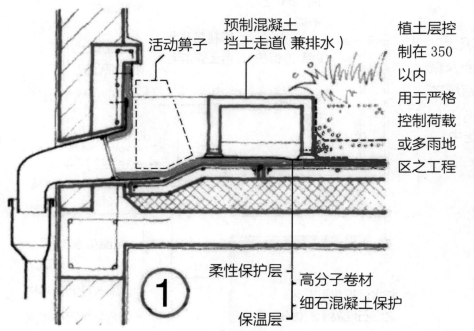

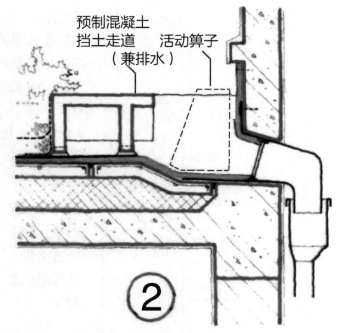

柔性保护层： 0.5 厚聚乙烯丙纶复合卷材 +1.3 厚聚合物水泥胶结料，搭接料不小于 200。**防水层：** 推荐 1.5 厚 PVC 或 TPO 卷材，双道热风焊。**保护层：** 35 厚 C25 纤维细石混凝土，$\Phi 3.5@75$ 点焊成品钢网片，分格缝 @5000，成品模条。**保温层：** 60 厚挤塑聚苯板，不小于 $45\mathrm{kg/m^3}$，5 厚聚合物水泥防水砂浆坐铺（侧面挤浆）。

滤水毡： $300\mathrm{g/m^2}$。**蓄排水层：** 陶粒膨胀珍珠岩或蓄排水板。

植土： 推荐田园土。

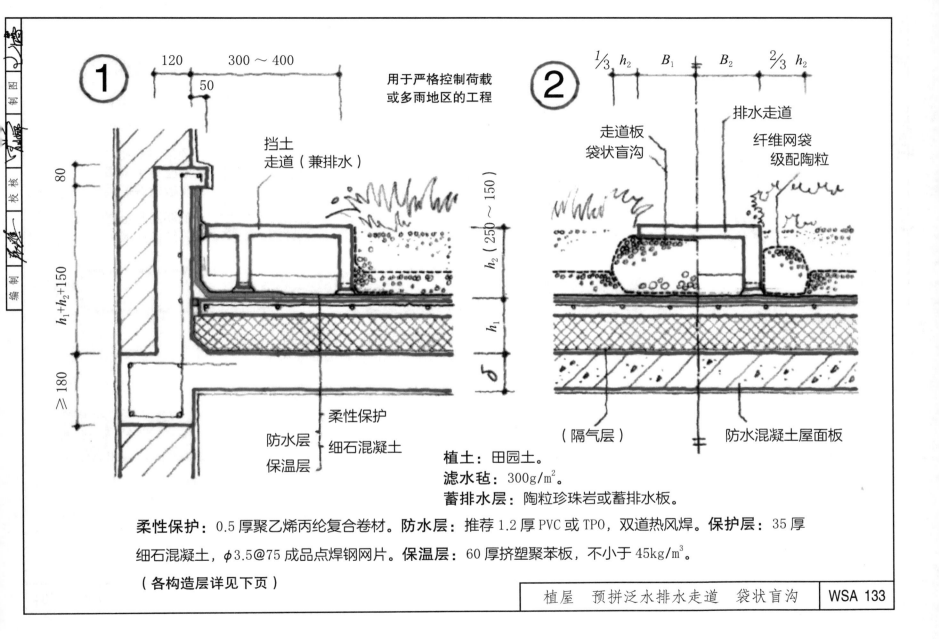

用于严格控制荷载
或多雨地区的工程

① 120 300～400 50 80 h_1+h_2+150 ≥180 h_2（250～150） h_1 δ

挡土
走道（兼排水）

柔性保护
防水层　细石混凝土
保温层

② $\frac{1}{3}$ h_2 B_1 B_2 $\frac{2}{3}$ h_2

走道板
袋状盲沟

排水走道

纤维网袋
级配陶粒

（隔气层）

防水混凝土屋面板

植土：田园土。
滤水毡：$300g/m^2$。
蓄排水层：陶粒珍珠岩或蓄排水板。

柔性保护：0.5 厚聚乙烯丙纶复合卷材。**防水层：**推荐 1.2 厚 PVC 或 TPO，双道热风焊。**保护层：**35 厚
细石混凝土，$\phi 3.5@75$ 成品点焊钢网片。**保温层：**60 厚挤塑聚苯板，不小于 $45kg/m^3$。

（各构造层详见下页）

植屋　预拼泛水排水走道　袋状盲沟

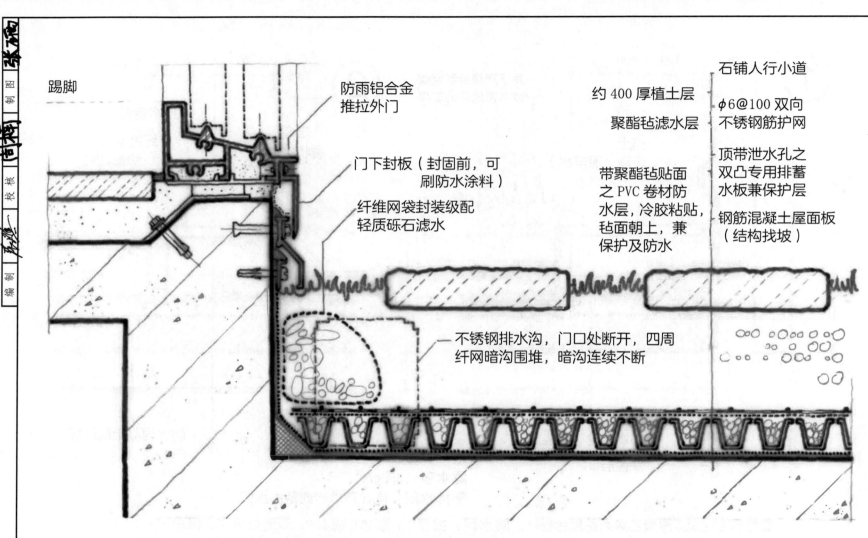

踢脚

防雨铝合金
推拉外门

门下封板（封固前，可
刷防水涂料）

纤维网袋封装级配
轻质砾石滤水

石铺人行小道

约400厚植土层

聚酯毡滤水层

带聚酯毡贴面
之PVC卷材防
水层，冷胶粘贴，
毡面朝上，兼
保护及防水

φ6@100双向
不锈钢筋护网

顶带泄水孔之
双凸专用排蓄
水板兼保护层

钢筋混凝土屋面板
（结构找坡）

不锈钢排水沟，门口处断开，四周
纤网暗沟围堆，暗沟连续不断

（外）门下泛水构造 注意保证泛水高度 外门上方应设置雨篷

植屋（外）门下泛水 构造

WSA 134

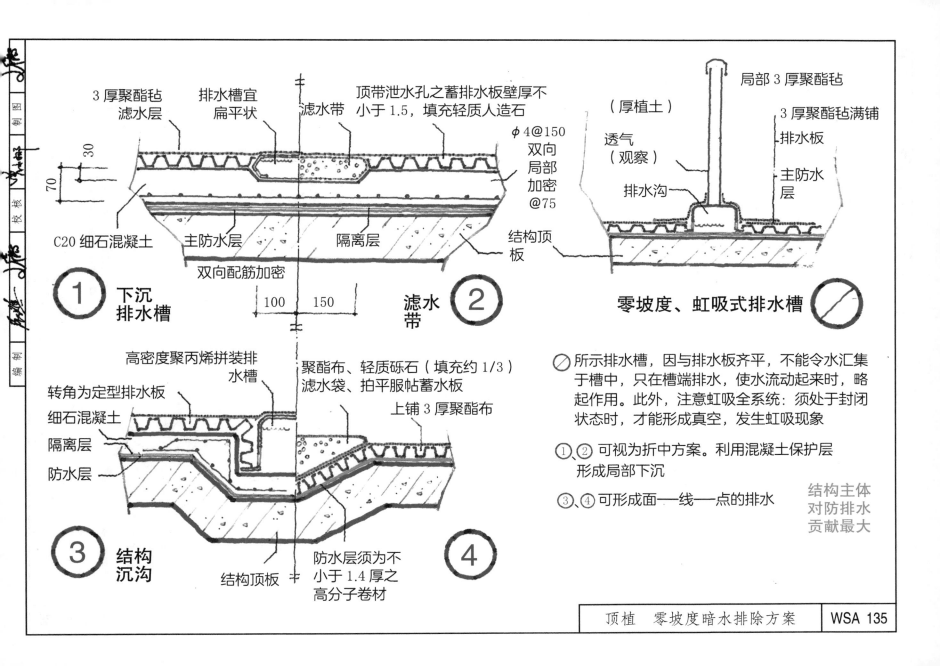

3厚聚酯毡滤水层

排水槽宜扁平状

滤水带

顶带泄水孔之蓄排水板壁厚不小于1.5，填充轻质人造石

局部3厚聚酯毡

3厚聚酯毡满铺

排水板

主防水层

（厚植土）

透气（观察）

排水沟

$\phi 4@150$ 双向局部加密 @75

30

70

C20细石混凝土

主防水层

隔离层

结构顶板

双向配筋加密

100　150

① 下沉排水槽

滤水带

②

零坡度、虹吸式排水槽 ⊘

高密度聚丙烯拼装排水槽

转角为定型排水板

细石混凝土

隔离层

防水层

聚酯布、轻质砾石（填充约1/3）滤水袋、拍平服帖蓄水板

上铺3厚聚酯布

③ 结构沉沟

结构顶板

防水层须为不小于1.4厚之高分子卷材

④

⊘ 所示排水槽，因与排水板齐平，不能令水汇集于槽中，只在槽端排水，使水流动起来时，略起作用。此外，注意虹吸全系统：须处于封闭状态时，才能形成真空，发生虹吸现象

①、②可视为折中方案。利用混凝土保护层形成局部下沉

③、④可形成面—线—点的排水

结构主体对防排水贡献最大

顶植　零坡度暗水排除方案

花盆之底部透水
水口细砾石铺填

给水设备

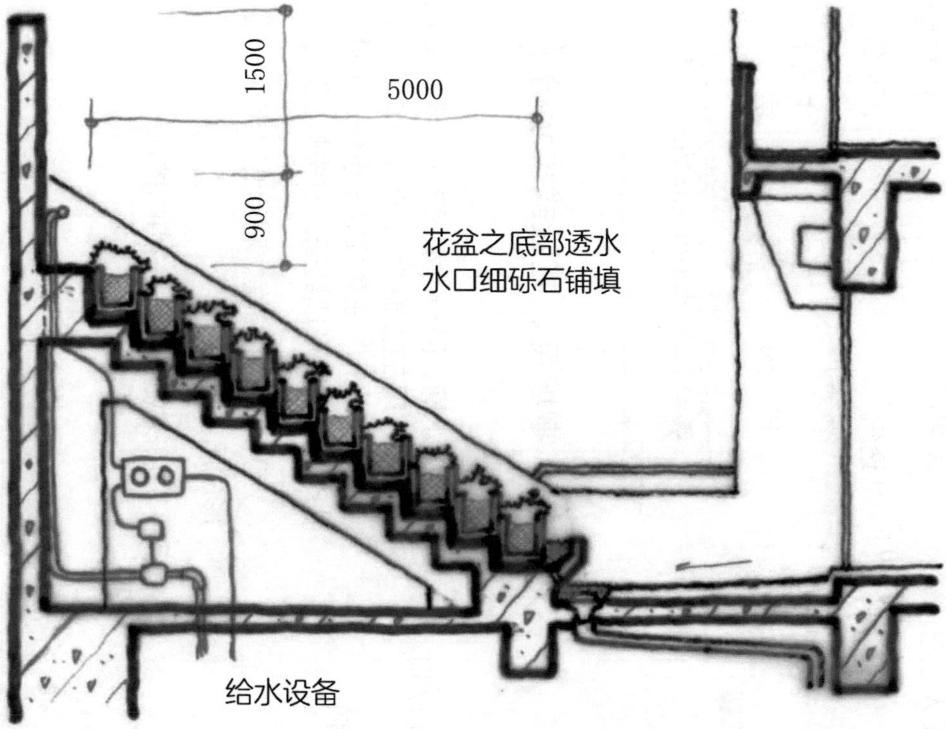

斜面种植 首选之法

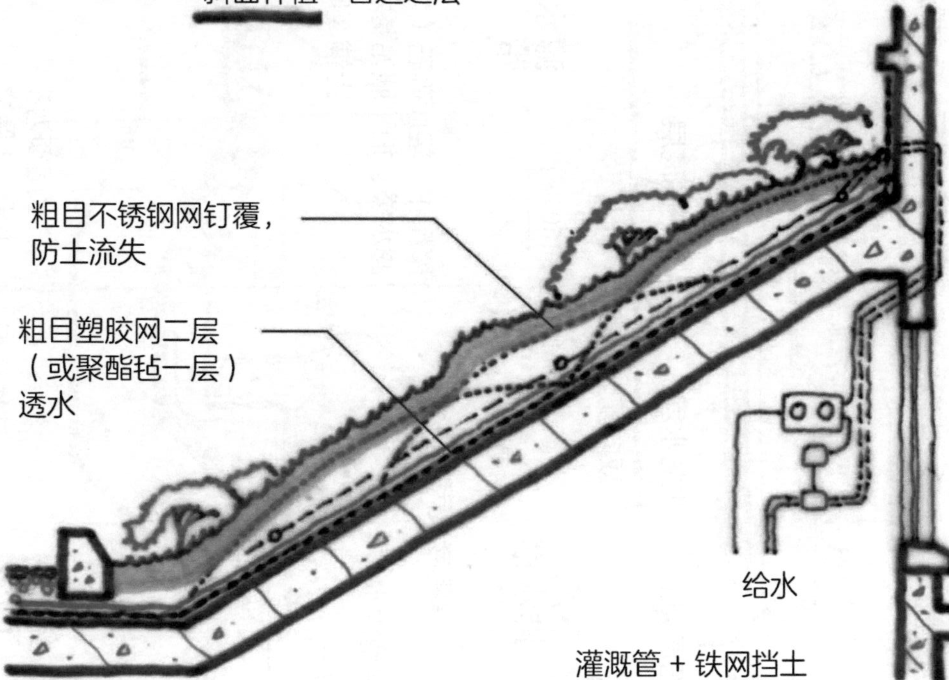

5000

1500
900

给水

灌溉管 + 铁网挡土

粗目不锈钢网钉覆，
防土流失

粗目塑胶网二层
（或聚酯毡一层）
透水

斜面种植构造 | WSA 136

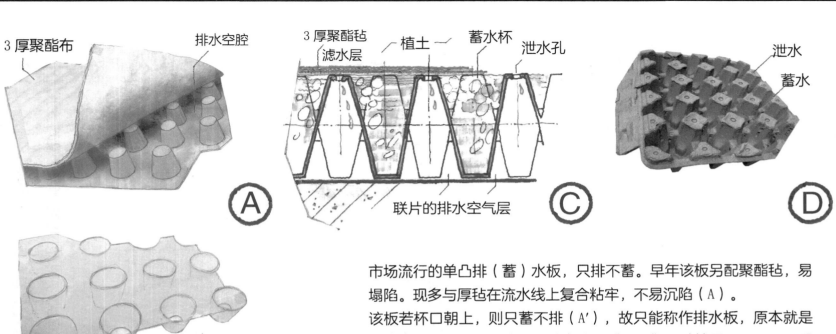

Ⓐ 3厚聚酯布　排水空腔

Ⓐ' A倒置　杯口朝上

Ⓑ 蓄水杯　透水孔　联锁扣

Ⓒ 3厚聚酯毡 滤水层　植土　蓄水杯　泄水孔　联片的排水空气层

Ⓓ 泄水　蓄水

市场流行的单凸排（蓄）水板，只排不蓄。早年该板另配聚酯毡，易塌陷。现多与厚毡在流水线上复合粘牢，不易沉陷（A）。

该板若杯口朝上，则只蓄不排（A'），故只能称作排水板，原本就是用于独栋别墅地下室外墙降排水的。"误用"于种植屋面，只因不重视蓄水，且图便宜。该板高多在20左右。

本图集推荐的双凸蓄排水板，顶带泄水孔，蓄排兼顾，且提供永不会堵塞的空气层，使植物生长愉快(C)。杯高超过40，可酌情替代找坡层。带蓄水杯的排水板，速排弱蓄。可现场扣接。适于小面积植屋（B）。

当下，凡非装饰性构配件，均循低价。如此例，纸浆蛋托换聚酯，再顶置一孔，即是完美之蓄排水板（D），却无市场。只因大企业带头省小钱，不惜牺牲内在品质。

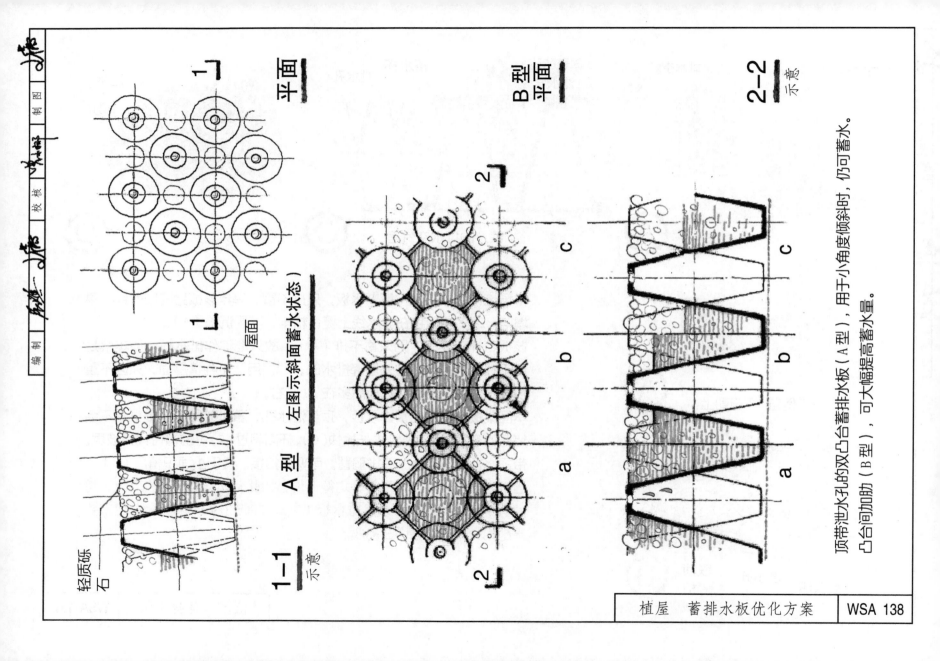

平面

A型（左图示斜面蓄水状态）

1-1
示意

轻质砾石

屋面

B型
平面

2-2
示意

顶带泄水孔的双凸台蓄排水板（A型），用于小角度倾斜时，仍可蓄水。
凸台间加加肋（B型），可大幅提高蓄水量。

植屋　蓄排水板优化方案　　　WSA 138

坡 屋 面

概念设计

1. 坡屋面的分类直接影响其构造的合理性，故应综合考虑构造差别，差大者分，差小者并。

2. 坡屋面易形成自然通风，故应积极考虑构造通风隔热。采用轻钢结构、波型沥青防水板、金属隔热膜、XPS 保温板，有利于构造通风及保温隔热的多种组合设计。坡屋面会增强城市热岛效应，故应积极采用冷屋面设计。

3. 现代瓦的设计，有完善的构造防水。只需满足坡度要求，采取正确的勾挂系统，就能使瓦成为主防水层。坐铺的瓦，会削弱或破坏瓦的构造防水功能，尽量少采用。

4. 瓦的专业公司应能提供完美的整套屋面系统，不仅包括配套的瓦及其构造节点，也包括其他构造层及其构配件。设计应按要求选用，避免自造节点。

5. 对于坡度较大的钢筋混凝土现浇坡屋面,若采用双模板,确保振捣密实,或坡度较小时，直接压实抹光，可用渗透环氧涂层代替附加防水。

6. 金属屋面，要特别注意抗风揭设计，重点在檐口，特别是角部。

7. 金属板屋面，关键是排水方向上的搭接构造，要靠足够的坡度。金属内天沟，常因尺寸过小、排水不畅致水满上溢，翻入檐板下而渗入室内。因此，必须设计溢水口。

8. 大型公建，可选用直立锁边的连续金属板系统。在该系统上设置大量横向天窗几乎是错误的。另加表皮锚固的设计，会破坏该系统的合理性，可考虑改用其他锁扣系统，详参 WSB 有关节点。

9. 光伏软板可直接粘固在金属板上，是光伏屋面的最佳选择。光伏光热复合组件的双层坡屋面可消除热岛效应，是目前节能效率更高的系统。

10. 大型天窗，应设计足够高度的泛水。齐平式设计，意味着单靠密封胶。依赖大量现场施胶进行防水密封，是脱离实际的想法。

11. 坡顶采用钢结构，优于混凝土结构。因此，钟意于坡顶形式的建筑，特别是小高层，可只在顶层采用钢结构。坡顶若为夹芯钢板，其墙板也应为配套的夹芯钢板，只有这样，关键节点才可能最合理、最可靠（参 B 图集第 37 页）

设计提示

1. 一般坡屋面构造，可以按标准图集《坡屋面建筑构造》00SJ202 （一）设计和施工。该图集包括块瓦、油毡瓦、钢板彩瓦，安 装方法包括砂浆坐瓦及挂瓦（钢、木挂瓦条）。
   采用加气混凝土条板坡屋面时，可参考上海图集（沪J/T 206）。

2. 选用专业公司产品时，还应遵循专业公司提出的技术要求，特 别是多种金属板坡屋面、各类"阳光板"屋面，应严格按其标 准节点设计与施工。

3. 坡屋面应优选钢结构、轻钢檩条、望板、挂瓦系统。挂瓦优选 金属挂瓦条；防水层（防潮衬垫）应具备自封闭性，绝热层可 选毡状材料，亦可在挂瓦条之间填聚苯板或喷PU硬泡，加强 通风隔热时，可加铺金属隔热膜。

4. 现浇钢筋混凝土挂瓦屋面，可直接在挂瓦条之间喷30厚Ⅲ型 PU硬泡绝热兼防水，但须在挂瓦条上连续开设槽口，令其不阻 水排放。必要时，在PU之上或之下加做聚氨酯涂膜防水层。 现场喷发PU硬泡，适用于面积总量较大（如：大片住宅小区） 的钢筋混凝土坡屋面，其构造层类可相当简洁。

5. 设在整浇轻质保温层上的瓦，宜选沥青瓦，不推荐重质瓦。

6. 在钢筋混凝土坡屋面上作聚合物水泥防水砂浆找平，并在其上 用JS-Ⅱ型直接粘贴聚苯挂瓦板，也是一种好设计。

7. 沿海强风地区屋面挂瓦，应使用钢钉及搭扣固定瓦片，其使用 范围参考下图示意：

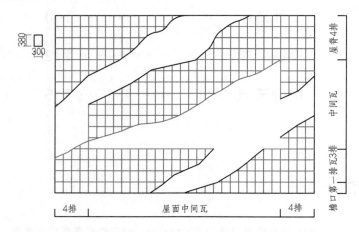

"中间瓦"固定率50%（间隔固定）；周边瓦每块均要固定。

除檐口第一排用屋檐搭扣外，其余用主瓦搭扣。

资料来源：英红集团（中国）

坡屋面　设计提示　　**WSA 140**

坡度的表达

○ 角度，在设计阶段较方便，尤其适合陡坡剖面之表达

○ 百分比，更适合低坡屋面，特别是大平面、局部平面同时表达坡度时

○ 比例，适合绝大多数坡瓦屋面的表达。现场施工也多按比例操作

○ 坡度的选择可参此表，并由实际供货厂商最终确认

○ **考虑防水为主时，坡度取上值；以防止下滑为主时，取下值，特别是坐瓦**

○ 65° 以上陡坡屋面之构造层类，建议按钢筋混凝土外墙

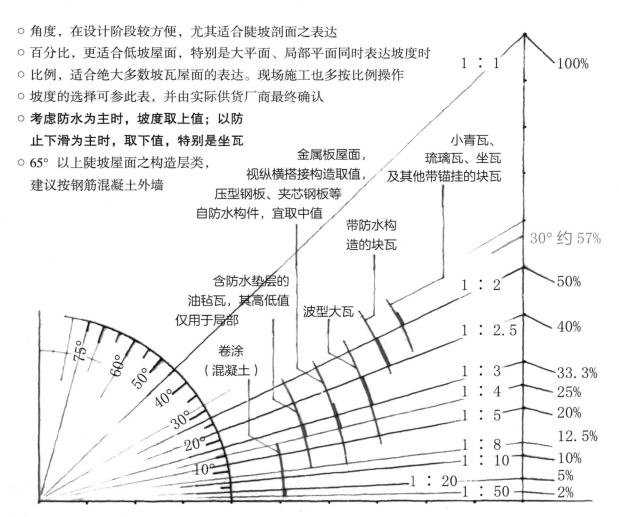

本图集对一般坡屋面之传统构造设计提出以下建议：

钢筋混凝土现浇坡屋面，应采用双模板，确保振捣密实。采取钢管分段拦阻等措施，不一定可靠。混凝土坡屋面，选外保温时，绝热层也可为水泥聚苯。防水层少用传统卷材或涂膜，目的都是使坡屋面各层构造成为一整体，省去因隔离分层而采取复杂的防止下滑措施（但檐部仍应设计上翻反梁）。结合部构造：除坐瓦可使用M15水泥砂浆外，其他部位砂浆应选用聚合物水泥砂浆、纤维混合砂浆或传统麻刀灰。谷沟可选2厚铝板，中间可设折脊。泛水结合部优选软金属板。

坡屋1

保温通风隔热
挂瓦
一级

瓦材：重质瓦兼主防水层
挂瓦条：专用挂瓦条，专用钢钉
防水层2：波形沥青防水板（通风坡瓦，上下两道通风层）
保温层：40～80厚挤塑聚苯板（可聚合物水泥胶贴）
防水层1：2.0厚聚合物水泥防水涂料（Ⅰ型，内衬50g/m² 无纺布）（或按序号另选）
找平层：15厚纤维水泥砂浆
结构层：现浇钢筋混凝土斜板（坡度宜25%～50%）

坡屋3

保温
挂轻质瓦
二级

瓦材：轻质瓦兼主防水层
挂瓦：顺水条、挂瓦条（钉孔补涂JS）
防水层：2.0厚聚合物水泥防水涂料（Ⅰ型，内衬50g/m² 无纺布）
找平层：15厚聚合物水泥砂浆（随即完成）
保温层：聚合物水泥聚苯整浇，厚度详见单体设计
结构层：现浇钢筋混凝土斜板（坡度宜35%～50%）

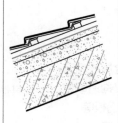

聚合物水泥聚苯，应由专业公司施工。

坡屋2

保温通风隔热
挂瓦
一级

瓦材：重质瓦兼主防水层
挂瓦条：专用挂瓦条，专用钢钉
防水层1：波形沥青防水板（通风坡瓦，上下两道通风层）
保温层：40～80厚挤塑聚苯板（可聚合物水泥胶粘贴）
找平层：15厚聚合物水泥砂浆
防水层2：1.0厚水泥基渗透结晶型防水涂料1.5kg/m²
结构层：现浇钢筋混凝土斜板（坡度宜25%～50%）

若用干撒法直接压实抹光，可取消找平层。

坡屋4

保温通风隔热
坐瓦
二级

瓦材：S形陶瓦
卧瓦层：纤维水泥砂浆竖向条铺坐瓦，最薄10（形成通风道）
找平层：15厚聚合物水泥砂浆（随即完成）
保温层：聚合物水泥聚苯整浇，厚度详见单体设计
防水层：2.0厚聚合物水泥防水涂料（Ⅰ型，内衬50g/m² 无纺布）
结构层：现浇钢筋混凝土斜板（坡度宜30%～45%）

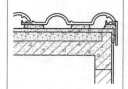

聚合物水泥聚苯，应由专业公司施工。

构造层类

| 坡屋5
保温隔热沥青瓦
一级
 | 瓦材：玻纤沥青瓦粘钉，兼主防水层
防水层2：3.0厚湿铺防水卷材（PY类）
找平层：10厚聚合物水泥砂浆，中间压入耐碱
　　　　玻纤网格布
绝热层：100～150厚加气高精砌块（B06、
　　　　A5.0），5厚聚合物水泥砂浆挤浆坐铺
防水层1：1.0厚水泥基渗透结晶型防水涂料
　　　　1.5kg/m^2
结构层：现浇钢筋混凝土斜板（坡度宜
　　　　20%～30%） | 坡屋7
二级

参坡屋面
建筑构造图集
00SJ202（一）

强风地区不宜。 | 瓦材：重、轻质块瓦，兼主防水层
挂瓦：顺水条、挂瓦条（钉孔补刷涂料）
防水层：2.0厚聚合物改性沥青防水层或1.2厚
　　　　自粘聚合物改性沥青防水层
持钉层：40厚C20细石混凝土，ϕ4＠100，双
　　　　向
绝热层：40～80厚挤塑聚苯板（聚合物水泥胶挤
　　　　浆坐铺粘贴）
找平层：15厚纤维水泥砂浆
结构层：现浇钢筋混凝土斜板（坡度宜
　　　　35%～45%） |
| 坡屋6
保温隔热挂瓦
二级

示意图参见
WSA 84
之节点1或2 | 瓦材：轻、重质块瓦，兼主防水层
防水层：2.0厚聚合物水泥防水涂料（Ⅰ型，内
　　　　衬50g/m^{2}无纺布）
绝热层：40厚Ⅲ型现场喷涂发泡硬质聚氨酯兼
　　　　防水（密度≥55kg/m^3）
高出绝热层之专用挂瓦条（铝合金或开口木枋，由设
计细化）
结构层：现浇钢筋混凝土斜板（坡度宜
　　　　20%～30%） | 坡屋8
二级

参坡屋面
建筑构造图集
00SJ202（一）

强风地区不宜。 | 瓦材：重、轻质块瓦，兼主防水层
挂瓦：顺水条、挂瓦条
持钉层：50厚C20细石混凝土，ϕ4＠100，双向
绝热层：40厚挤塑聚苯板（聚合物水泥胶粘贴）
防水层：3.0厚自粘聚合物改性沥青防水卷材（PY
　　　　类）或1.5厚自粘聚合物改性沥青防水
　　　　卷材（N类高分子膜）
找平层：15厚聚合物水泥砂浆
结构层：现浇钢筋混凝土斜板（坡度宜
　　　　30%～45%） |

构造层类　凡设细石混凝土持钉层者，注意该系统的止下滑措施。

坡屋9 二级	瓦材：玻纤沥青瓦粘钉，兼主防水层 防水层：3.0厚湿铺防水卷材（PY类） 基层处理：3.0厚聚合物水泥防水砂浆刮平 结构层（兼绝热）：配置防蚀钢筋网片的 　　　YTONG轻质砂加气混凝土 B06、A5.0、厚 　　　250～300条板（坡度30%～50%） 　　　（聚合水泥防水砂浆板缝处理）	坡屋11 金属板屋面 一级 二级	金属板 绝热隔离层 防水透汽膜 绝热层 隔汽层 结构层：压型钢板，板下岩棉保温层（坡度宜 　　　35%～50%）（板上硬质矿棉填平凹槽）
配筋的 加气混凝土斜板 节点参2000沪JT-108			
用于装配式坡屋面			未详注者由单体设计确定。
坡屋10 金属板屋面 一级 二级	金属屋面板 防水层：2.0厚自粘聚合物改性沥青防水卷材 绝热层 隔汽层 压型钢板（硬质矿棉填平凹槽）	坡屋12 压型钢板 隔热保温 二级	瓦材：轻质块瓦，兼主防水层 挂瓦：顺水条、挂瓦条 　　　专用钢钉锚固，钉孔补刷 JS 金属隔热膜（配套胶带粘贴）或防水透气膜 绝热层：40～80厚挤塑聚苯板（聚合物水泥 　　　胶粘贴） 防水层：1.2厚自粘聚合物沥青防水层 结构层：压型钢板，凹槽内浇筑配筋的C20混 　　　凝土，压实抹光（坡度宜25%～35%）
	未详注者由单体设计确定。	强风地区不宜	高反射率金属隔热膜兼具防水时,应由专业公司设计施工。

构造层类

构造节点

○ 绝大多数情况下，不推荐大面积满铺砂浆坐瓦。

○ 夹芯饼式的构造，天然不合理，用于大于100%的陡坡瓦屋面时，更不应生搬硬套。

○ 坡屋面天窗应选用成熟可靠、节能防水、系统配套、制作精良、安装便捷的产品。

○ 金属屋面，另加装饰面板的设计，多无合理可靠的构造支持，不但削弱了原金属屋面构造设计的合理性，也制造了大量藏污纳垢的空间，令整个屋面易蚀、易漏、减寿。如非要加设表皮，可尝试聚酰胺锁扣系统。

○ 大型金属屋面，所有"转折"节点，均应以构造防水为主，密封胶防水为辅，防、排并举（含冷凝水排除）。过分依赖现场施胶，是防不胜防的。大面积现场施胶密封是不现实的。

○ 无檩双层压型钢板复合保温屋面，可直接空铺外露型不小于1.5厚之PVC或PTO卷材，并采用无穿孔机械固定：长角螺钉穿透保温层，直接锚于压型钢板凸肋，钉帽$\phi 75$，表面带涂层，卷材通过电磁焊片焊固于钉帽，无外露。

○ 严寒地区的坡屋面，宜采用立缝胶咬合的金属屋面，特别是低坡，预期有积雪者，屋面节点应设计简单，首选挑檐。若设外檐沟，须确保其通畅。必要时，设计局部加热融雪装置。防水层若选用沥青类，应在檐部设计自外墙内表面位置向屋顶方向延伸至少600的冰坝防水层，并确保其粘附性。

○ 超过一定长度的不锈钢天沟，应设置伸缩缝。

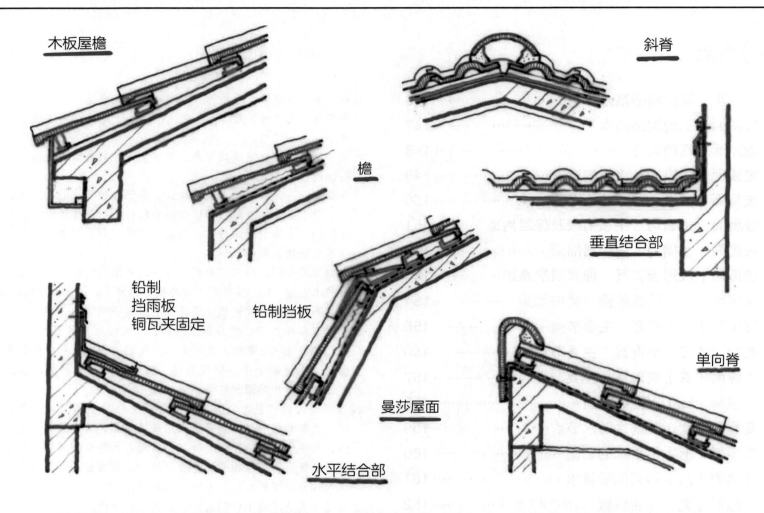

木板屋檐

斜脊

檐

垂直结合部

铅制
挡雨板
铜瓦夹固定

铅制挡板

单向脊

曼莎屋面

水平结合部

现代瓦的专业公司，能够提供完美的整套系统的构造节点；设计、施工应按其选用，尽量避免自造节点。
当不得已需要设计新节点时，必须得到专业公司的技术认可。

坡屋面　瓦的构造系统

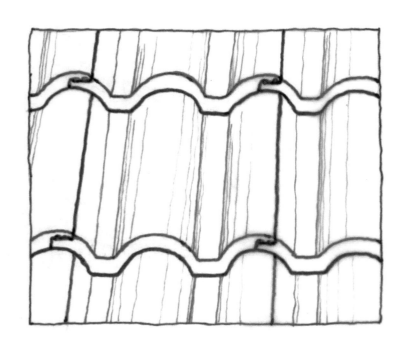

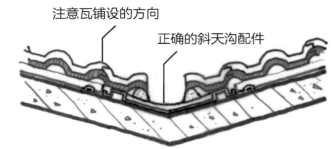

注意瓦铺设的方向

正确的斜天沟配件

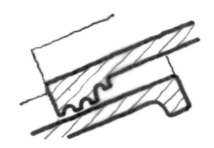

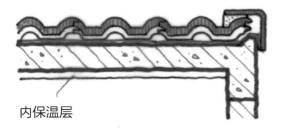

内保温层

现代平瓦、筒瓦的构造设计，令瓦能够担起主防水层的重担。将现代瓦仅作饰面构件使用，至少是一种浪费。将瓦大面积坐砌，很容易破坏瓦搭接构
造的合理性，使瓦的防水性能大为降低。

坡屋面　瓦的构造防水

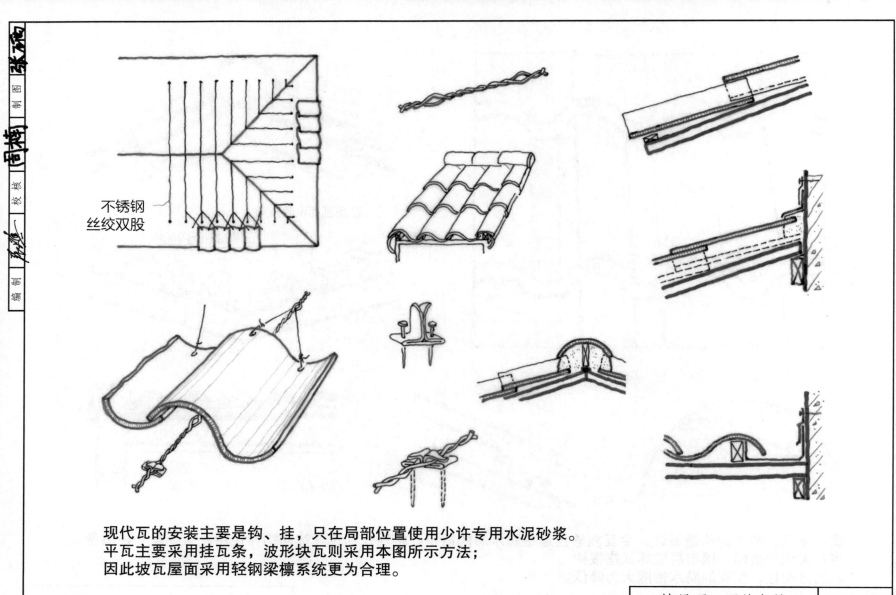

不锈钢
丝绞双股

现代瓦的安装主要是钩、挂，只在局部位置使用少许专用水泥砂浆。
平瓦主要采用挂瓦条，波形块瓦则采用本图所示方法；
因此坡瓦屋面采用轻钢梁檩系统更为合理。

坡屋面　瓦的勾挂　　WSA 148

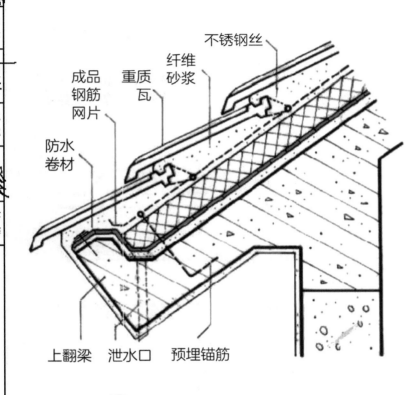

不锈钢丝

纤维
砂浆

重质
瓦

成品
钢筋
网片

防水
卷材

上翻梁　泄水口　预埋锚筋

① 挑檐口　传统坐瓦（不推荐）

泄水口为"法兰"状，便于防水密封处理。

檐口部分保温层做 A 级防火处理

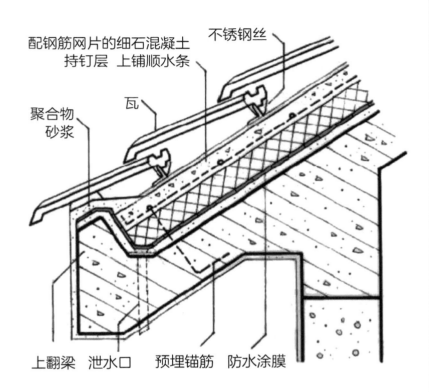

配钢筋网片的细石混凝土
持钉层　上铺顺水条

不锈钢丝

瓦

聚合物
砂浆

上翻梁　泄水口　预埋锚筋　防水涂膜

② 挑檐口　传统挂瓦

檐口部分保温层做 A 级防火处理

坡屋面　挑檐沟　传统构造

WSA 149

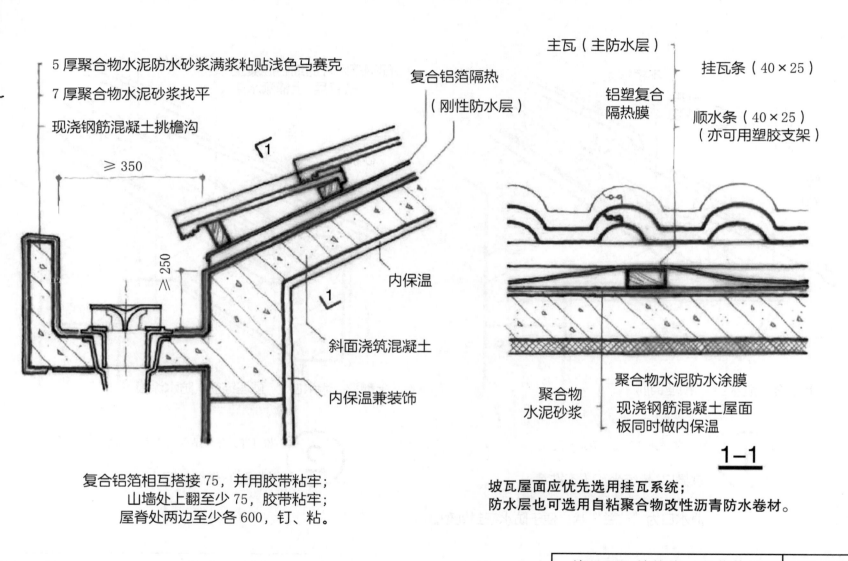

5 厚聚合物水泥防水砂浆满浆粘贴浅色马赛克

7 厚聚合物水泥砂浆找平

现浇钢筋混凝土挑檐沟

复合铝箔隔热
（刚性防水层）

≥ 350

≥ 250

内保温

斜面浇筑混凝土

内保温兼装饰

主瓦（主防水层）

挂瓦条（40×25）

铝塑复合
隔热膜

顺水条（40×25）
（亦可用塑胶支架）

聚合物水泥防水涂膜

聚合物
水泥砂浆

现浇钢筋混凝土屋面
板同时做内保温

1-1

复合铝箔相互搭接 75，并用胶带粘牢；
山墙处上翻至少 75，胶带粘牢；
屋脊处两边至少各 600，钉、粘。

坡瓦屋面应优先选用挂瓦系统；
防水层也可选用自粘聚合物改性沥青防水卷材。

坡屋面　挑檐沟　隔热构造　　　WSA 150

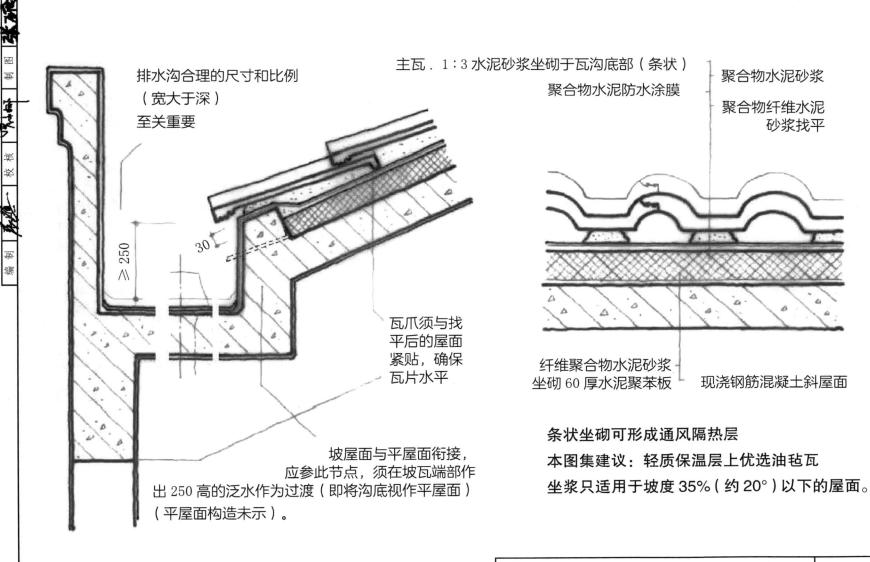

排水沟合理的尺寸和比例
（宽大于深）
至关重要

主瓦．1：3水泥砂浆坐砌于瓦沟底部（条状）

聚合物水泥防水涂膜

聚合物水泥砂浆

聚合物纤维水泥
砂浆找平

≥250

30

瓦爪须与找
平后的屋面
紧贴，确保
瓦片水平

坡屋面与平屋面衔接，
应参此节点，须在坡瓦端部作
出250高的泛水作为过渡（即将沟底视作平屋面）
（平屋面构造未示）。

纤维聚合物水泥砂浆
坐砌60厚水泥聚苯板

现浇钢筋混凝土斜屋面

条状坐砌可形成通风隔热层

本图集建议：轻质保温层上优选油毡瓦

坐浆只适用于坡度35%（约20°）以下的屋面。

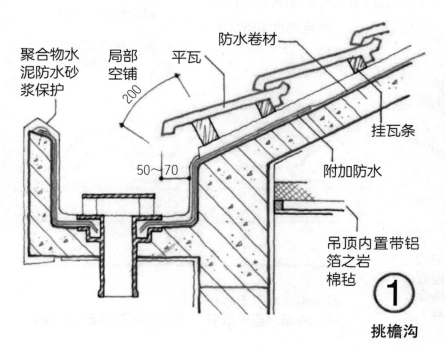

聚合物水泥防水砂浆保护

局部空铺 200

平瓦

防水卷材

挂瓦条

附加防水

50～70

吊顶内置带铝箔之岩棉毡

① 挑檐沟

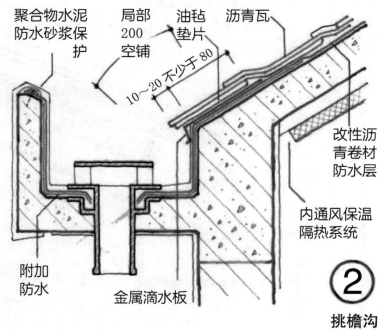

聚合物水泥防水砂浆保护

局部200空铺

油毡垫片

沥青瓦

10～20 不少于80

改性沥青卷材防水层

内通风保温隔热系统

附加防水

金属滴水板

② 挑檐沟

坡屋面内通风保温隔热系统与传统夹芯饼式外保温系统及传统吊顶保温构造相比，其绝热、防水更简单、合理、可靠，造价也更低。
（其平剖面、构造、实例，参考本图集有关内容）

（沥青瓦直接用在混凝土斜板上并不是最佳匹配）

坡屋面 挑檐沟 内保温隔热

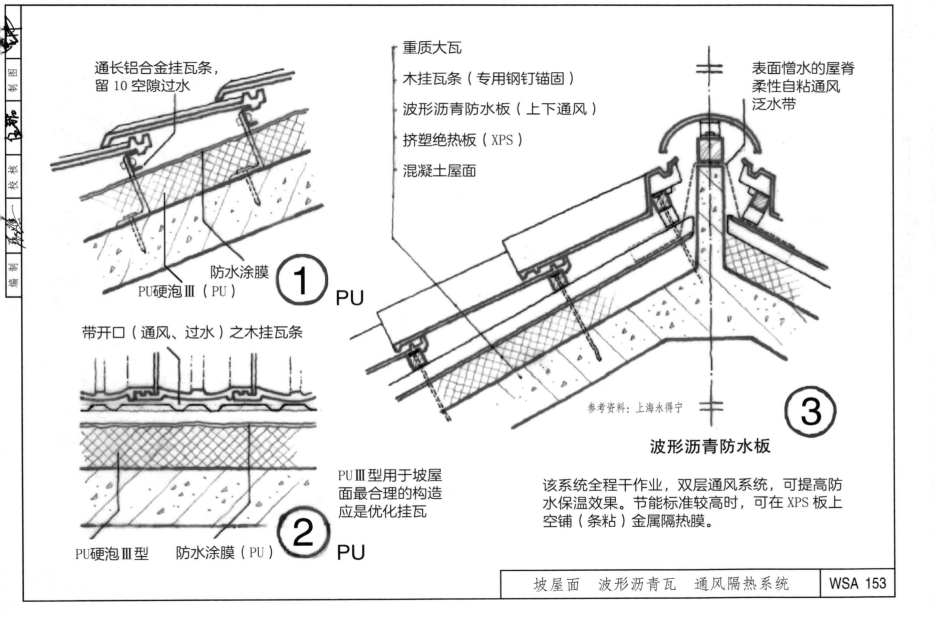

通长铝合金挂瓦条，
留10空隙过水

防水涂膜

PU硬泡Ⅲ（PU）

① PU

带开口（通风、过水）之木挂瓦条

PUⅢ型用于坡屋
面最合理的构造
应是优化挂瓦

PU硬泡Ⅲ型　　防水涂膜（PU）

② PU

重质大瓦

木挂瓦条（专用钢钉锚固）

波形沥青防水板（上下通风）

挤塑绝热板（XPS）

混凝土屋面

表面憎水的屋脊
柔性自粘通风
泛水带

参考资料：上海永得宁

③

波形沥青防水板

该系统全程干作业，双层通风系统，可提高防
水保温效果。节能标准较高时，可在XPS板上
空铺（条粘）金属隔热膜。

坡屋面　波形沥青瓦　通风隔热系统

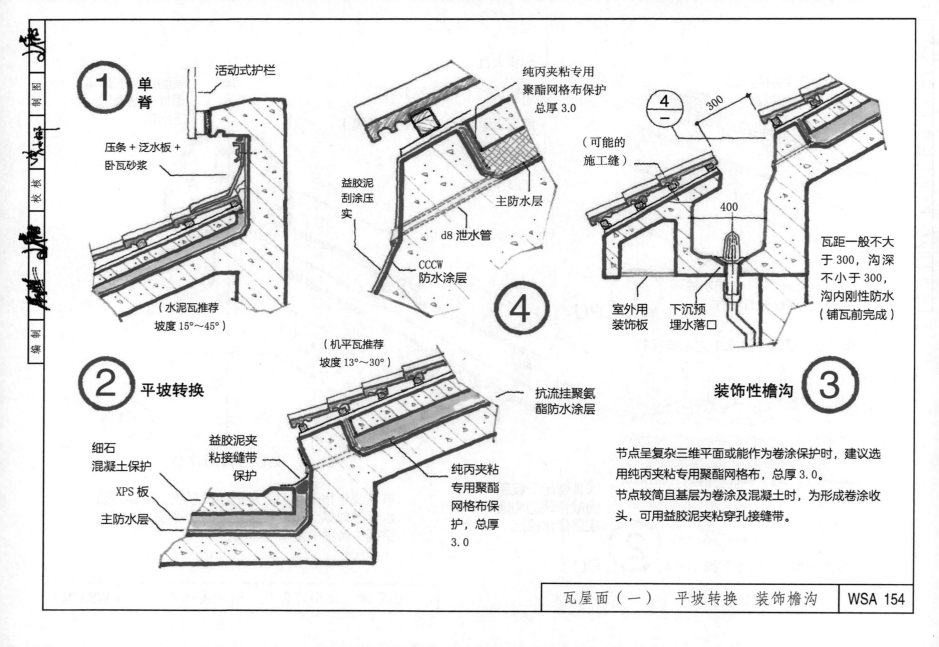

① 单脊

活动式护栏

压条＋泛水板＋
卧瓦砂浆

（水泥瓦推荐
坡度 15°～45°）

纯丙夹粘专用
聚酯网格布保护
总厚 3.0

益胶泥
刮涂压实

主防水层

d8 泄水管

CCCW
防水涂层

④

④
300

（可能的
施工缝）

400

瓦距一般不大
于 300，沟深
不小于 300，
沟内刚性防水
（铺瓦前完成）

室外用
装饰板

下沉预
埋水落口

② 平坡转换

（机平瓦推荐
坡度 13°～30°）

细石
混凝土保护

益胶泥夹
粘接缝带
保护

XPS 板

主防水层

抗流挂聚氨
酯防水涂层

纯丙夹粘
专用聚酯
网格布保
护，总厚
3.0

装饰性檐沟 ③

节点呈复杂三维平面或能作为卷涂保护时，建议选
用纯丙夹粘专用聚酯网格布，总厚 3.0。
节点较简且基层为卷涂及混凝土时，为形成卷涂收
头，可用益胶泥夹粘穿孔接缝带。

瓦屋面（一）　平坡转换　装饰檐沟　　WSA 154

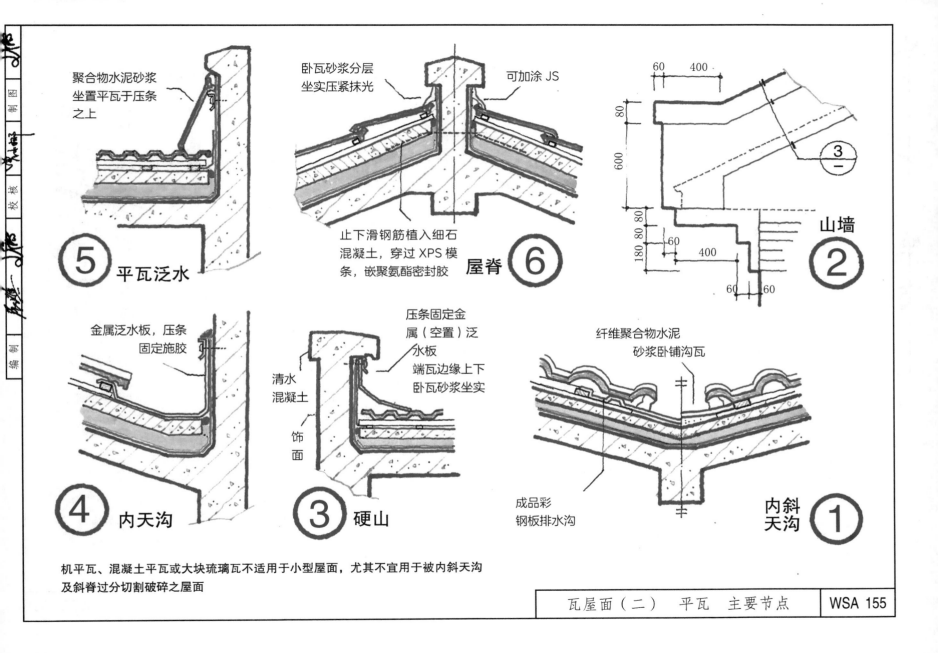

聚合物水泥砂浆
坐置平瓦于压条
之上

卧瓦砂浆分层
坐实压紧抹光

可加涂 JS

止下滑钢筋植入细石
混凝土，穿过 XPS 模
条，嵌聚氨酯密封胶

⑤ 平瓦泛水

⑥ 屋脊

② 山墙

60 400

80

600

180 80 80

60

400

60 60

③

金属泛水板，压条
固定施胶

压条固定金
属（空置）泛
水板
端瓦边缘上下
卧瓦砂浆坐实

纤维聚合物水泥
砂浆卧铺沟瓦

清水
混凝土

饰
面

成品彩
钢板排水沟

④ 内天沟

③ 硬山

内斜
天沟 ①

机平瓦、混凝土平瓦或大块琉璃瓦不适用于小型屋面，尤其不宜用于被内斜天沟
及斜脊过分切割破碎之屋面

瓦屋面（二） 平瓦 主要节点

WSA 155

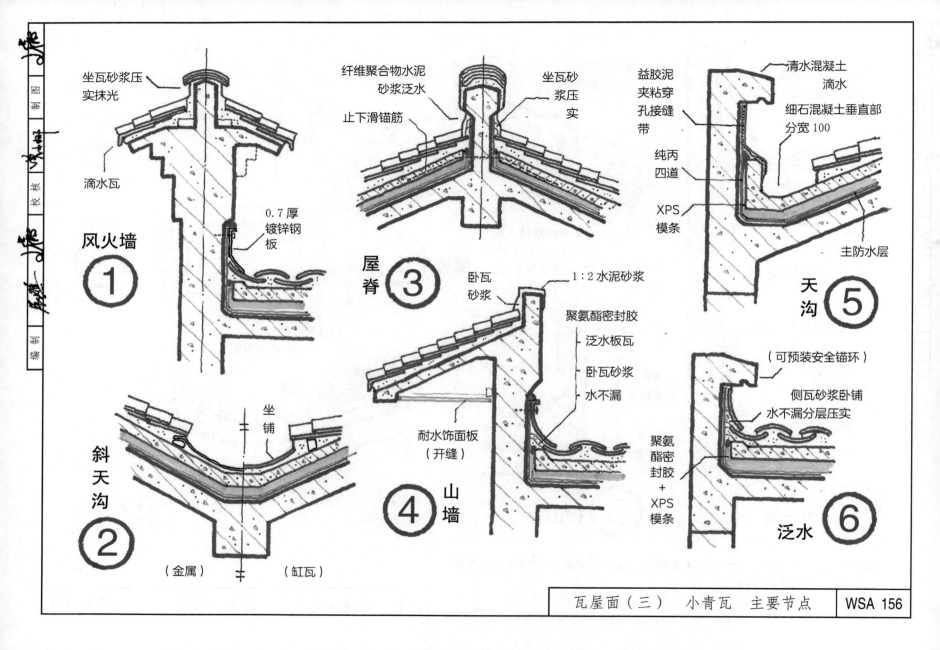

坐瓦砂浆压实抹光

纤维聚合物水泥砂浆泛水

坐瓦砂浆压实

益胶泥夹粘穿孔接缝带

清水混凝土滴水

止下滑锚筋

细石混凝土垂直部分宽100

滴水瓦

纯丙四道

风火墙 ①

屋脊 ③

XPS模条

0.7厚镀锌钢板

天沟 ⑤

主防水层

卧瓦砂浆

1:2水泥砂浆

坐铺

聚氨酯密封胶

泛水板瓦

（可预装安全锚环）

卧瓦砂浆

斜天沟 ②

水不漏

侧瓦砂浆卧铺
水不漏分层压实

山墙 ④

耐水饰面板（开缝）

聚氨酯密封胶+XPS模条

泛水 ⑥

（金属）　　（缸瓦）

瓦屋面（三）　小青瓦　主要节点　　WSA 156

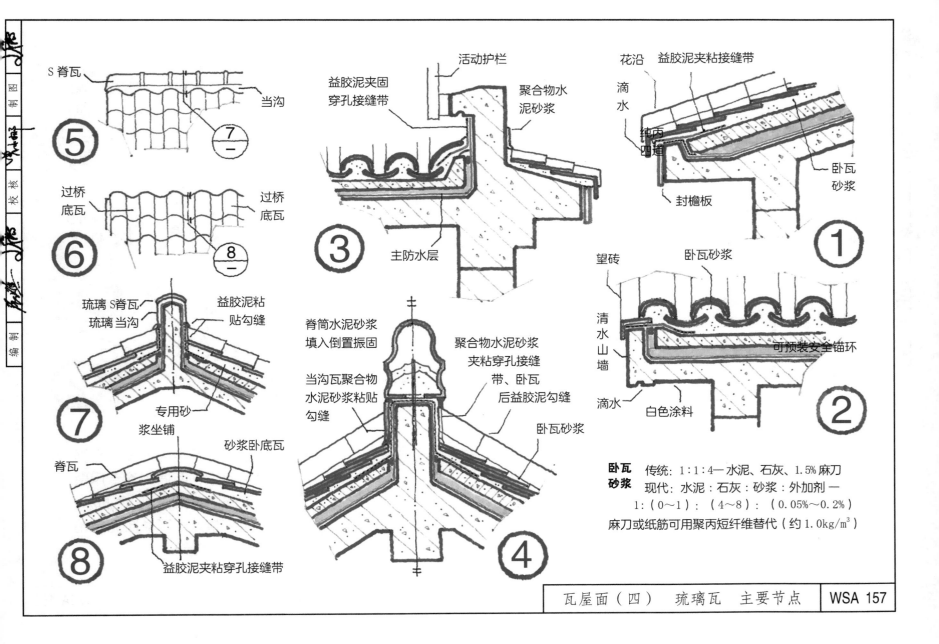

S脊瓦

当沟

⑤ ⑦/—

过桥
底瓦

过桥
底瓦

⑥ ⑧/—

琉璃S脊瓦
琉璃当沟

益胶泥粘
贴勾缝

专用砂
浆坐铺

⑦

脊瓦

砂浆卧底瓦

益胶泥夹粘穿孔接缝带

⑧

活动护栏

益胶泥夹固
穿孔接缝带

聚合物水
泥砂浆

③

主防水层

脊筒水泥砂浆
填入倒置振固

当沟瓦聚合物
水泥砂浆粘贴
勾缝

聚合物水泥砂浆
夹粘穿孔接缝
带、卧瓦
后益胶泥勾缝

卧瓦砂浆

④

花沿 益胶泥夹粘接缝带

滴
水

纯丙
四道

卧瓦
砂浆

封檐板

①

望砖

卧瓦砂浆

清
水
山
墙

可预装安全锚环

滴水

白色涂料

②

**卧瓦
砂浆** 传统：1:1:4—水泥、石灰、1.5%麻刀
现代：水泥：石灰：砂浆：外加剂—
1:（0～1）：（4～8）：（0.05%～0.2%）
麻刀或纸筋可用聚丙短纤维替代（约1.0kg/m³）

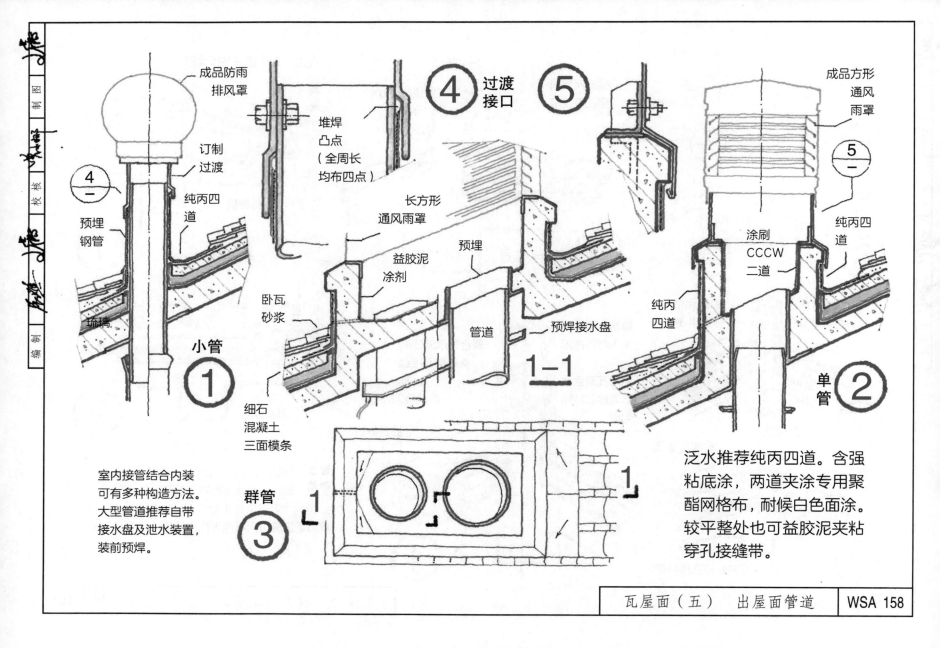

成品防雨
排风罩

④ 过渡
接口

⑤

成品方形
通风
雨罩

订制
过渡

堆焊
凸点
（全周长
均布四点）

④
—

纯丙四
道

⑤
—

预埋
钢管

长方形
通风雨罩

预埋

纯丙四
道

益胶泥
涂剂

涂刷
CCCW
二道

卧瓦
砂浆

纯丙
四道

琉璃

管道

预焊接水盘

1—1

小管 ①

单管 ②

细石
混凝土
三面模条

室内接管结合内装
可有多种构造方法。
大型管道推荐自带
接水盘及泄水装置，
装前预焊。

群管
③

1

1

1

泛水推荐纯丙四道。含强
粘底涂，两道夹涂专用聚
酯网格布，耐候白色面涂。
较平整处也可益胶泥夹粘
穿孔接缝带。

瓦屋面（五） 出屋面管道

①悬山，平板瓦，木望板，应设防水卷材，钉盖扣瓦（不推荐在多雨地区采用平板瓦）

②悬山，筒形波瓦为主防水层，木望板，可设防水卷材，钉盖扣瓦

③硬山，平瓦，钢筋混凝土斜板，可聚合物水泥防水砂浆防水并坐置山墙平瓦（可用于降水较少之地区）

④平瓦，木望板，设防水层，钉固扣瓦

⑤平瓦，钢筋混凝土斜板，益胶泥防水层，聚合物水泥砂浆坐置扣瓦（侧面可挂钢板网）

⑥悬山，筒瓦，木望板，设卷材防水，钉固扣瓦（不坐浆）

⑦单坡脊，配套的泛水板及金属盖顶板，也可用单面脊瓦

⑧筒型波瓦，扣瓦干挂（用于无强风地区）

⑨平瓦，扣瓦。扣瓦坐置钉挂

⑩单坡脊，木构架，专用单面配套脊瓦

瓦屋面（六）　装饰性防水节点　　WSA 159

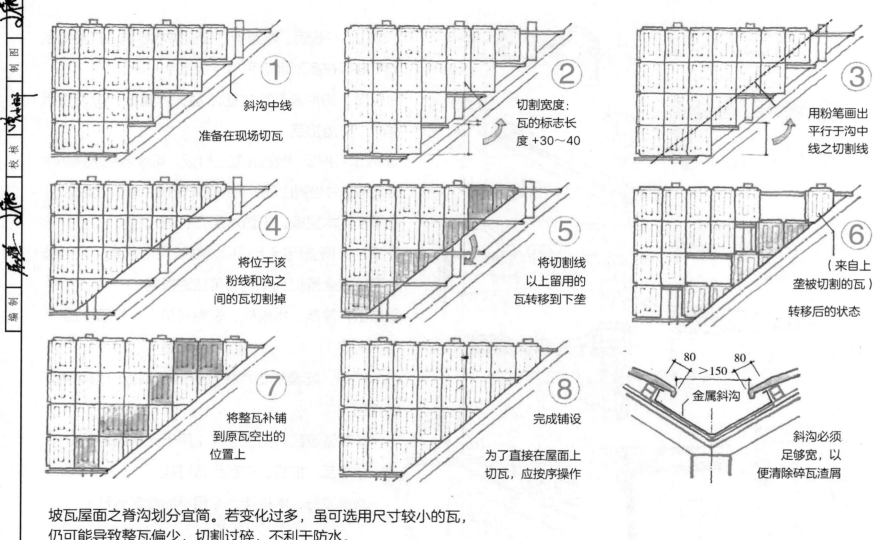

① 斜沟中线

准备在现场切瓦

② 切割宽度：
瓦的标志长
度 +30～40

③ 用粉笔画出
平行于沟中
线之切割线

④ 将位于该
粉线和沟之
间的瓦切割掉

⑤ 将切割线
以上留用的
瓦转移到下垄

⑥ （来自上
垄被切割的瓦）
转移后的状态

⑦ 将整瓦补铺
到原瓦空出的
位置上

⑧ 完成铺设

为了直接在屋面上
切瓦，应按序操作

80   80
>150
金属斜沟

斜沟必须
足够宽，以
便清除碎瓦渣屑

坡瓦屋面之脊沟划分宜简。若变化过多，虽可选用尺寸较小的瓦，
仍可能导致整瓦偏少，切割过碎，不利于防水。

瓦屋面（七）　机平瓦的切割 ‖ WSA 160

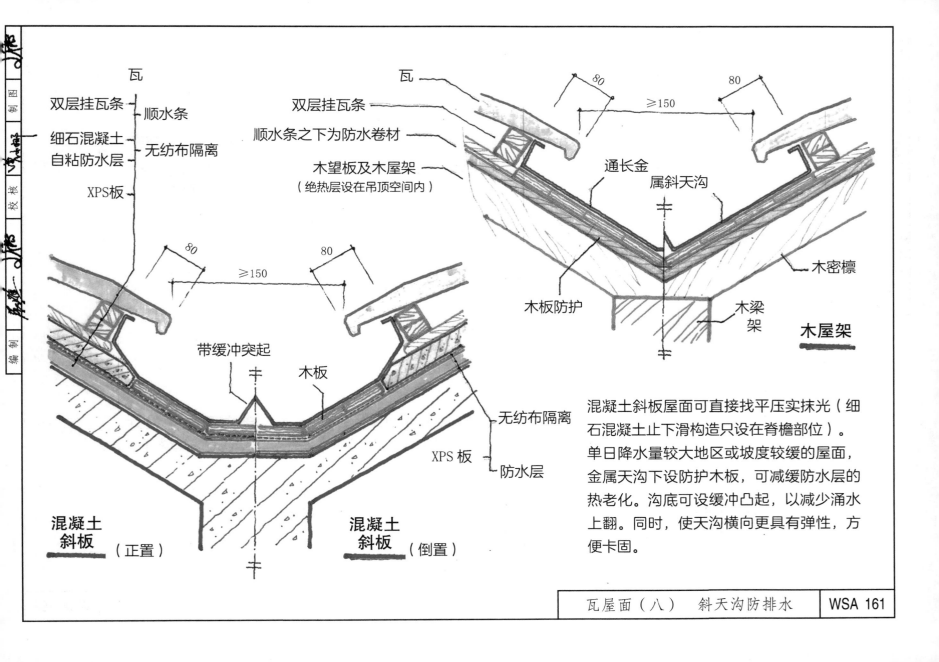

瓦

双层挂瓦条 —— 顺水条

细石混凝土
自粘防水层 —— 无纺布隔离

XPS板

80

≥150

80

带缓冲突起

木板

无纺布隔离

XPS 板

防水层

**混凝土
斜板** （正置）

**混凝土
斜板** （倒置）

瓦

双层挂瓦条 ——

顺水条之下为防水卷材

木望板及木屋架
（绝热层设在吊顶空间内）

80

≥150

80

通长金
属斜天沟

木板防护

木屋架

木密檩

木梁
架

木屋架

混凝土斜板屋面可直接找平压实抹光（细
石混凝土止下滑构造只设在脊檐部位）。
单日降水量较大地区或坡度较缓的屋面，
金属天沟下设防护木板，可减缓防水层的
热老化。沟底可设缓冲凸起，以减少涌水
上翻。同时，使天沟横向更具有弹性，方
便卡固。

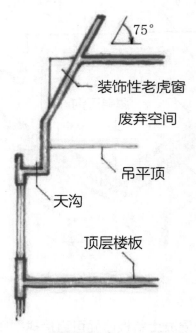

a. 原设计
（陡坡瓦构造未示）

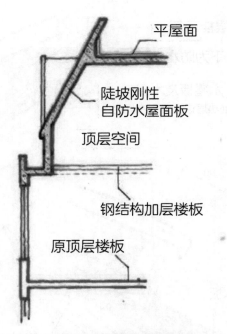

b. 陡坡斜板优化设计
（陡坡瓦构造未示）

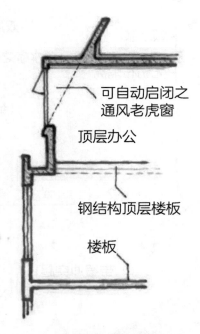

c. 老虎窗优化设计
（陡坡瓦构造未示）

废弃的吊顶空间，可改造成颇具特色的顶层办公。装饰性老虎窗可成为至关重要的可自动（或手动）启闭的通风节能窗；若天沟演化为平台，则可进一步优化为通风落地窗。

请参阅：陡坡瓦屋面新构造探讨. 中国建筑防水，2017（15）.

外　墙

外墙分格缝

先在找平层上弹线，再在饰面层上分格，较为合理。若找平分两道，且地处寒冷地区，则可在第一道找平层之上弹线，第二道分格。不推荐定型模条。不锈钢及塑料材质的分格缝模条，与砂浆不能形成连续密封，且后者易老化脆裂。

概念设计

1. 外墙防水首先要注重其综合性能，包括各构造层类的合理整合。

2. 外墙发生严重渗漏，无不与贯穿裂缝的存在有关。所以首先要保证砌体质量，并采取足够措施，减少结构主体变形的影响。

3. 硬质块材饰面的设计，宜选用混凝土空心砌块或其他轻集料混凝土砌块，按有关规程砌筑，局部采用封底砌块。该系统之找平层、粘贴层都有兼顾防水之责。通常采用纤维水泥砂浆找平，聚合物水泥防水砂浆或高分子益胶泥薄层满浆粘贴饰面砖。

4. 加气混凝土外墙，应采用配套砂浆及基层处理，按不同配比，薄层粉刷，分层过渡，总厚度控制，选配涂料饰面。涂料宜选硅丙系列：抗裂防水、透气自洁、耐久。

5. 钢木装配系统中，多以外饰之披水条板作主防水层，内设专用防水透气薄膜，全程干作业，维修便捷。

6. 幕墙等外围护开放系统中，包括设置空气夹层的外墙，其下端不应封闭，且宜设置泄水，使偶然渗入之水借助重力及时导出室外。

7. 幕墙立面分格：横梁标高宜与楼板标高对应；立柱宜与柱墙一致。与幕墙紧邻的窗帘盒及窗台应由幕墙公司统一设计。幕墙开启扇应按横向设计，上悬外开。

8. 隔汽防潮。以保温为主的外墙系统中，特别是严寒地区，应设隔汽层。

9. 透气防潮。内外饰面均应透气。至少，外封则内透，内封则外透。室内装修包封愈严，对渗漏愈敏感。

10. 变形缝若有防火要求，可在缝下端嵌填防火胶泥或防火矿棉毡，并由专业公司提供施工。

设计提示

1. 框架填充外墙，特别是混凝土空心砌块外墙，除应采用合格的机制砌块，并严格按有关规程要求砌筑外，建议东西向外墙填充蛭石，提高绝热效果，降低温变裂缝的发生率。确保砌体的质量，才谈得上外饰面防水。

   隔热地区的东西墙空芯砌块，可200厚三排孔，只中间孔填蛭石。两侧窄孔小于20，空气对流弱，隔热简单有效。

2. 安装在外墙上的构配件（空调机座、排油烟孔）、管道、螺栓，均应预埋；特别是用于混凝土空心砌块墙体时，须在预埋件所在之砌块处，用C15混凝土预先填实，并在预埋件四周嵌以聚合物水泥砂浆。

3. 外窗设计宜将洞口四周设计为固定扇。外墙门窗洞口四周均应作成实心混凝土或钢筋混凝土（窗上、下口及侧面）。铝合金窗的安装应采用不锈钢或镀锌卡铁连结件，连结件宜用射钉固定于窗洞口内侧；窗樘外侧与外墙饰面连接处，留7×5（宽×深）的凹槽，并嵌填高弹性密封材料。

4. 外墙窗立樘，越靠近外墙皮，渗漏率越高；窗下口安装空隙要根据室外窗台饰面厚度预留充分，确保坡度足够及窗下樘雨水能顺畅排出。

5. 外墙变形缝必须作防水处理，包括缝两侧的双道实墙外表面，至少要原浆勾缝。

6. 外墙防水层主要采用聚合物水泥防水砂浆、高分子益胶泥（防水并粘贴）和聚合物水泥基防水浆料。

7. 采用憎水性材料的防水层，不宜再粘贴其他饰面材料。

8. 外墙非洞口处混凝土空心砌块宜采用带端肋的标准砌块，并用肋灰法砌筑。砌块先在端肋处铺灰，然后坐浆挤砌，是确保砂浆饱满，确保砌体竖缝质量的有力措施。加气混凝土砌块亦然：端部预铺灰，坐浆挤砌。

注：1. 外墙设防的标准，主要考虑风压。基本风压值与所在地区有关。同一地区风压实际值，与建筑大致的高度有关，与所处的地形及周围的环境亦有关系。但能够明确考虑的，主要还是高度。在大部分地段，台风雨对朝东外墙的影响较其他面为大。因此，必要时（如节省投资）可考虑不同部位的外墙面采取不同的设防标准。

2. 窗樘与墙体之间的空隙，在充分考虑风压影响（如增强固定点）的前提下，可用发泡聚氨酯封填，注意掌握好填量，但锚点处可用聚合物水泥砂浆填塞。也可以采用附加窗框的做法。此外，推拉窗底樘料应积极采用台阶式，防止风雨较大时雨水上翻溢入室内。

3. 外墙框架与墙体连结处用200宽钢丝网、耐碱玻纤布或纤维（化纤）砂浆增强，用钉固定时，注意绷紧。

4. 外墙外防水，应采取防水又透气的材料。特别是室内采取豪华装修，如木板、织物包封时，除了应采取"重型外防水"措施外，还应积极考虑内装修基底的防潮及饰面的透气。所谓"重型外防水"，建议采用聚合物纤维水泥砂浆砌筑墙体。

5. 基底找平质量高，小块硬质块材饰面（含联贴面砖），可用聚合物水泥防水砂浆或高分子益胶泥满浆粘贴，聚合物水泥砂浆勾缝。若为浅色面砖且采用"柔性砂浆"也可不设大缝，但最终应由设计确定，马赛克亦然。否则，应设大缝，特别是东西墙。任何时候，水泥净浆贴砖均是错误的。

外1

涂料
外保温
（挤塑聚苯板）
二级（或一级）

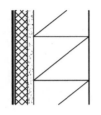

饰面层：浅色外墙涂料（耐候、防水、透气、自洁）
防水层：5.0厚聚合物水泥防水砂浆，压入耐碱
　　　　玻纤网格布
保温层：30厚挤塑聚苯板，聚合物水泥胶粘贴
找平层：10厚聚合物水泥砂浆
墙基：混凝土空心砌块（或钢筋混凝土）

主要构造层应采用专用产品并由专业公司具体设计施工。

外3

面砖
加气混凝土
二级

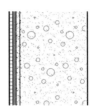

饰面层：薄型浅色面砖，分格缝见单体设计
粘贴层（兼防水层）：5.0厚益胶泥满浆粘贴，
　　　　局部压入耐碱玻璃网格布
找平层：5厚M15预拌抹灰砂浆（聚合物水泥
　　　　砂浆）
界面：界面处理剂
墙体：加气混凝土（高精砌块）

益胶泥粘贴兼防水时，须按正规工法操作：
橡胶齿刀，墙砖两面施灰后粘贴，余类推。

外2

涂料
加气混凝土
一级

饰面层：浅色外墙涂料（耐候、防水、透气、自洁）
防水层2：2.0厚聚合物水泥防水浆料或1.5厚
　　　　聚合物水泥防水涂料（Ⅱ型、Ⅲ型），
　　　　也可为3.0厚高分子益胶泥
防水层1：3.0聚合物水泥防水砂浆
找平层：5厚M15预拌抹灰砂浆（聚合物水泥
　　　　砂浆）
界面：界面处理剂
墙体：加气混凝土（高精砌块）

益胶泥作为防水层：3.0厚，作为粘贴兼防水：5.0厚。

外4

涂料
外保温
（胶粉聚苯颗粒）
二级

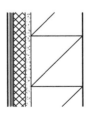

饰面层：浅色外墙涂料（耐候、防水、透气、自洁）
防水层：1.5～2.0厚K11
找平层（兼防水）：3.0聚合物水泥防水砂浆或
　　　　5.0厚抗裂砂浆，压入耐碱玻纤网格布
保温层：30厚胶粉聚苯颗粒保温浆料
界面：界面砂浆
墙基：钢筋混凝土（或混凝土空心砌块）

主要构造层应采用专用产品并由专业公司具体设计施工。

构造层类　（示意图均左室外，右室内）

外墙　外1、2、3、4　　　WSA 165

外5	饰面层：浅色外墙涂料（耐候、防水、透气、自洁） 防水层2：2.0厚聚合物水泥防水浆料 防水层1（兼找平层）：20厚预拌普通防水砂浆（≥P6） 界面：界面处理剂 墙体：200厚3排孔混凝土空心砌块 内保温：玻化微珠保温隔热砂浆	外7	饰面层：干挂石板或其他幕墙板（不含玻幕）； 不锈钢配件（石板）及热镀锌型钢骨架 防水层：1.5厚聚合物水泥防水涂料（Ⅱ型） 墙基：钢筋混凝土整平清净，封堵螺栓孔
涂料 混凝土空心砌块 内保温 一级		干挂饰面板 绝热 混凝土墙基 一级	
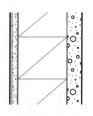		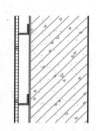	
	可用于夏热冬暖地区东西山墙。		隔热为主的地区宜开缝，保温为主的地区 可现场加置A级防火材料（图中未示）。

外6	饰面层：薄型浅色面砖，分格缝见单体设计 粘贴层（兼防水层）：5.0厚益胶泥满浆粘贴， 局部压入耐碱玻纤网格布 找平层：10厚纤维聚合物水泥砂浆找平 界面：界面处理剂 墙体：200厚3排孔混凝土空心砌块 内保温：玻化微珠保温隔热砂浆	外8	饰面层：干挂石板或其他幕墙板（不含玻幕）； 不锈钢配件（石板）及热镀锌型钢骨架 防水层：2.0厚聚合物水泥防水浆料 找平层：聚合物水泥砂浆勾缝，补平整 墙基：砌块砌体
面砖 混凝土空心砌块 内保温 二级		干挂饰面板 绝热 砌块砌体 二级	
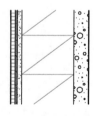		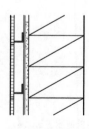	
	可用于夏热冬暖地区东西山墙。		隔热为主的地区宜开缝，保温为主的地区可用耐候胶填 板缝，并可加作30厚胶粉聚苯颗粒保温（图中未示）。

构造层类　（左外，右内）

构造节点

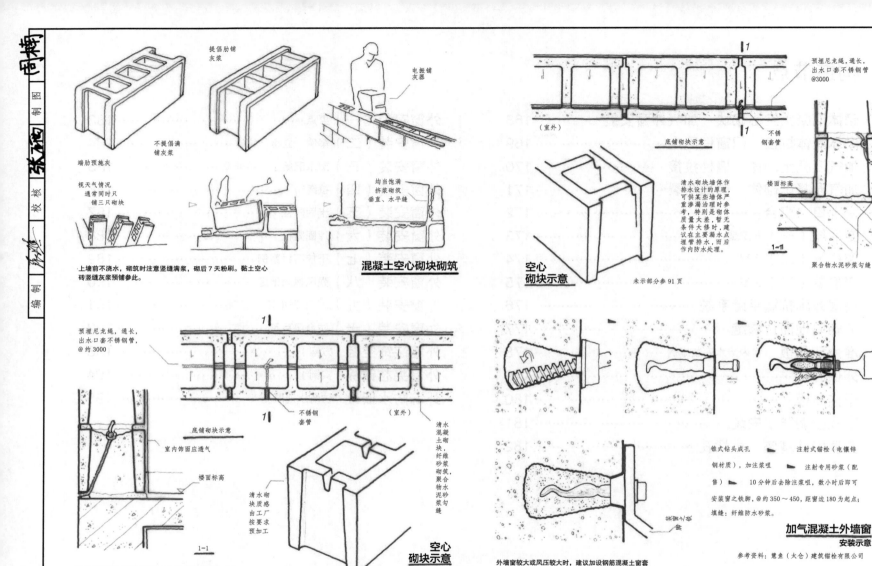

提倡肋铺灰浆

不提倡满铺灰浆

电振铺灰器

墙肋预施灰

视天气情况通常同时只铺三只砌块

均当饱满挤浆砌筑垂直、水平缝

上墙前不浇水，砌筑时注意竖缝满浆，砌后7天粉刷。黏土空心砖竖缝灰浆预铺参此。

混凝土空心砌块砌筑

（室外）

底铺砌块示意

预埋尼龙绳，通长，出水口套不锈钢管@3000

不锈钢套管

楼面标高

1-1

聚合物水泥砂浆勾缝

清水砌块墙体作排水设计的原理，可供某些墙体严重渗漏治理时参考，特别是砌体质量太差，暂无条件大修时，建议在主要漏水点埋管排水，而后作内防水处理。

未示部分参91页

空心砌块示意

预埋尼龙绳，通长，出水口套不锈钢管，@约3000

不锈钢套管

底铺砌块示意

室内饰面应透气

楼面标高

清水砌块质感由工厂按要求预加工

清水混凝土砌块，纤维砂浆砌筑，聚合物水泥砂浆勾缝

（室外）

1-1

砌块制作应由专业工厂进行，外观尺寸精确、颜色一致。

空心砌块示意

锥式钻头成孔

注射式锚栓（电镀锌钢材质），加注浆嘴

注射专用砂浆（配售）

10分钟后去除注浆嘴，数小时后即可安装窗之铁脚；@约350～450，距窗边180为起点；填缝：纤维防水砂浆。

外墙窗较大或风压较大时，建议加设钢筋混凝土窗套

装窗小铁脚

加气混凝土外墙窗安装示意

参考资料：慧鱼（太仓）建筑锚栓有限公司

砌体混凝土空心砌块 加气外窗安装 WSA 168

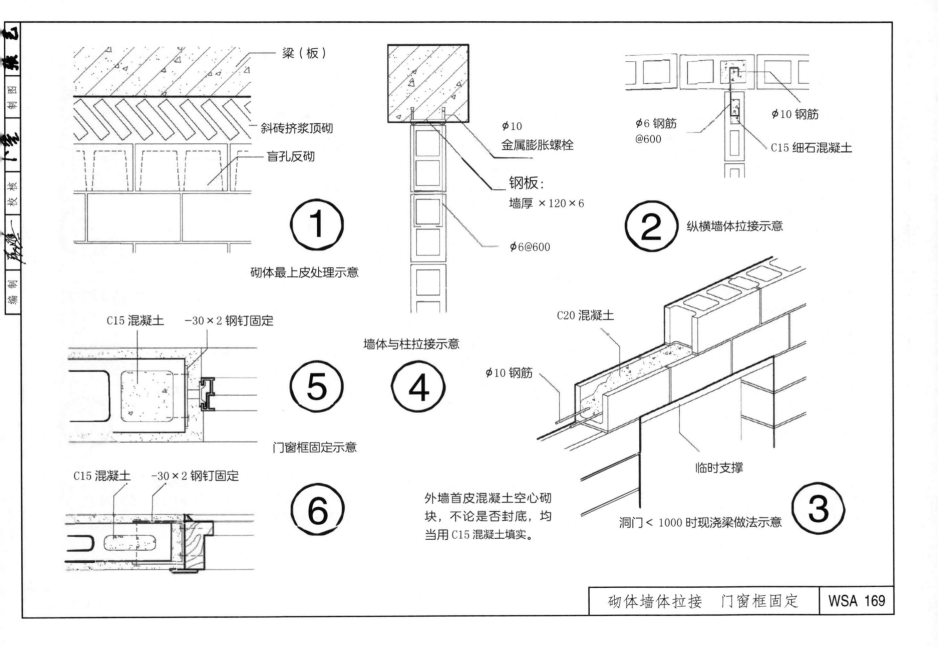

梁（板）

斜砖挤浆顶砌

盲孔反砌

① 砌体最上皮处理示意

φ10
金属膨胀螺栓

钢板：
墙厚 ×120×6

φ6@600

墙体与柱拉接示意
④

φ6 钢筋
@600

φ10 钢筋

C15 细石混凝土

② 纵横墙体拉接示意

C15 混凝土   -30×2 钢钉固定

⑤ 门窗框固定示意

C15 混凝土   -30×2 钢钉固定

⑥

外墙首皮混凝土空心砌块，不论是否封底，均当用 C15 混凝土填实。

C20 混凝土

φ10 钢筋

临时支撑

③ 洞门＜1000 时现浇梁做法示意

砌体墙体拉接　门窗框固定

WSA 169

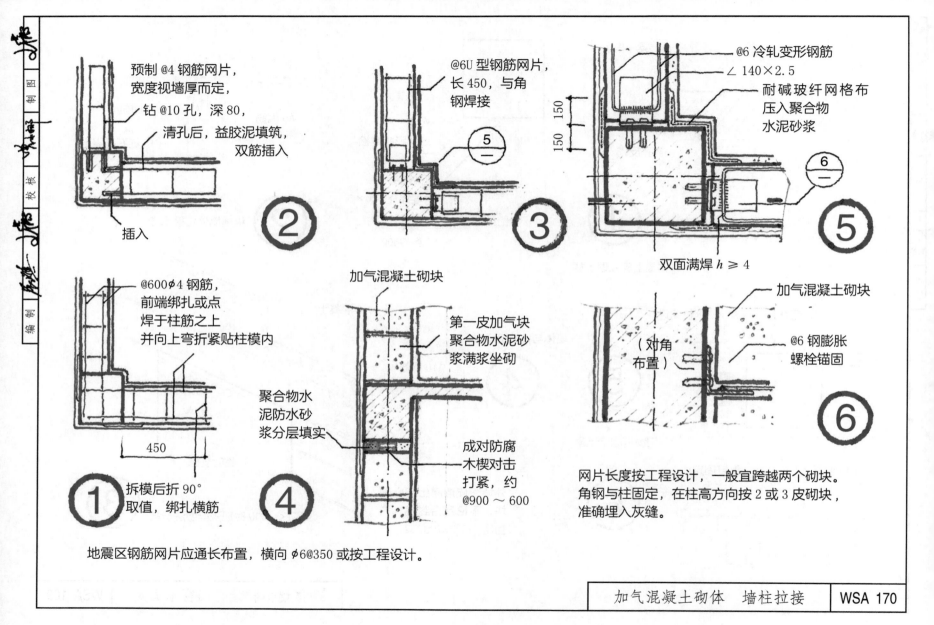

预制 @4 钢筋网片，
宽度视墙厚而定，
钻 @10 孔，深 80，
清孔后，益胶泥填筑，
双筋插入

插入

②

@6 U 型钢筋网片，
长 450，与角
钢焊接

⑤

@6 冷轧变形钢筋

∠ 140×2.5

耐碱玻纤网格布
压入聚合物
水泥砂浆

150

150

150

⑤

⑥

③

双面满焊 h ≥ 4

@600φ4 钢筋，
前端绑扎或点
焊于柱筋之上
并向上弯折紧贴柱模内

450

拆模后折 90°
取值，绑扎横筋

①

加气混凝土砌块

第一皮加气块
聚合物水泥砂
浆满浆坐砌

聚合物水
泥防水砂
浆分层填实

成对防腐
木楔对击
打紧，约
@900 ～ 600

④

加气混凝土砌块

（对角
布置）

@6 钢膨胀
螺栓锚固

⑥

网片长度按工程设计，一般宜跨越两个砌块。
角钢与柱固定，在柱高方向按 2 或 3 皮砌块，
准确埋入灰缝。

地震区钢筋网片应通长布置，横向 φ6@350 或按工程设计。

加气混凝土砌体 墙柱拉接

WSA 170

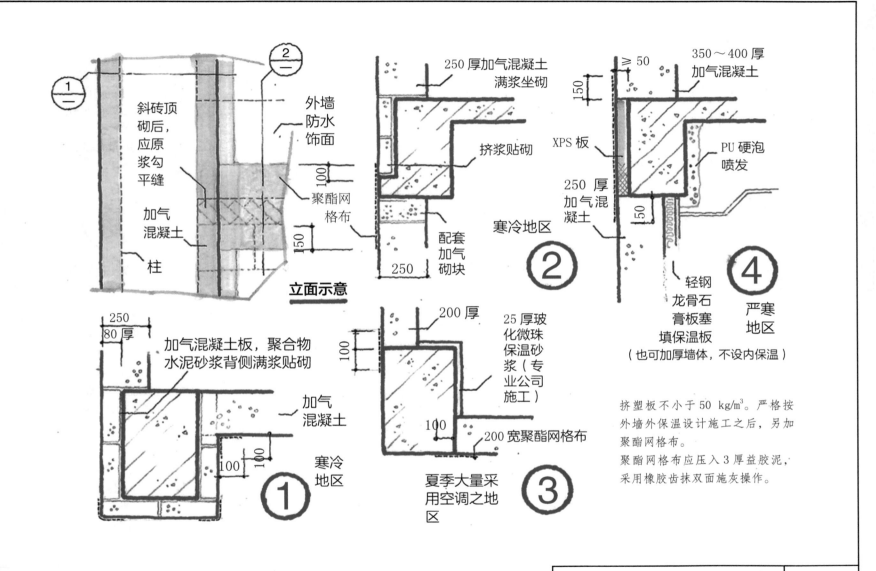

立面示意

斜砖顶砌后，应原浆勾平缝

加气混凝土柱

外墙防水饰面

聚酯网格布

100

150

250 厚加气混凝土满浆坐砌

挤浆贴砌

寒冷地区

配套加气砌块

250

②

350～400 厚加气混凝土

≥ 50

150

XPS 板

250 厚加气混凝土

150

PU 硬泡喷发

轻钢龙骨石膏板塞填保温板

（也可加厚墙体，不设内保温）

严寒地区

④

250

80 厚

加气混凝土板，聚合物水泥砂浆背侧满浆贴砌

加气混凝土

100

100

寒冷地区

①

200 厚

25 厚玻化微珠保温砂浆（专业公司施工）

100

100

200 宽聚酯网格布

夏季大量采用空调之地区

③

挤塑板不小于 50 kg/m³。严格按外墙外保温设计施工之后，另加聚酯网格布。
聚酯网格布应压入 3 厚益胶泥，采用橡胶齿抹双面施灰操作。

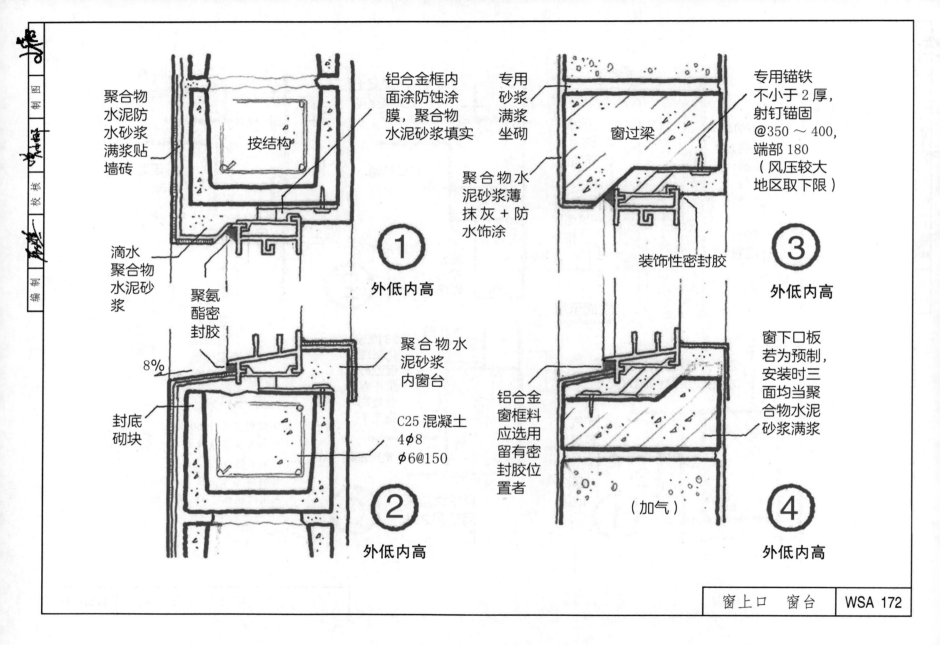

聚合物水泥防水砂浆满浆贴墙砖

铝合金框内面涂防蚀涂膜，聚合物水泥砂浆填实

按结构

滴水 聚合物水泥砂浆

专用砂浆满浆坐砌

聚合物水泥砂浆薄抹灰＋防水饰涂

窗过梁

专用锚铁不小于 2 厚，射钉锚固 @350～400，端部 180（风压较大地区取下限）

装饰性密封胶

① 外低内高

③ 外低内高

聚氨酯密封胶

8%

封底砌块

聚合物水泥砂浆内窗台

C25 混凝土 4ϕ8 ϕ6@150

铝合金窗框料应选用留有密封胶位置者

窗下口板若为预制，安装时三面均当聚合物水泥砂浆满浆

（加气）

② 外低内高

④ 外低内高

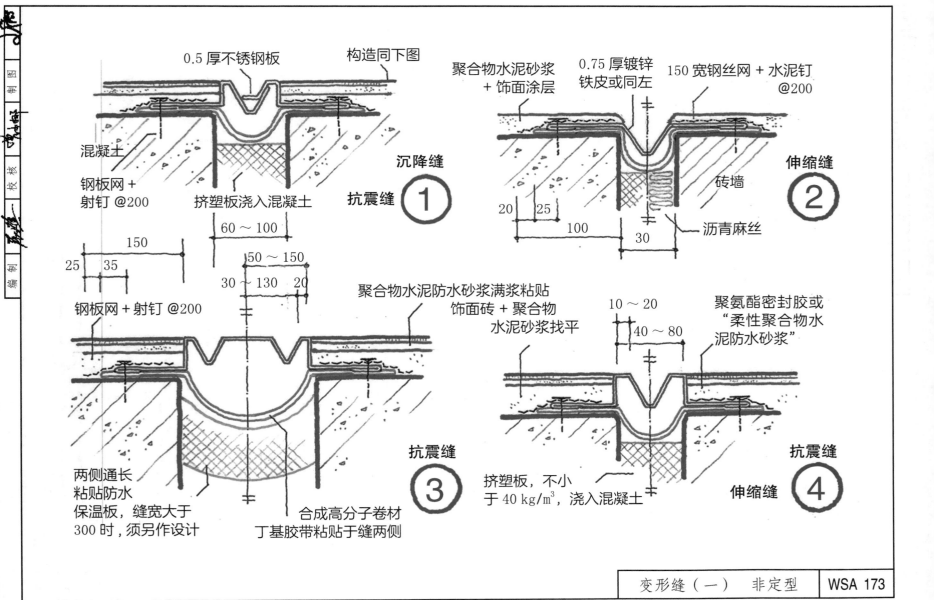

0.5 厚不锈钢板　　构造同下图

混凝土

钢板网 +
射钉 @200

挤塑板浇入混凝土

60 ～ 100

沉降缝

抗震缝　①

聚合物水泥砂浆
+ 饰面涂层

0.75 厚镀锌
铁皮或同左

150 宽钢丝网 + 水泥钉
@200

20　25

100　30

砖墙

沥青麻丝

伸缩缝　②

150

25　35

钢板网 + 射钉 @200

50 ～ 150

30 ～ 130　20

聚合物水泥防水砂浆满浆粘贴
饰面砖 + 聚合物
水泥砂浆找平

两侧通长
粘贴防水
保温板，缝宽大于
300 时，须另作设计

合成高分子卷材
丁基胶带粘贴于缝两侧

抗震缝　③

10 ～ 20

40 ～ 80

聚氨酯密封胶或
"柔性聚合物水
泥防水砂浆"

挤塑板，不小
于 40 kg/m³，浇入混凝土

抗震缝

伸缩缝　④

变形缝（一）　非定型　WSA 173

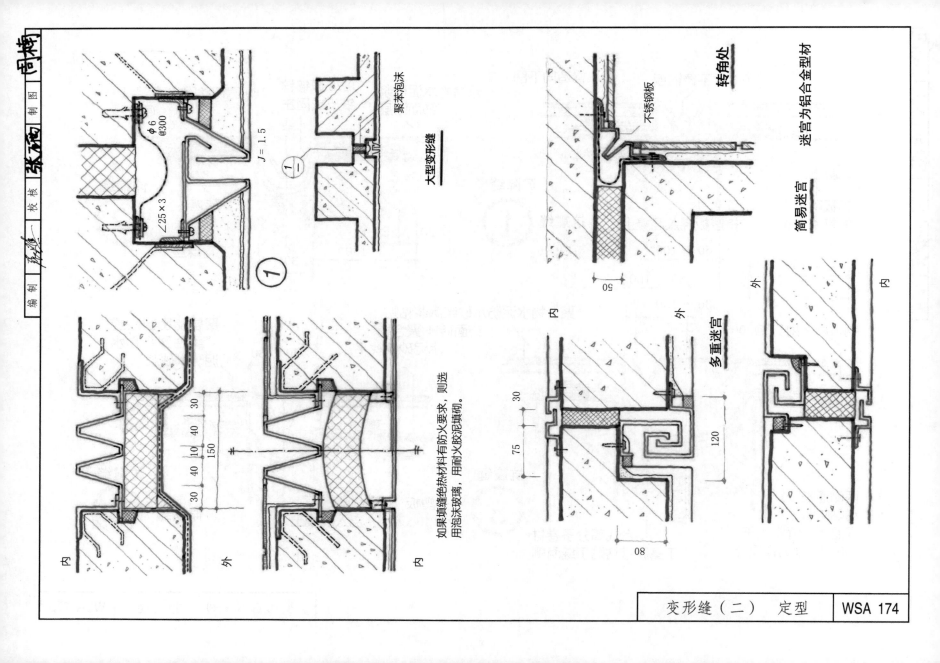

大型变形缝

$J = 1.5$

聚苯泡沫

如果填缝绝热材料有防火要求，则选
用泡沫玻璃，用耐火胶泥填砌。

转角处

不锈钢板

迷宫为铝合金型材

简易迷宫

多重迷宫

变形缝（二）　定型　WSA 174

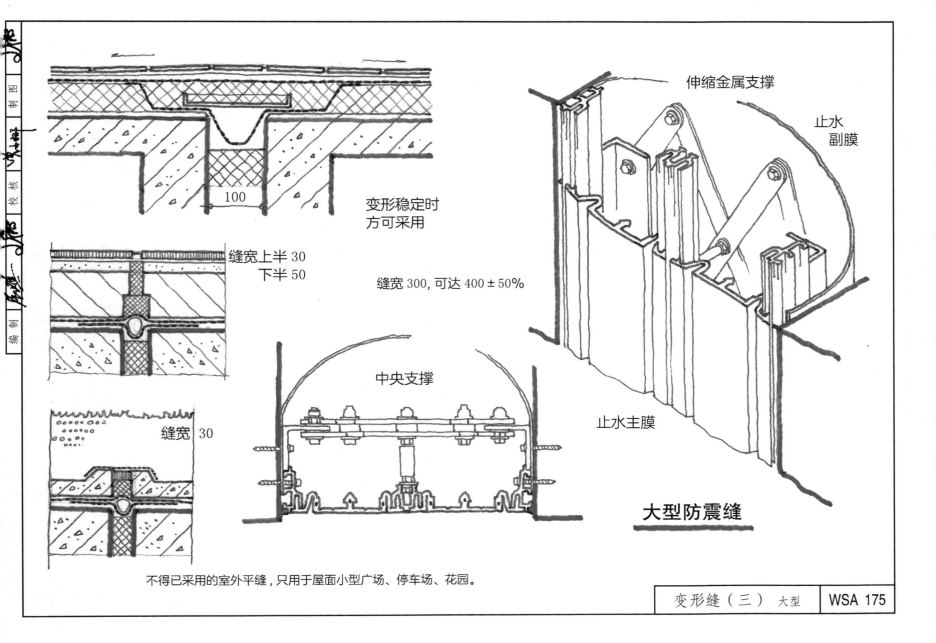

100

变形稳定时
方可采用

缝宽上半 30
下半 50

缝宽 300，可达 400±50%

缝宽 30

中央支撑

伸缩金属支撑

止水
副膜

止水主膜

大型防震缝

不得已采用的室外平缝，只用于屋面小型广场、停车场、花园。

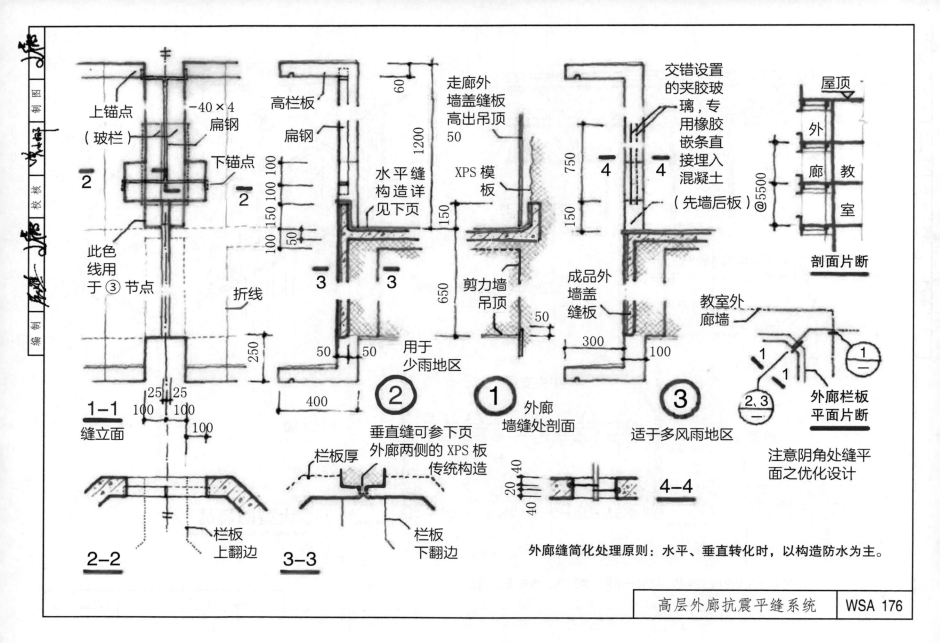

上锚点
（玻栏）

−40×4
扁钢

下锚点

此色线用于③节点

折线

高栏板

扁钢

水平缝构造详见下页

走廊外墙盖缝板高出吊顶
50

XPS模板

剪力墙吊顶

成品外墙盖缝板

交错设置的夹胶玻璃，专用橡胶嵌条直接埋入混凝土（先墙后板）

剖面片断

屋顶
外廊
教室

@5500

1−1
缝立面

2−2

用于少雨地区

垂直缝可参下页外廊两侧的XPS板传统构造

栏板厚
栏板上翻边

3−3
栏板下翻边

② 外廊墙缝处剖面

① 外廊墙缝处剖面

③ 适于多风雨地区

教室外廊墙

外廊栏板平面片断

注意阴角处缝平面之优化设计

4−4

外廊缝简化处理原则：水平、垂直转化时，以构造防水为主。

高层外廊抗震平缝系统　　WSA 176

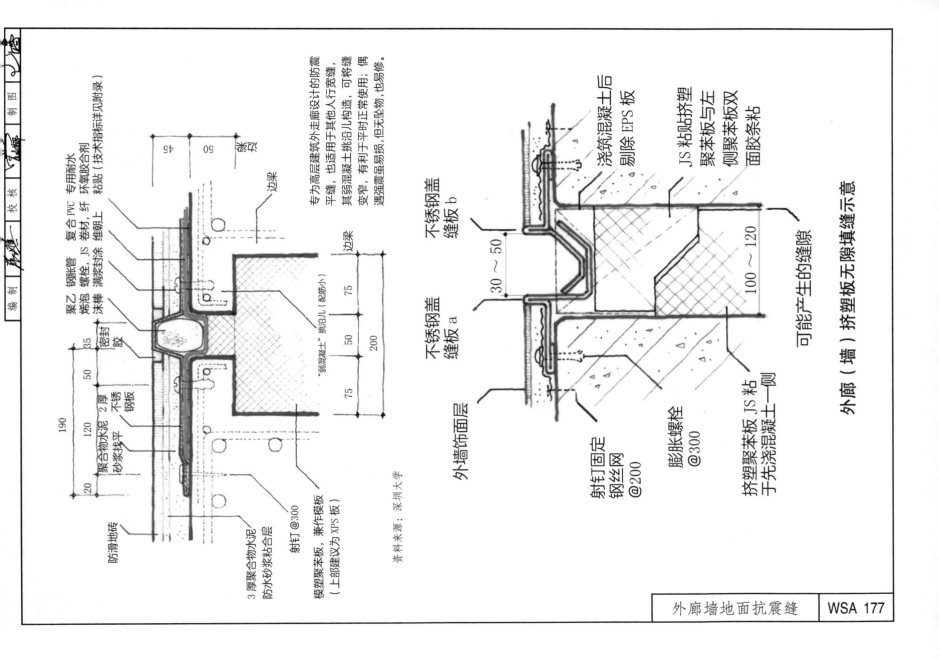

专为高层建筑外走廊设计的防震平缝，也适用于其他人行宽缝，其弱混凝土挑沿儿构造，可将缝变窄，有利于平时正常使用；偶遇强震虽易损，但无坠物，也易修。

不锈钢盖缝板 b

不锈钢盖缝板 a

外墙饰面层

射钉固定钢丝网@200

膨胀螺栓@300

挤塑聚苯板 JS 粘于先浇混凝土一侧

浇筑混凝土后剔除 EPS 板

JS 粘贴挤塑聚苯板与左侧聚苯板双面胶条粘

可能产生的缝隙

外廊（墙）挤塑板无隙填缝示意

30～50

100～120

聚乙烯泡沫棒　钢胀螺栓　复合 PVC 卷材，JS 满浆涂涂　专用耐水环氧胶合剂粘贴，纤维朝上（技术指标详见附录）

边梁

"弱混凝土"挑沿儿（配筋小）

边梁

45

50

75

50

75

200

资料来源：深圳大学

密封胶

2 厚不锈钢板

3 厚聚合物水泥防水砂浆粘合层

聚合物水泥砂浆找平

防滑地砖

射钉@300

模塑聚苯板，兼作模板（上部建议为 XPS 板）

35

50

120

190

20

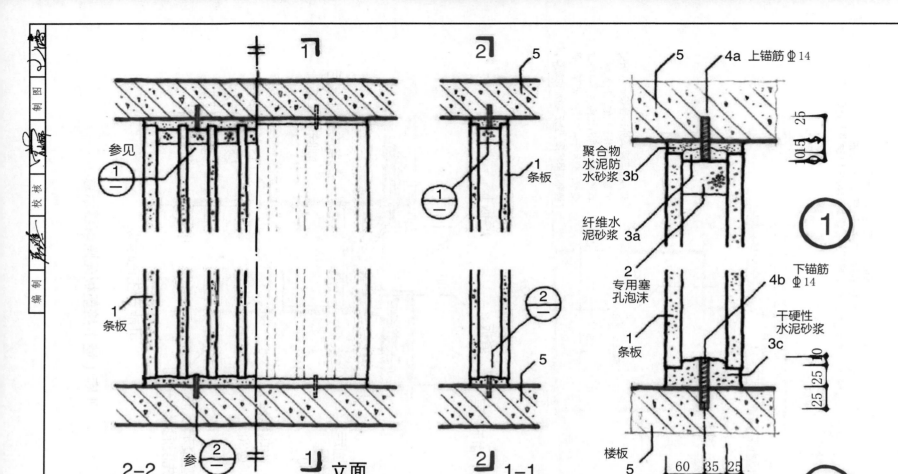

1┐　　2┐　　5

参见①─

①─　条板

1 条板

2-2　参②─　1┐ 立面　2┐ 1-1

5　4a 上锚筋 Φ14

聚合物
水泥防
水砂浆 3b

纤维水
泥砂浆
3a

①

2
专用塞
孔泡沫

1
条板

下锚筋
Φ14

4b

干硬性
水泥砂浆
3c

楼板

5

60 35 25
120

②

该案例要求条板外用，内侧清水。因表皮侧为装饰性穿孔金属板，故称准外墙。设计要求：轻质空心条板应为挤出法生产、蒸压养护；板间预施 2 厚益胶泥，挤浆拼接；外侧预涂渗透环氧；缝处 150 宽接缝带，益胶泥刮涂粘锚；大面积 1.2 厚 JS，喷涂耐候透气防霉涂料。

防风雨　室内清水空心条板安装示意　　资料来源：深圳市清华苑建筑与规划设计研究有限公司（以下简称清华苑）

准外墙条板　室内清水安装案例　　**WSA 178**

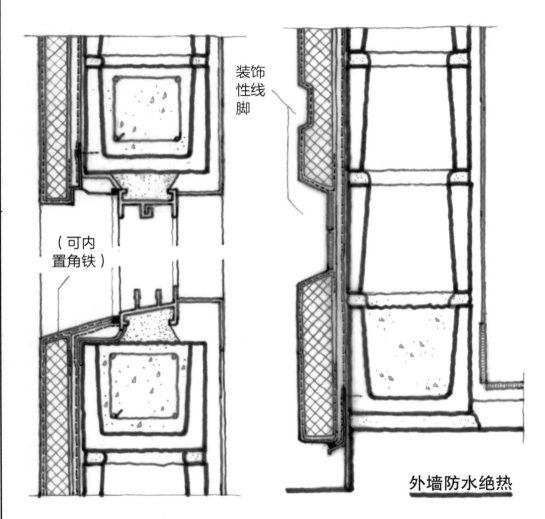

装饰性线脚

（可内置角铁）

外墙防水绝热

本图介绍的是"专威特系统"（外墙贴聚苯板形成外保温），其优点是节能、效率高、构造合理，同时解决防水，特别是温变裂缝引起的渗漏。

该系统用于新建筑的关键是外墙设计必须一次到位，包括所有外挂设施及预埋预留件。

若旧建筑外墙大面积渗漏，主要是由于填充砌块砌筑质量普遍低下（如砂浆标号过低）所致，又不允许改动墙体，甚至要求保证住户正常使用的情况下彻底解决渗漏，借用该系统，是一个值得考虑的解决办法。在此情况下，本图集建议将聚苯板改为 20 厚，采用机械、粘贴方式共同固定。

新建空心砌块外墙，建议东、西墙采用三（排）孔，增加隔热效果。多层建筑，提倡种植攀爬植物，隔热防水，而且生态。

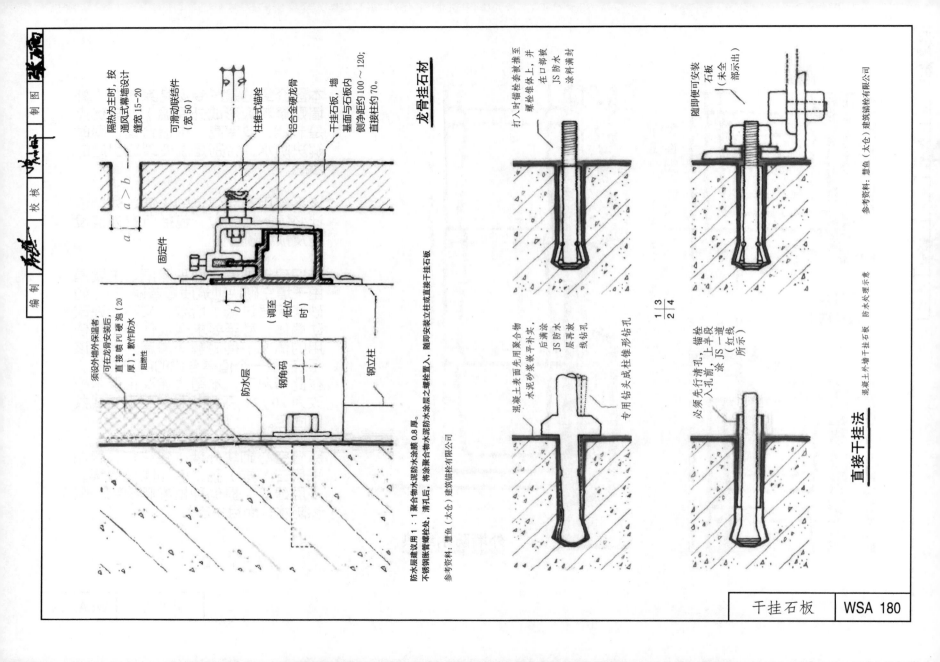

隔热为主时，按通风式幕墙设计，缝宽15~20

可滑动联结件（宽50）

柱锥式锚栓

铝合金硬龙骨

干挂石板，墙基面与石板内侧净距约100~120；直接挂约70。

固定件

$a \bigg\uparrow$ $a > b$

$b \bigg\downarrow$ （调至最低位时）

龙骨挂石材

须设外墙外保温者，可在龙骨安装后，直接喷PU硬泡（20厚），难作防水，阻燃性。

防水层

钢角码

钢立柱

防水层建议用1：1聚合物水泥防水涂膜0.8厚。

不锈钢膨胀管箍螺栓处，清孔后，将涂聚合物水泥防水涂层之螺栓置入，随即安装立柱或直接干挂石板。

参考资料：慧鱼（太仓）建筑锚栓有限公司

打入时锚栓套推至螺栓锥体上，并在孔口部敷JS防水涂料满封

混凝土表面先用聚合物水泥砂浆垫平未实后满涂JS防水层再得放线钻孔

专用钻头钻成柱锥形孔

随即便可安装石板（未全部示出）

必须先行清孔，锚栓入孔前，上半段JS一道（红线所示）

$\dfrac{1}{2}\ \dfrac{3}{4}$

直接干挂法

参考资料：慧鱼（太仓）建筑锚栓有限公司

混凝土外墙干挂干板 防水处理示意

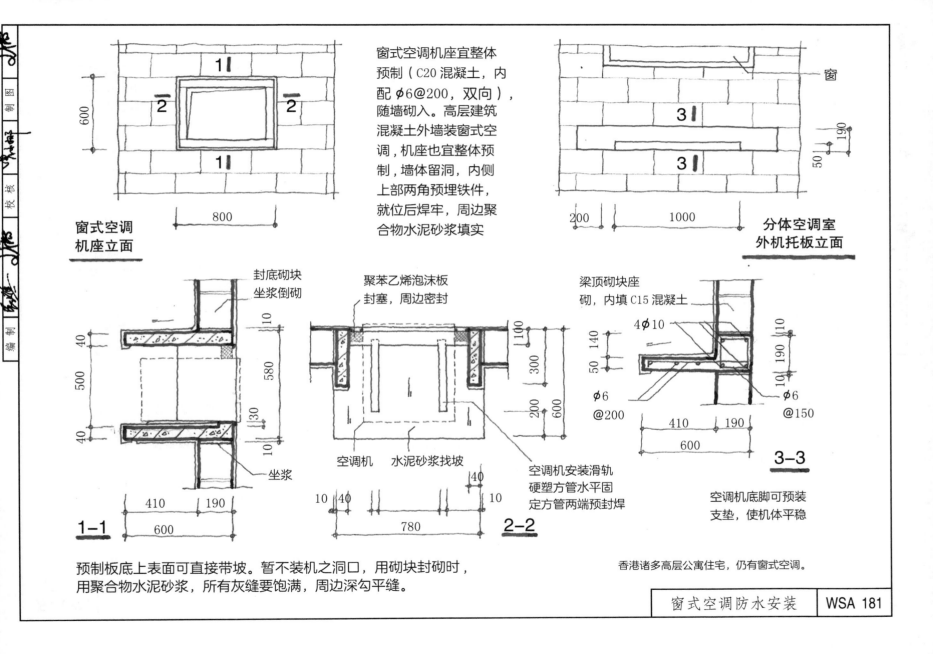

窗式空调机座宜整体
预制（C20 混凝土，内
配 φ6@200，双向），
随墙砌入。高层建筑
混凝土外墙装窗式空
调，机座也宜整体预
制，墙体留洞，内侧
上部两角预埋铁件，
就位后焊牢，周边聚
合物水泥砂浆填实

窗

**窗式空调
机座立面**

**分体空调室
外机托板立面**

封底砌块
坐浆倒砌

聚苯乙烯泡沫板
封塞，周边密封

梁顶砌块座
砌，内填 C15 混凝土

坐浆

空调机　水泥砂浆找坡

空调机安装滑轨
硬塑方管水平固
定方管两端预封焊

1-1

2-2

3-3

空调机底脚可预装
支垫，使机体平稳

预制板底上表面可直接带坡。暂不装机之洞口，用砌块封砌时，
用聚合物水泥砂浆，所有灰缝要饱满，周边深勾平缝。

香港诸多高层公寓住宅，仍有窗式空调。

窗式空调防水安装　　**WSA 181**

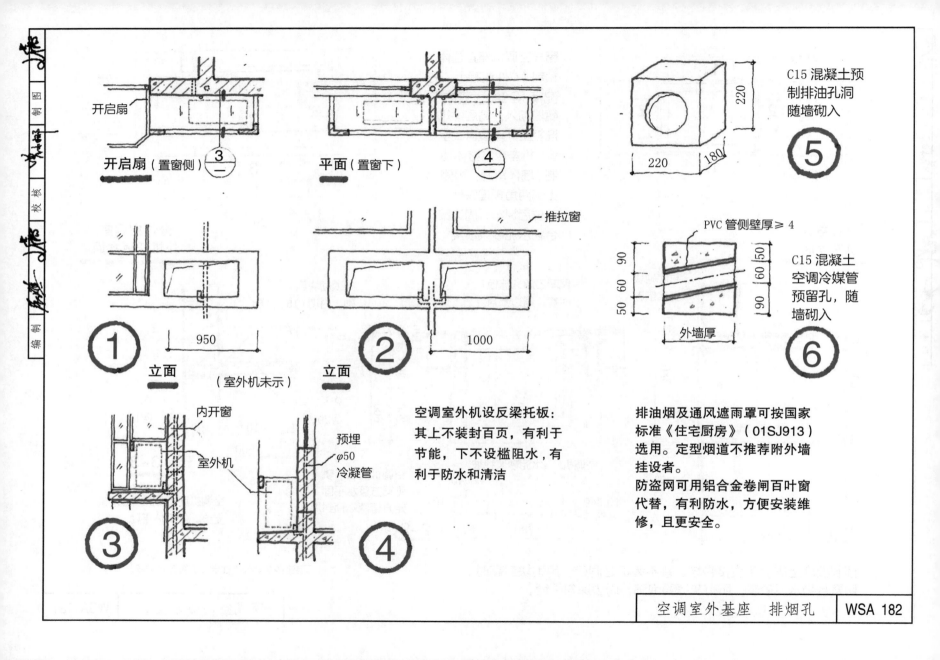

开启扇

开启扇（置窗侧） ③

平面（置窗下） ④

C15 混凝土预制排油孔洞随墙砌入

⑤

推拉窗

950

① **立面**
（室外机未示）

1000

② **立面**

PVC 管侧壁厚≥4

C15 混凝土空调冷媒管预留孔，随墙砌入

⑥

外墙厚

内开窗

室外机

预埋φ50冷凝管

③

④

空调室外机设反梁托板：其上不装封百页，有利于节能，下不设槛阻水，有利于防水和清洁

排油烟及通风遮雨罩可按国家标准《住宅厨房》（01SJ913）选用。定型烟道不推荐附外墙挂设者。
防盗网可用铝合金卷闸百叶窗代替，有利防水，方便安装维修，且更安全。

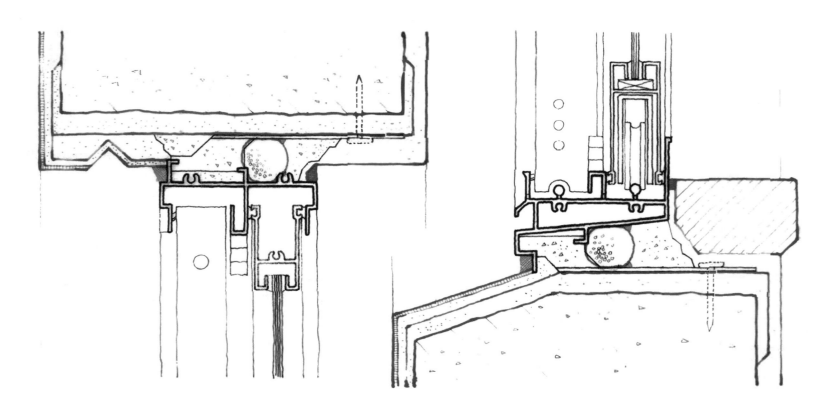

外墙窗防水安装要点：1．聚合物水泥砂浆精修洞口；2．框料优选外密封合理者；3．坚持柔性锚装；

4．窗台外低内高；5．强风暴雨地区建议周边填塞粘固（环氧灰浆）丁腈泡沫橡胶条。

任何密封胶，在施工前需对基材进行黏结性实验：按"二块抹布法"清洁、
底涂后，1h 内完成施胶，单组分养护至少 7d，双组分至少 3d。

请参阅：外墙窗边缝防水新工艺［J］. 中国建筑防水，2011（10）.

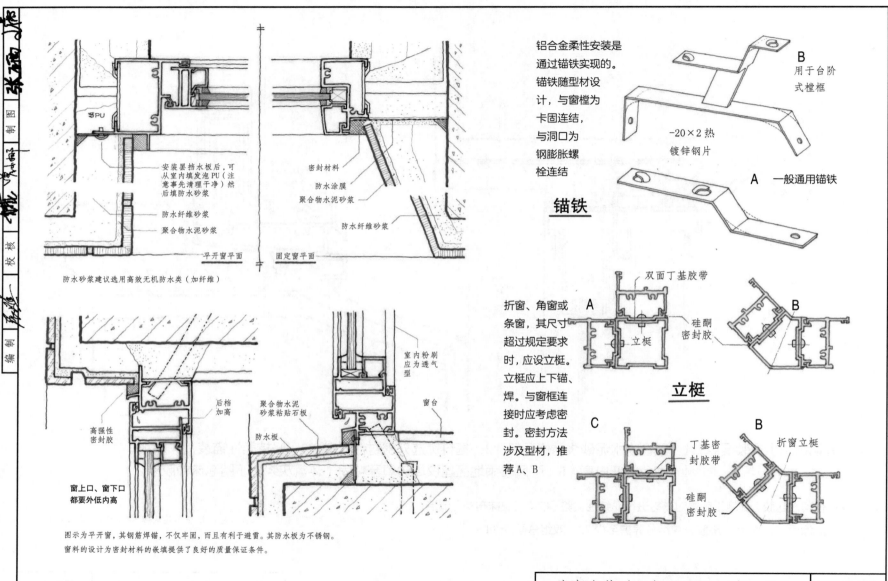

安装堵水板后，可从室内填发泡PU（注意事先清理干净）然后填防水砂浆

防水纤维砂浆

聚合物水泥砂浆

平开窗平面

密封材料

防水涂膜

聚合物水泥砂浆

防水纤维砂浆

固定窗平面

防水砂浆建议选用高效无机防水类（加纤维）

高强性密封胶

后挡加高

聚合物水泥砂浆粘贴石板

防水板

室内粉刷应为透气型

窗台

窗上口、窗下口都要外低内高

图示为平开窗，其钢筋焊锚，不仅牢固，而且有利于避雷。其防水板为不锈钢。
窗料的设计为密封材料的嵌填提供了良好的质量保证条件。

铝合金柔性安装是通过锚铁实现的。锚铁随型材设计，与窗樘为卡固连结，与洞口为钢膨胀螺栓连结

B
用于台阶式樘框

−20×2 热镀锌钢片

A
一般通用锚铁

锚铁

双面丁基胶带

A

B

立梃

硅酮密封胶

折窗、角窗或条窗，其尺寸超过规定要求时，应设立梃。立梃应上下锚、焊。与窗框连接时应考虑密封。密封方法涉及型材，推荐 A、B

立梃

C

B

丁基密封胶带

折窗立梃

硅酮密封胶

外窗安装（二）　案例　立梃　锚铁　　WSA 184

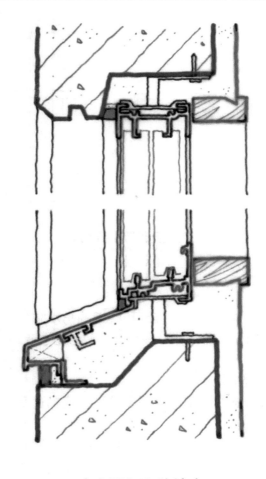

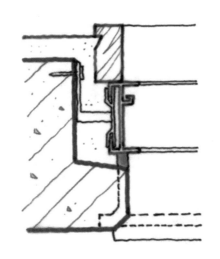

平面

立面

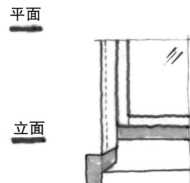

清水混凝土外墙窗

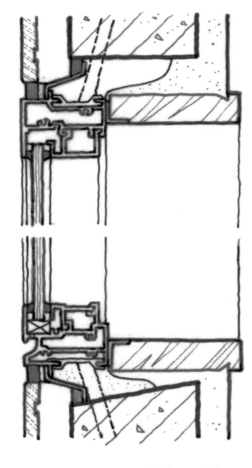

平外墙固定窗

清水混凝土外墙窗，窗洞口形状要求特殊，制作精确；
平外墙窗须采用专用窗料及配件。

外窗安装（三） 清水混凝土 平外墙　　WSA 185

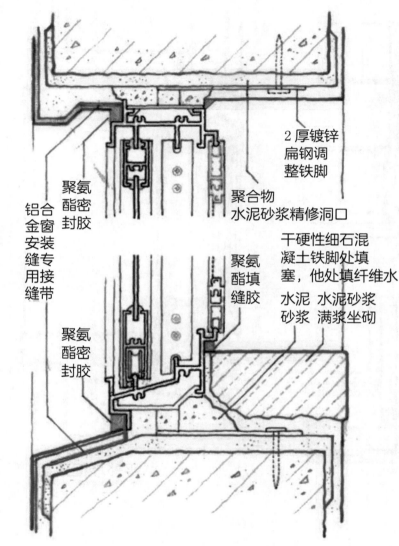

铝合金窗安装缝专用接缝带

聚氨酯密封胶

聚氨酯密封胶

2 厚镀锌扁钢调整铁脚

聚合物水泥砂浆精修洞口

干硬性细石混凝土铁脚处填塞，他处填纤维水泥砂浆

水泥砂浆

水泥砂浆满浆坐砌

聚氨酯填缝胶

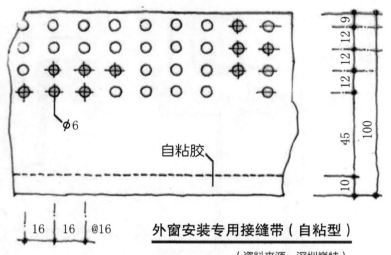

φ6

自粘胶

外窗安装专用接缝带（自粘型）

（资料来源：深圳巍特）

接缝带是一种用于解决各种建筑接缝和裂缝的防水防裂材料，具有很好的柔韧性、抗拉性、黏结性、耐老化性能。

其具体技术指标详见附录。

穿孔部分采用聚合物水泥防水砂浆薄层粘贴，或配套专用粘结胶粘结。

自粘部分去除隔离纸后可直接与金属、玻璃、塑料等粘贴。该节点若胶槽预留精准，也可采用超薄自粘丁基胶带（日东电工）。

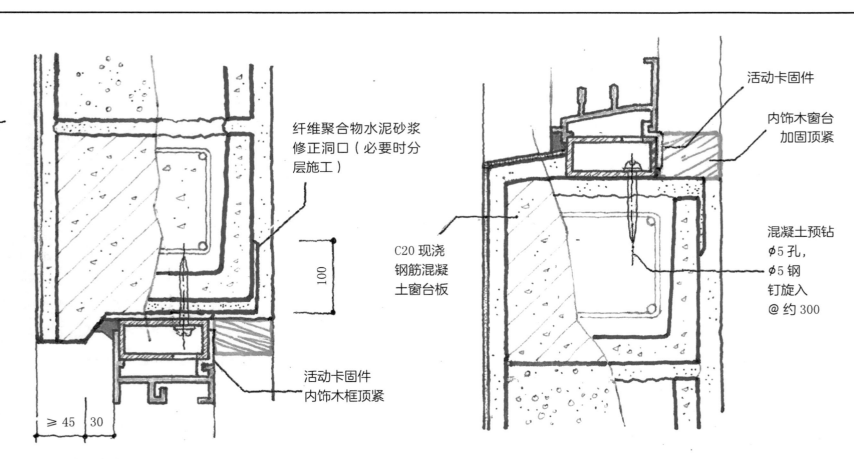

纤维聚合物水泥砂浆
修正洞口（必要时分
层施工）

活动卡固件

内饰木窗台
加固顶紧

C20 现浇
钢筋混凝
土窗台板

混凝土预钻
φ5 孔，
φ5 钢
钉旋入
@ 约 300

100

活动卡固件
内饰木框顶紧

≥ 45   30

钢方通附框，壁厚不小于 3.0，与窗框接触部位做防蚀处理。卡固件由 φ4 弹簧钢制作，约 @400（端部为 200）。安装时，
内外配合，由外向内将窗框推入就位，四周调整后横向插入卡固件，转 90°，成竖向（如图示），即完成卡固。

附框可回避砂浆填缝的困难。

改进外窗设计，也是化解砂浆填缝难点的方法之一。详参：外窗防水概念设计 [J]. 住宅与房地产，2024（1）。

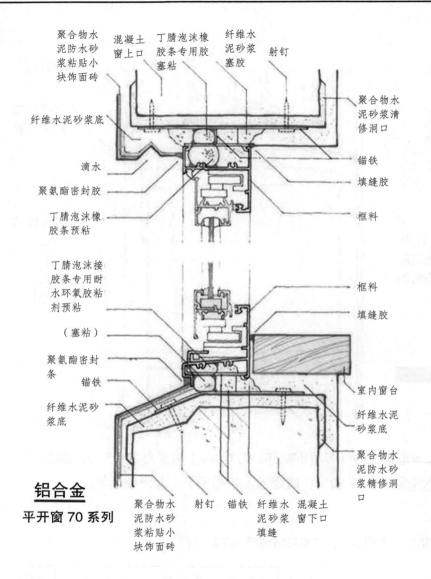

聚合物水泥防水砂浆粘贴小块饰面砖
混凝土窗上口
丁腈泡沫橡胶条专用胶塞粘
纤维水泥砂浆塞胶
射钉
聚合物水泥砂浆清修洞口
纤维水泥砂浆底
锚铁
滴水
填缝胶
聚氨酯密封胶
框料
丁腈泡沫橡胶条预粘

丁腈泡沫接胶条专用耐水环氧胶粘剂预粘
（塞粘）
聚氨酯密封条
锚铁
纤维水泥砂浆底
框料
填缝胶
室内窗台
纤维水泥砂浆底
聚合物水泥防水砂浆精修洞口

铝合金
平开窗 70 系列

聚合物水泥防水砂浆粘贴小块饰面砖
射钉 锚铁 纤维水泥砂浆 混凝土窗下口
填缝

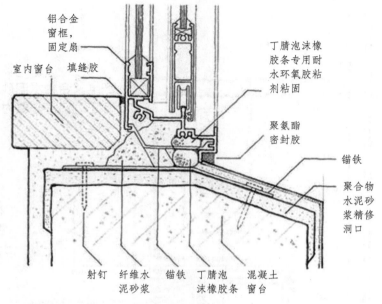

铝合金窗框，固定扇
室内窗台 填缝胶
丁腈泡沫橡胶条专用耐水环氧胶粘剂粘固
聚氨酯密封胶
锚铁
聚合物水泥砂浆精修洞口

射钉 纤维水泥砂浆 锚铁 丁腈泡沫橡胶条 混凝土窗台

铝合金外窗 **台阶式下框 固定推拉窗 70 系列**

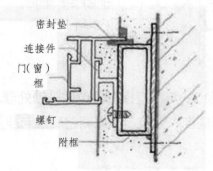

密封垫
连接件
门（窗）框
螺钉
附框

图示为 55 系列平开门附框节点。
采用附框的外门窗，其门窗框与附框之间仍为柔性连接

资料来源：深圳蓝盾

外窗安装（六） 焊固附框 WSA 188

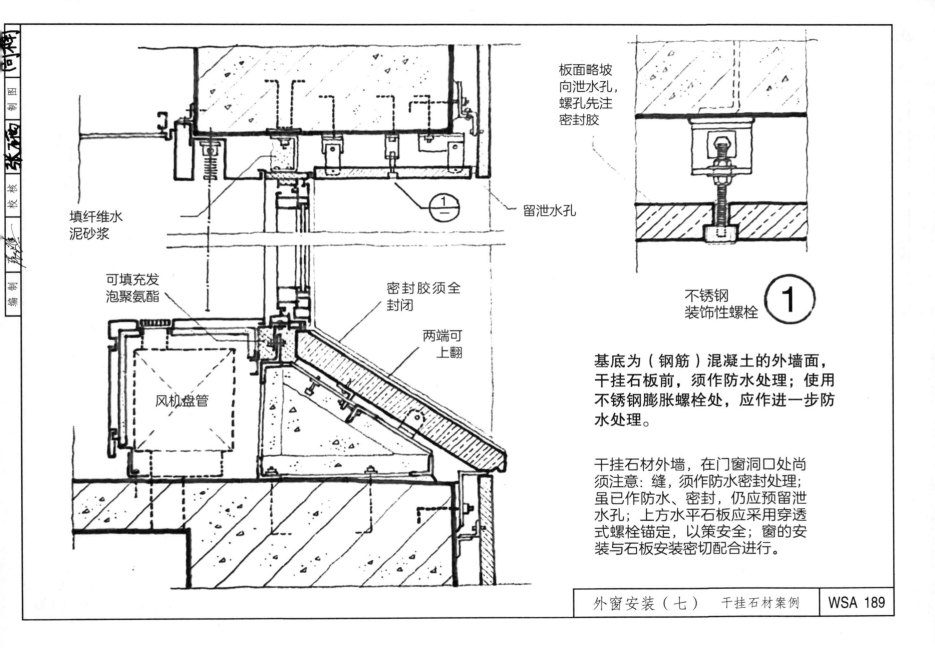

板面略坡
向泄水孔，
螺孔先注
密封胶

留泄水孔

填纤维水
泥砂浆

可填充发
泡聚氨酯

风机盘管

密封胶须全
封闭

两端可
上翻

不锈钢
装饰性螺栓

①

基底为（钢筋）混凝土的外墙面，
干挂石板前，须作防水处理；使用
不锈钢膨胀螺栓处，应作进一步防
水处理。

干挂石材外墙，在门窗洞口处尚
须注意：缝，须作防水密封处理；
虽已作防水、密封，仍应预留泄
水孔；上方水平石板应采用穿透
式螺栓锚定，以策安全；窗的安
装与石板安装密切配合进行。

外窗安装（七）　干挂石材案例　WSA 189

a 窗上口

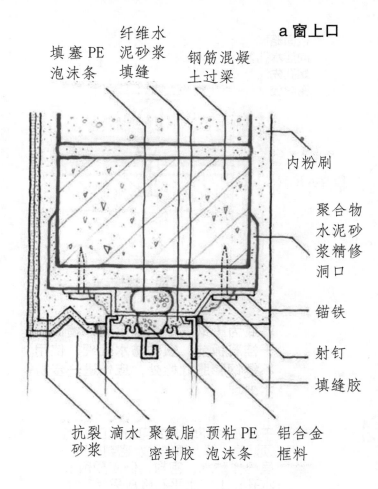

填塞PE泡沫条
纤维水泥砂浆填缝
钢筋混凝土过梁
内粉刷
聚合物水泥砂浆精修洞口
锚铁
射钉
填缝胶

抗裂砂浆　滴水　聚氨脂密封胶　预粘PE泡沫条　铝合金框料

铝合金外窗防水安装
用于强风暴雨地区

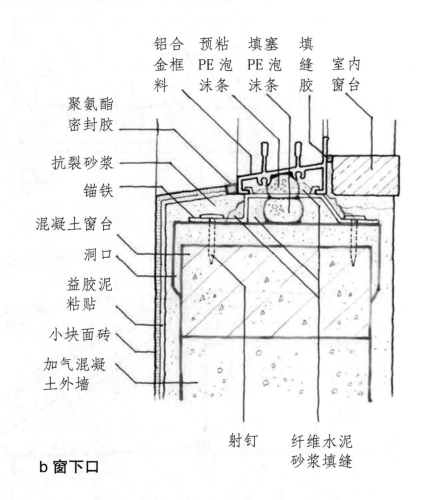

铝合金框料　预粘PE泡沫条　填塞PE泡沫条　填缝胶　室内窗台

聚氨酯密封胶
抗裂砂浆
锚铁
混凝土窗台
洞口
益胶泥粘贴
小块面砖
加气混凝土外墙

射钉　纤维水泥砂浆填缝

b 窗下口

请参阅：外墙窗边缝防水新工艺[J].中国建筑防水，2011（10）.

| 外窗安装（八）　强风暴雨地区 | WSA 190 |

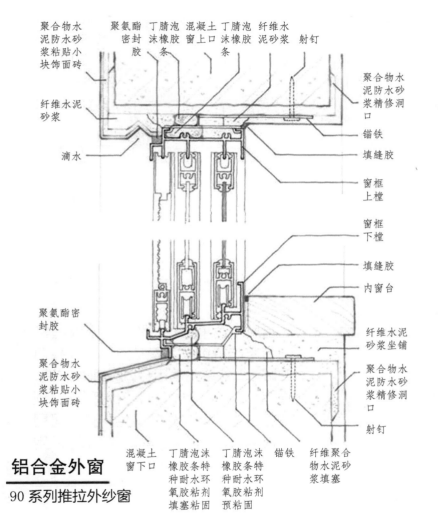

聚合物水泥防水砂浆粘贴小块饰面砖

聚氨酯密封胶

丁腈泡沫橡胶条

混凝土窗上口

丁腈泡沫橡胶条

纤维水泥砂浆

射钉

纤维水泥砂浆

滴水

聚合物水泥防水砂浆精修洞口

锚铁

填缝胶

窗框上槛

窗框下槛

填缝胶

内窗台

聚氨酯密封胶

聚合物水泥防水砂浆粘贴小块饰面砖

纤维水泥砂浆坐铺

聚合物水泥防水砂浆精修洞口

射钉

混凝土窗下口

丁腈泡沫橡胶条特种耐水环氧胶粘剂填塞粘固

丁腈泡沫橡胶条特种耐水环氧胶粘剂预粘固

锚铁

纤维聚合物水泥砂浆填塞

铝合金外窗
90系列推拉外纱窗

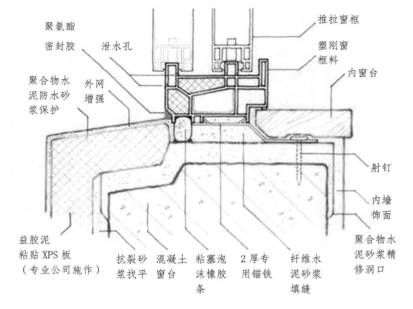

聚氨酯密封胶

泄水孔

推拉窗框

塑刚窗框料

内窗台

聚合物水泥防水砂浆保护

外网增强

射钉

益胶泥粘贴XPS板（专业公司施作）

抗裂砂浆找平

混凝土窗台

粘塞泡沫橡胶条

2厚专用锚铁

纤维水泥砂浆填缝

内墙饰面

聚合物水泥砂浆精修洞口

外墙塑钢窗　　防水绝热安装

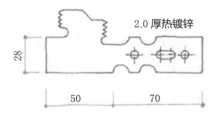

2.0厚热镀锌

28

50　70

图示为普通塑钢窗调整铁脚，也体现柔性安装。密封胶位置也应由框料预留。
高级塑钢窗框料全断面为齿形铝合金芯材与耐候塑料共挤成型。

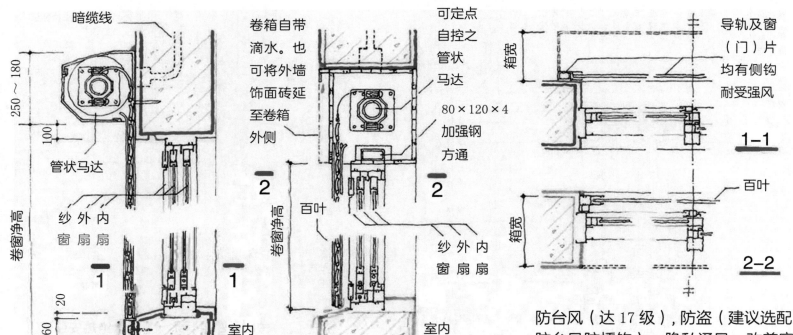

外装 防上推卷窗 建议宽度 3m 以内

净高 1750，则卷箱高宽各 180

2550，则卷箱高宽各 200

3400，则卷箱高宽各 250

内装 防上推卷窗 建议宽度 3m 以内

净高 1450，则卷箱高 250，宽 200

2600，则卷箱高 300，宽 250

防台风（达 17 级），防盗（建议选配防台风防撬钩），隐私通风，改善窗户漏水。外装式最适合既有建筑改造，卷箱小巧、优雅。内装针对新建，预埋施工卷箱可与建筑融为一体，可用于讲究立面的小型建筑。超宽可采用连窗设计。

资料来源：DASHENG 大盛卷门窗　咨询：常伟股份

外窗安装（十）　防台风百页　　WSA 192

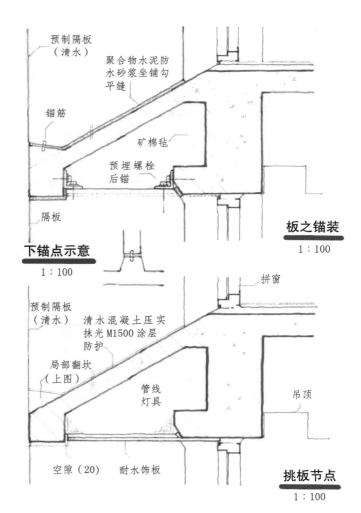

预制隔板
（清水）

聚合物水泥防
水砂浆坐铺勾
平缝

锚筋

矿棉毡

预埋螺栓
后锚

隔板

下锚点示意

1：100

板之锚装

1：100

预制隔板
（清水）

清水混凝土压实
抹光 M1500 涂层
防护

局部翻坎
（上图）

拼窗

管线
灯具

吊顶

空隙（20）　耐水饰板

挑板节点

1：100

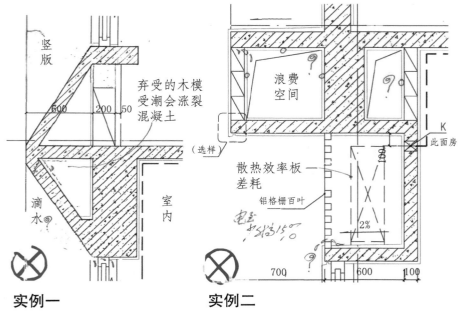

竖版

600　　200　50

弃受的木模
受潮会涨裂
混凝土

（选样）

室内

滴
水

实例一

浪费
空间

K
此面房

散热效率板
差耗

铝格栅百叶

2%

700　　　600　　100

实例二

外墙形式唯美，实心凹凸交替，实属黔技。凡砌体封闭之
空间，原则上应设置泄水孔。

左图案例，可同时解决造型封闭空间的利用，竖向清水预制遮阳
板的安装，满足清水混凝土仰视饰面的追求（防水装饰板表面可
仿任何材质），可供钟情于凹凸形式的建筑师参考。

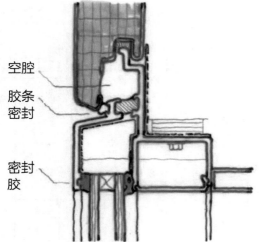

空腔

胶条
密封

密封
胶

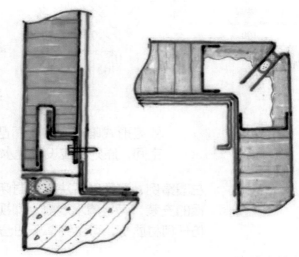

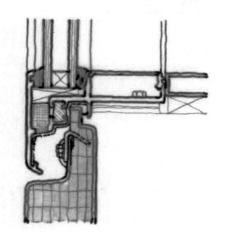

夹芯钢板外墙集保温、隔热、防水、装饰于一体，高度工业化，
适用于现代风格的公共建筑。

外墙夹芯钢板 （实例）　　WSA 194

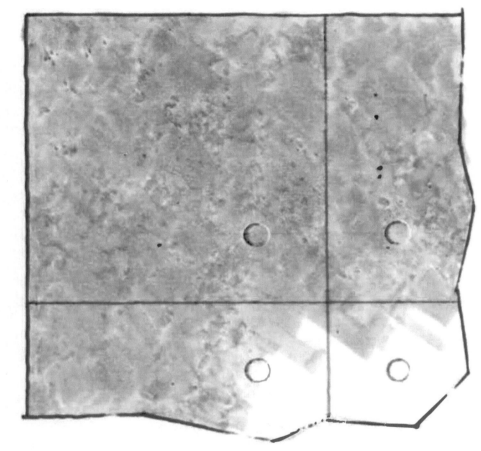

基层（规划、清净、弹线）

底涂（钻孔、密著、防水）

整平（埋孔、整平）

映花层（拆孔、分线、映花）

憎水保护面层

主要工序
埋孔
深浅层次映花
护漆
防水底漆

密著：增强涂料与底材的附着性

水性环保涂料：仿石喷涂，可大幅减重，无脱落伤人之忧，工期短，费用省，防水、耐候、抗裂。

资料来源：MYHOME 我家有限公司　咨询：常伟股份

用于铝膜混凝土（加气混凝土）墙体
仿清水混凝土
饰面各构造层

外墙防水旧改　仿清水混凝土　WSA 195

地 下 工 程

概念设计

1. 概念设计的首要原则就是简化。建筑以平剖面简化、合并为主，结构则主要是减少变形缝，底板设计采用无梁厚板，外墙柱分离，以跳仓打或超前止水代替传统后浇带。

2. 防水混凝土。混凝土着力解决的问题，始终是裂缝。需要设计、施工、监理、业主各方，从实验室到搅拌站，从养护到拆模，全方位配合才可能解决好，特别是内掺自修复全刚自防水混凝土。

3. 柔性外防水。地下室迎水面设柔性防水，是目前的主流技术。不仅直接关乎混凝土的寿命，也是解决因渗水可能导致氡污染的最简单而有效的措施。水性防水涂料不宜用于地下室。预铺反粘卷材，是外防内贴施工较好的选择之一。

4. 水泥基渗透结晶防水涂层，可作为主体辅助外防水。用于单独内防，只在防水失败或业主担保负责，并提交书面要求时才采用。

5. 膨润土毯。应优选天然钠基产品。适用于地下水长期稳定的环境中：无流动水，静水压稳定，pH 值（4 ~ 10）稳定。地下室全寿命周期内，膨润土毯应处于被封闭状态，且地下水无腐蚀性污染。

6. 回填土应坚持黏土分层夯实。回填石粉等透水材料，只在设计了外排水系统的情况下才是合理的。常年排水系统的采用须慎重考虑。
   迎水面应避免任何空腔。过窄的侧壁与基坑支护之间应在设计时就消除空腔产生的可能性（参见本图集有关节点）。不得已制造的局部空腔，可用泡沫混凝土填充（现场发泡）。

7. 分期建设的项目。地下室宜一次完成，并严格控制沉降。分建时，设计应一次完成，重点交代防水构造的预留与保护。

8. 变形缝。最大允许沉降值不应大于 30，缝宽 20 ~ 30，最大不超过 40。变形缝可采用新材料、新构造、新工艺。平面排水系统设计时，应使变形缝紧邻集水坑或排水沟，方便维修，备留后路。

9. 地下水池在做好刚性内防水的同时，应做好外防水。若水池壁同为地下室外墙时，可适当提高其外防水的设防标准。生活水池应首选不锈钢成品水箱组装。

10. 穿墙管应采用套管。其密封建议采用新材料、新构造、新工艺。

11. 注浆堵漏应注意不同条件下的不同裂缝，选择不同的注浆材料。可重复注浆系统应有合理的清洗回路，并注意不同的注浆应选用不同构造的注浆管。

12. 寒冷地区冬季施工的首要原则是尽量避免室外湿作业。
    在恶劣天气进行大体积混凝土浇筑，顶板、地下防水及大体积室外抹灰等，无论采取何种措施，都难以获得正常气温下相同的品质。
    此外，要注意防止后续施工中因雨、雪、施工用水等对混凝土造成的冻害及防水施工的影响。

设计提示（一）

1. 初步设计时，应包括防水构造说明；施工图设计，应在总说明中单列地下防水部分，不宜单靠构造层类表。

   防水说明应根据工程的重要性和使用功能，确定防水等级，并按防水设计合理使用年限，选择相应的设防等级。

2. 防水混凝土的抗渗等级、最小厚度、裂缝控制及钢筋保护层厚度应满足规范要求。但工程实践中，主要着力解决的是裂缝问题。因此，设计单位应参加重要工程的施工组织设计会审。

3. 地下工程应考虑地表水、地下水（潜水、上层滞水等）、毛细管水等的作用，由于人为因素引起的水文地质变化的影响日渐重要，因此，地下室采用全断面的防水设计是必要的（顶板在室内者除外）。

4. 具备自然排水条件的工程，可考虑设置自流外排水系统，以降水压。但须排除对周边环境的不利影响。

5. 平剖面设计充分考虑"简并（简化、合并）、避离"以及"给出路"的原则；防水设计应遵循刚柔并济、因地制宜、综合治理的原则。

6. 结构应采用防水混凝土，并设附加柔性防水。柔性防水应设在迎水面；当无法在迎水面设防或迎水面设防失败时，才可考虑背水面设防。背水面设防，无法阻止地下水及化学物质对混凝土及钢筋的破坏。背水面设防宜为刚性防水。对处于侵蚀性介质中（主要是硫酸盐）的工程，混凝土、防水层的选材均应考虑耐侵蚀。

7. 背水面设防不论采用聚合物水泥防水材料、水泥基渗透结晶防水涂料还是高分子益胶泥，实际上都是治理后的附加措施。迎水面无法施作防水层时，应考虑全内掺自修复类型防水剂或掺合料，形成混凝土主体刚性全自防。前提是排除氯污染。

8. 外墙有保温要求的部位，保护层应选用加厚的 XPS 板。

注：防水混凝土的抗渗压力不应小于 0.6MPa。结构厚度：底板不宜小于 350，侧壁不小于 250，顶板按结构设计。裂缝宽度 ≤ 0.2 控制；钢筋（包括箍筋）之迎水面保护层厚度应按结构专业有关规范。防水混凝土的抗渗等级应按下表选用：

一般防水混凝土抗渗等级

工程埋置深度 /m	$H < 5$	$5 \leq H < 10$	$10 \leq H < 20$	$H \geq 20$
设计抗渗等级	P8	P8	P10	P12

设计提示（二）

o 施工缝界面清理是防水质量的决定性因素。凡妨碍清理干净之构造，均当改进。

o 外防水应连续密封。凡未与主防水层形成连续密封之构造，均当改进。

为保全外防水之连续性，局部节点可采用全刚自防水混凝土（内掺 CCCW 或亚力士：纯天然无机活性抗裂自愈粉）与大面之预铺反粘构造相结合。

进一步探讨，叠合逆筑的地下室可取消预铺反粘，其内衬墙全部采用全刚自防水混凝土（上述内掺法）。前提条件是：管理上，全程必须严格按专业公司要求施作；技术上，护壁已达至基本止水。参阅：逆筑法连续外防节点设计 [J]. 中国建筑防水，2017（14）.

若护壁止水效果不佳，可在护壁外侧旋喷注浆，形成外帷幕。

o 基坑须有效降水，直至回填土完成。混凝土带水作业，任何情况下都是错误的。

o 回填透水性材料，必须与外排水系统配套采用。设置长期排水之项目必须就其对周边建筑及环境的长期影响进行专题论证。

o 不支持设计抗浮锚杆。因其妨碍地下空间的再利用，且经济性差。整体上讲，锚杆，若不赔本，防不了水；防了水，则赔本，多用无上部荷载的单建式地下构筑物，其防水构造可参阅：地下室抗浮锚连续防水构造技术 [J]. 中国建筑防水，2017（6）。

若采用抗浮锚索，详参阅：抗浮锚索连续防水构造技术 [J]. 中国建筑防水，2017（12）.

o 实行设计总包的项目，应发挥其"总包"之优势，将支护与结构协调整合设计，可解决狭窄场地地下传统防水设计的缺陷。可参阅：狭窄场地之支护与结构整合防水设计 [J]. 中国建筑防水，2017（13）.

o 不支持新建筑设计内排水系统，也不支持变形缝设计接水盘，这些掩盖渗漏的构造，是 5 年保修期的产物，只是治理的最后手段，带病延年时才用。

接水盘只在设计了分仓段及可目测检视系统时，才有积极意义。

o 运行不久的项目，若发生大面积治理无效的渗漏（如高压漫渗），也不主张内排方案（最后的手段，只能用在最后）。建议的选项是，采用进口丙烯酸盐（Superflex）及特种注浆技术，在地下室外围形成连续柔性止水帷幕。该技术是由专业公司使用专业设备在室内实施的。

若急于实施内排水系统，将被迫连带持续付出，令全寿命大幅缩减。因此需由甲方签字盖章确认后方可实施。

地底 1

一级

保护面层（兼找坡作沟）：C20 混凝土，具体详
见单体设计
防水层 2（背水面）：1.0 厚 1.5kg/m² 水泥基渗
透结晶防水涂料
结构层（主体防水）：防水混凝土底板
防水层 1：≥ 1.2 厚预铺防水卷材（P 类）
垫层：100 厚 C15 混凝土。软弱地基或其他原因，
也可 150 厚 C20 混凝土，随捣随压实抹光
基层：原素土

适合无梁厚底板。若板厚超过 600，视现
场情况可加作 40 厚 C30 混凝土保护，内
掺 CCCW 防水剂，成品钢筋网片 φ3.5@75。

地底 2

一级

保护面层（兼找坡作沟）：C20 混凝土，具体详
见单体设计
防水层 2（背水面）：1.0 厚 1.5kg/m² 水泥基渗
透结晶防水涂料
结构层（主体防水）：防水混凝土底板
（保护层）：40 厚 C30 混凝土，内掺 CCCW 防水剂，
成品钢筋网片 φ3.5@75。
防水层 1：1.5 或 2.0 厚预铺防水卷材（橡胶 R 类）
垫层：150 厚 C20 混凝土，随捣随压实抹光
基层：原素土

是否设保护层，由设计确定。

地底 3

二级

保护面层（兼找坡作沟）：C20 混凝土，具体详
见单体设计
结构层（主体防水）：防水混凝土底板
防水层：≥ 1.2 厚预铺防水卷材（P 类）
垫层：100 厚 C20 混凝土，随捣随压实抹光
基层：原素土

适合无梁厚底板。若板厚超过 600，视现
场情况可加作 40 厚 C30 混凝土保护，内
掺 CCCW 防水剂，成品钢筋网片 φ3.5@75。

地底 4

二级

保护面层（兼找坡作沟）：C20 混凝土，具体详
见单体设计
结构层（主体防水）：防水混凝土底板
防水层 1：1.5 或 2.0 厚预铺防水卷材（橡胶 R 类）
垫层：150 厚 C20 混凝土，随捣随压实抹光
基层：原素土

适合无梁厚底板。若板厚超过 500，视现
场情况可加作 40 厚 C30 混凝土保护，内
掺 CCCW 防水剂，成品钢筋网片 φ3.5@75。

构造层类

预铺防水层若改用 4.0 厚预铺（聚酯毡类）沥青防水卷材，须甲方
书面认可；其他沥青类则不应采用。

地底5

一级

保护面层（兼找坡作沟）：C20混凝土，详见单体设计

结构层（主体防水）：防水混凝土底板

防水层2：1.0厚水泥基渗透结晶防水涂料，1.5kg/m²，干撒法

防水层1：聚乙烯丙纶卷材复合防水层（0.7厚卷材，芯材0.5厚+1.3厚聚合物水泥胶结料）×2

垫层：120厚C15混凝土，随捣随压实抹光

基层：原素土

地底7

二级

保护面层（兼找坡作沟）：C20混凝土，具体详见单体设计

结构层（主体防水）：防水混凝土底板

保护层：50厚C20混凝土

防水层：3.0厚自粘聚合物改性沥青防水卷材（PY类）或3.0厚湿铺防水卷材（PY类）

找平（兼粘贴）层：10厚聚合物水泥砂浆或1.0厚JS一道

垫层：100厚C20混凝土，随捣随压实抹光

基层：原素土

地底6

一级

保护面层（兼找坡作沟）：C20混凝土，具体详见单体设计

结构层（主体防水）：防水混凝土底板

保护层：50厚C20混凝土

防水层2：3.0厚自粘聚合物改性沥青防水卷材（PY类）

防水层1：2.0厚喷涂速凝橡胶沥青防水涂料

垫层：150厚C20混凝土，随捣随压实抹光

基层：原素土

地底8

二级

保护面层（兼找坡作沟）：C20混凝土，具体详见单体设计

结构层（主体防水）：防水混凝土底板

保护层：50厚C20混凝土

防水层：4.0厚SBS弹性体改性沥青防水卷材（Ⅱ型PY类）

垫层：100厚C20混凝土，随捣随压实抹光

基层：原素土

构造层类　防水层若改用4.0厚预铺（聚酯毡类）沥青防水卷材，须甲方书面认可；其他沥青类则不应采用。

地下工程　地底5、6、7、8　WSA 200

地底 9

二级

保护面层（兼找坡作沟）：C20 混凝土，具体详
见单体设计
结构层（主体防水）：防水混凝土底板
保护层：50 厚 C20 混凝土
防水层：2.0 厚聚氨酯防水涂料（内衬耐碱玻纤
网格布）
垫层：120 厚 C15 混凝土，随捣随压实抹光
基层：原素土

地底 11

二级

保护面层（兼找坡作沟）：C20 混凝土，具体详
见单体设计
结构层（主体防水）：防水混凝土底板
防水层：1.0 厚水泥基渗透结晶型防水涂料，
1.5kg/m²，浇筑前均匀撒布在垫层之上
垫层：100 厚 C15 混凝土，随捣随压实抹光
基层：原素土

单一采用 CCCW 内防之先决条件：没有氡污染，
甲方书面要求，且设计、施工、监理均书面同意。

地底 10

二级

保护面层（兼找坡作沟）：C20 混凝土，具体详
见单体设计
结构层（主体防水）：全刚自防水混凝土底板，
内掺 CCCW 防水剂或活性硅质系防水剂
（BESTONE）
垫层：120 厚 C20 混凝土，随捣随压实抹光
基层：原素土

地底 12

二级

保护面层（兼找坡作沟）：C20 混凝土，详见单
体设计
结构层（主体防水）：防水混凝土底板
保护层：50 厚 C20 混凝土
防水层：1.2 厚聚氯乙烯防水卷材，双道热熔
焊接
垫层：150 厚 C15 混凝土，随捣随压实抹光
基层：原素土

侧墙宜配套采用相同的防水层，并应在
专业公司指导下，设置分区注浆系统。

构造层类

预铺防水层若改用 4.0 厚预铺（聚酯毡类）沥青防水卷材，
须甲方书面认可；其他沥青类则不应采用。

地下工程　地底 9、10、11、12　｜　WSA 201

地底13 一级

保护面层（兼找坡作沟）：C20混凝土，具体详见单体设计

防水层（背水面）：1.0厚1.5kg/m² 水泥基渗透结晶防水涂料

结构层（主体防水）：防水混凝土底板

防水层：2.0厚预铺防水卷材（橡胶R类）

垫层：150厚C20混凝土，随捣随压实抹平

基层：原素土

适合无梁厚底板。若板厚超过600，视现场情况可加作40厚C30混凝土保护，内配成品钢筋网片 φ3.5@75。

地底14 一级

保护面层（兼找坡作沟）：C20混凝土，具体详见单体设计

防水层（背水面）：1.0厚1.5kg/m² 水泥基渗透结晶防水涂料

结构层（主体防水）：防水混凝土底板

[防水层2：1.5或2.0厚预铺防水卷材（橡胶R类）本图集不推荐]

防水层1：1.5或2.0厚预铺防水卷材（橡胶R类）

垫层：150厚C20混凝土，随捣随压实抹光

基层：原素土

方括号内仅用于特殊节点之局部，若大面积用，需各方无异议。

适合无梁厚底板。若板厚超过600，视现场情况可加作40厚C30混凝土保护，内配成品钢筋网片 φ3.5@75。

地底15 一级

保护面层（兼找坡作沟）：C20混凝土，具体详见单体设计

结构层（主体防水）：防水混凝土底板

保护层：50厚C30混凝土

防水层3：3.0厚自粘聚合物改性沥青防水卷材（PY类）

防水层2：3.0厚自粘聚合物改性沥青防水卷材（PY类双面粘）

防水层1：2.5厚非固化橡胶沥青防水涂料

垫层：150厚C20混凝土，随捣随压实抹光

基层：原素土

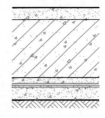

地底16 一级

保护面层（兼找坡作沟）：C20混凝土，具体详见单体设计

结构层（主体防水）：防水混凝土底板

保护层：50厚C30混凝土

防水层3：4.0厚SBS弹性体改性沥青防水卷材（Ⅱ型PY类）

防水层2：4.0厚SBS弹性体改性沥青防水卷材（Ⅱ型PY类）

防水层1：2.5厚非固化橡胶沥青防水涂料

垫层：100厚C15混凝土，随捣随压实抹光

基层：原素土

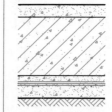

构造层类

地底 17

一级

保护面层（兼找坡作沟）：C20 混凝土，具体详
见单体设计
结构层（主体防水）：防水混凝土底板
保护层：50 厚 C30 混凝土
防水层 3：1.0 厚水泥基渗透结晶型防水涂料，
　　　　　1.5kg/m²
防水层 2：≥ 1.2 厚预铺防水卷材（P 类）或 1.5
　　　　　（1.7）厚预铺自粘橡胶防水卷材（含 0.5
　　　　　厚胶膜）
（防水层 1：2.0 厚非固化橡胶沥青防水涂料。本图集不推荐）
垫层：100 厚 C15 混凝土，随捣随压实抹光
基层：原素土

地底 19

一级

保护面层（兼找坡作沟）：C20 混凝土，具体详
见单体设计
结构层（主体防水）：防水混凝土底板
防水层 2：1.5 厚自粘聚合物改性沥青防水卷材
　　　　　（N 类高分子膜）
防水层 1：2.0 厚非固化橡胶沥青防水涂料
垫层：100 厚 C15 混凝土，随捣随压实抹光
基层：原素土

地底 18

一级

保护面层（兼找坡作沟）：C20 混凝土，具体详
见单体设计
结构层（主体防水）：防水混凝土底板
保护层：50 厚 C30 混凝土
防水层 3：同防水层 2
防水层 2：聚乙烯丙纶复合防水卷材（0.8 厚卷
　　　　　材 +1.3 厚聚合物水泥胶结料，卷材芯材
　　　　　0.5 厚）
防水层 1：8.0 厚聚合物水泥防水砂浆
垫层：100 厚 C15 混凝土，随捣随压实抹光
基层：原素土

防水层由供货单位施工。

地底 20

一级

保护面层（兼找坡作沟）：C20 混凝土，具体详
见单体设计
结构层（主体防水）：防水混凝土底板
防水层 2：3.0 厚自粘聚合物改性沥青防水卷材
　　　　　（PY 类）
防水层 1：1.5 厚自粘聚合物改性沥青防水卷材
　　　　　（N 类高分子膜）
垫层：100 厚 C15 混凝土，随捣随压实抹光
基层：原素土

单边支模。

构造层类

鉴于当前施工、监理、验收整体水平低，不宜单一
采用 CCCW 涂料，特别是内涂。

地下工程　地底 17、18、19、20　WSA 203

编 制 编 图 制 审 核 校核

地墙1 一级	回填土：黏土、原素土或三七灰土，分层夯实 保护层：30 厚挤塑聚苯板（或 6.0 厚聚乙烯泡沫片材） 防水层2：1.5 厚自粘聚合物改性沥青防水卷材（N 类高分子膜双面粘） 防水层1：2.0 厚聚氨酯防水涂料（聚合物水泥胶隔离） 结构层（主体防水）：防水混凝土侧墙	地墙3 一级	回填土：黏土、原素土或三七灰土，分层夯实 保护层兼模板墙（15 厚 M15 水泥砂浆粉刷） 防水层：≥1.2 厚预铺防水卷材（P 类） 结构层（主体防水）：防水混凝土侧墙 防水层（背水面）：1.0 厚水泥基渗透结晶防水涂料，1.5kg/m²
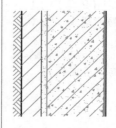	不含有害挥发物及影响粘贴之物者，不设聚合物水泥胶隔离层；保护用 XPS 板密度不小于 35kg/m³，聚合物水泥胶粘贴，随填随粘。余类推。		单边支模。
地墙2 一级	回填土：黏土、原素土或三七灰土，分层夯实 保护层：30 厚挤塑聚苯板（或 6.0 厚聚乙烯泡沫片材） 防水层2：1.5 厚自粘聚合物改性沥青防水卷材（N 类高分子膜） 防水层1：1.5 厚湿铺防水卷材（高分子膜双面粘） 水泥胶由供货商配套提供 结构层（主体防水）：防水混凝土侧墙	地墙4 一级	回填土：黏土、原素土或三七灰土，分层夯实 保护层：6.0 厚聚乙烯泡沫片材（或 30 厚挤塑聚苯板） 粘贴用水泥胶，由供货商配套提供 防水层：2.0 厚聚氨酯防水涂料 结构层（主体防水）：防水混凝土侧墙 防水层（背水面）：1.0 厚 1.5kg/m² 水泥基渗透结晶防水涂料
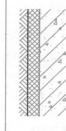			

构造层类　外墙有保温要求的部位，保护层应选用加厚的 XPS 板，余类推。
单独采用 CCCW，特别是内涂，需甲方认可。

地下工程　地墙1、2、3、4　WSA 204

地墙5
一级

回填土：黏土、原素土或三七灰土，分层夯实
保护层：30厚挤塑聚苯板（或6.0厚聚乙烯泡沫片材）
防水层2：1.5厚自粘聚合物改性沥青防水卷材（N类高分子膜）
防水层1：1.0厚水泥基渗透结晶防水涂料，1.5kg/m²
结构层（主体防水）：防水混凝土侧墙

地墙7
一级

回填土：黏土、原素土或三七灰土，分层夯实
保护层：30厚挤塑聚苯板（或6.0厚聚乙烯泡沫片材）
防水层2：1.5厚自粘聚合物改性沥青防水卷材（N类高分子膜）
防水层1：2.0厚聚氨酯防水涂料（聚合物水泥胶隔离）
基层处理：水性环氧一道
结构层（主体防水）：防水混凝土侧墙

不含有害挥发物及影响粘贴之物者，不设聚合物水泥胶隔离层。

地墙6
二级

回填土：黏土、原素土或三七灰土，分层夯实或填筑泡沫混凝土
　　　　连续墙或保护层兼模板墙
防水层：≥1.2厚预铺防水卷材（P类）或1.5（1.7）厚预铺自粘橡胶防水卷材（含0.5厚胶膜）
结构层（主体防水）：防水混凝土侧墙

预铺，与单面大板斜撑支模工艺配套，适用于层高较小、基坑过窄的工程。

地墙8
二级

回填土：黏土、原素土或三七灰土，分层夯实
保护层：30厚挤塑聚苯板（或6.0厚聚乙烯泡沫片材）
防水层：4.0厚SBS改性沥青防水卷材热熔粘贴
结构层（主体防水）：防水混凝土侧墙

可用于立墙高度较小的工程。

构造层类

鉴于当前施工、监理、验收整体水平低，不宜单一采用CCCW，特别是内涂。

| 地墙9

全内掺效果可达一级

（重要案例）
仅用于高质量基坑支护

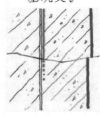 | 基坑支护：采用"格构防水连续墙"或其他措施，无渗漏或已止水堵漏，达至基本无渗水
（防水层）：预铺卷材
结构层（主体防水）：防水混凝土或全刚自防水混凝土，即内掺水泥基渗透结晶防水剂或活性硅质系防水剂的混凝土。视具体工程，可取消柔性外防水

全刚自防水混凝土由专业公司根据实验提供配比，配合施工。取消柔性外防水的情况下，应由专业公司主导施工。 | 地墙11

全内掺效果可达一级

（重要案例）
仅用于局部复杂的自立基坑

 | 回填土：基坑四周直接填筑不小于600kg/m³（A600）泡沫混凝土
保护层兼模板（可不平，但牢固无缝）支撑、衬板、9～12厚夹板、聚乙烯丙纶底衬
（防水层）：非固化橡胶沥青涂料或非流挂聚氨酯
结构层（主体防水）：防水混凝土或全刚自防水混凝土，即内掺水泥基渗透结晶防水剂或活性硅质系防水剂的混凝土

全刚自防水混凝土由专业公司根据实验提供配比，配合施工。取消柔性外防水的情况下，应由专业公司主导施工。 |
| 地墙10

二级

 | 回填土：黏土、原素土或三七灰土，分层夯实
保护层：30厚挤塑聚苯板（或6.0厚聚乙烯泡沫片材）
防水层：2.0厚聚氨酯防水涂料（内衬耐碱玻纤网格布）
基层处理：渗透环氧1道
结构层（主体防水）：防水混凝土侧墙 | 地墙12

二级

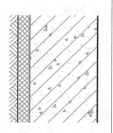 | 回填土：黏土、原素土或三七灰土，分层夯实
保护层：30厚挤塑聚苯板（或6.0厚聚乙烯泡沫片材）
防水层：2.0厚自粘聚合物改性沥青防水卷材（N类高分子膜）或1.5厚湿铺防水卷材（高分子膜）
结构层（主体防水）：防水混凝土侧墙 |

构造层类　预铺防水层若改用4.0厚预铺（聚酯毡类）沥青防水卷材，须甲方书面认可；其他沥青类则不应采用。

地墙13 一级	找平层：M15 聚合物水泥砂浆找平 防水层：≥ 1.2 厚预铺防水卷材（P 类） 结构层（主体防水）：防水混凝土侧墙内侧， 　　　益胶泥补平嵌实 防水层（背水面）：1.0 厚 1.5kg/m² 水泥基渗透 　　　结晶防水涂料 　　　（采用斜撑内模） 护壁处理：1. 坑壁治理止水 　　　　　2. 植筋锚网喷射纤维混凝土 　　　　　3. 嵌平补实 外防内贴。	地墙15 一级	回填土：黏土、原素土或三七灰土，分层夯实 保护层：30 厚挤塑聚苯板（或6.0 厚聚乙烯泡 　　　沫片材） 防水层：1.5 厚自粘聚合物改性沥青防水卷材（N 　　　类高分子膜） 结构层（主体防水）：防水混凝土侧墙，益胶 　　　泥补平嵌实 　　　（渗透环氧两道） 防水层（背水面）：1 厚 1.5kg/m² 水泥基渗透结 　　　晶防水涂料
地墙14 一级	回填土：黏土、原素土或三七灰土，分层夯实 保护层：30 厚挤塑聚苯板（或6.0 厚聚乙烯泡 　　　沫片材） 防水层2：1.5 厚自粘聚合物改性沥青防水卷材 　　　（N 类高分子膜） 防水层1：1.5 厚自粘聚合物改性沥青防水卷材 　　　（N 类高分子膜双面粘） 结构层（主体防水）：防水混凝土侧墙，益胶 　　　泥补平嵌实 　　　（渗透环氧两道） 防水层（背水面）：1.0 厚 1.5kg/m² 水泥基渗透 　　　结晶防水涂料	地墙16 一级	回填土：黏土、原素土或三七灰土，分层夯实 保护层：30 厚挤塑聚苯板（或6.0 厚聚乙烯泡 　　　沫片材） 防水层2：1.5 厚自粘聚合物改性沥青防水卷材 　　　（N 类高分子膜） 防水层1：1.5 厚湿铺防水卷材（高分子膜） （找平层）：8 厚聚合物水泥砂浆 结构层（主体防水）：防水混凝土侧墙 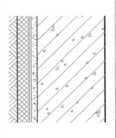 保护用 XPS 板密度不小于 35kg/m³，聚 合物水泥胶粘贴，随填随粘，余类推。

构造层类　鉴于当前施工、监理、验收整体水平低，不宜单一
采用 CCCW 涂料，特别是内涂。

地顶1 顶板广场 二级	面层：广场或道路，详见单体设计 保护层：60～80厚C20（C30）混凝土，内配 　　　　ϕ6钢筋@100双向，@4000～5000设 　　　　缝。缝宽10，挤塑聚苯板嵌缝，聚氨酯 　　　　密封胶填缝，深10 隔离层：0.3厚聚乙烯丙纶 保温层：30厚挤塑聚苯板密缝坐铺 防水层：3.0厚自粘聚合物改性沥青防水卷材 　　　　（PY类）或3.0厚湿铺防水卷材（PY类） 基层处理：终凝后及时涂刷渗透环氧两道（选 　　　　用湿铺时，可用JS） 结构层（底平上坡）：防水混凝土顶板	地顶2 顶板广场 二级	面层：广场或道路，详见单体设计 保护层：60～80厚C20（C30）混凝土，内配 　　　　ϕ6钢筋@150双向，@4000～5000设 　　　　缝。缝宽10，挤塑聚苯板嵌缝，聚氨酯 　　　　密封胶填缝，深10 隔离层：0.3厚聚乙烯丙纶 保温层：30厚挤塑聚苯板密缝坐铺 防水层：2.0厚聚氨酯防水涂料（内衬耐碱玻纤 　　　　网格布） 找平层：20厚M5（地面）聚合物水泥砂浆 结构层（底平上坡）：防水混凝土顶板
（面层按单体设计） 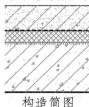 构造简图	保护层构造可随回填土厚薄调整。	（面层按单体设计） 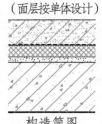 构造简图	保护层构造可随回填土厚薄调整； 找平层基底若无条件清净，须作抛丸处理； 抛丸处理后，也可加做聚合物水泥砂浆防水 层，也可将防水层改为喷涂速凝防水涂料。

构造层类　挤塑聚苯板不小于 55kg/m³，厚度可根据单体设计
　　　　　　保护层标号及厚度按实际工程选用。

地顶3 顶板广场 一级	面层：广场或道路，详见单体设计 保护层：60厚C30混凝土，内配φ6钢筋@100双向，@4000～5000设缝。缝宽10，挤塑聚苯板嵌缝，聚氨酯密封胶填缝，深10 隔离层：0.3厚聚乙烯丙纶 绝热层：30厚挤塑聚苯板，3厚益胶泥挤浆密缝坐铺 防水层3：3.0厚自粘聚合物改性沥青防水卷材（PY类） 防水层2：3.0厚自粘聚合物改性沥青防水卷材（PY类双面粘） 防水层1：2.0厚聚合物水泥防水涂料（Ⅰ型，内衬50g/m² 无纺布） 基层处理：终凝后及时涂刷渗透环氧两道 结构层（主体防水）：防水混凝土顶板	地顶4 顶板广场 一级	面层：广场或道路，详见单体设计 保护层：60厚C30混凝土，内配φ6钢筋@150双向，@4000～5000设缝。缝宽10，挤塑聚苯板嵌缝，聚氨酯密封胶填缝，深10 隔离层：0.3厚聚乙烯丙纶 绝热层：30厚挤塑聚苯板JS密缝粘铺 防水层3：1.5厚自粘聚合物改性沥青防水卷材（N类高分子膜） 防水层2：3.0厚自粘聚合物改性沥青防水卷材（PY类双面粘） （隔离层）：JS-Ⅲ一道（上道卷材不含有害挥发物及影响粘贴之物，不设此隔离层） 防水层1：2.0厚聚氨酯防水涂料 找平层：20（12+8）厚M15（地面）聚合物水泥砂浆 结构层（主体防水）：防水混凝土顶板
（面层按单体设计） 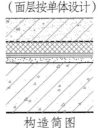 构造简图	广场道路应自带明暗泄排水系统，且均应方便维护维修。	（面层按单体设计） 构造简图	广场道路应自带明暗泄排水系统，且均应方便维护维修。

构造层类　挤塑聚苯板不小于55kg/m³，厚度可按单体设计。

地顶5 顶板广场 一级	面层：广场或道路，详见单体设计 保护层：60厚C30混凝土，内配φ6钢筋@100 双向，@4000～5000设缝。缝宽10，挤塑聚苯板嵌缝，聚氨酯密封胶填缝，深10 隔离层：0.3厚聚乙烯丙纶 绝热层：30厚挤塑聚苯板，3厚益胶泥挤浆密缝坐铺 防水层3：3.0厚自粘聚合物改性沥青防水卷材（PY类） 防水层2：3.0厚自粘聚合物改性沥青防水卷材（PY类双面粘） 防水层1：2.5厚非固化橡胶沥青防水涂料 基层处理：终凝后及时涂刷渗透环氧两道 结构层（主体防水）：防水混凝土顶板	地顶6 顶板广场 二级	面层：广场或道路，详见单体设计 保护层：60厚C20混凝土，内配φ6钢筋@150 双向，@4000～5000设缝。缝宽10，挤塑聚苯板嵌缝，聚氨酯密封胶填缝，深10 隔离层：0.3厚聚乙烯丙纶 绝热层：30厚挤塑聚苯板JS密缝粘铺 防水层2：≥1.2厚PVC（带背衬）或1.5厚TPO（带自粘层）防水卷材 （隔离层）：JS-Ⅲ一道（若聚氨酯完全不含有害溶剂，可不设此隔离层） 防水层1：2.0厚聚氨酯防水涂料 找平层：20（12+8）厚M15（地面）聚合物水泥砂浆 结构层（主体防水）：防水混凝土顶板
（面层按单体设计） 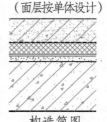 **构造简图**	广场道路应自带明暗泄排水系统，且均应方便维护维修。	（面层按单体设计） **构造简图**	广场道路应自带明暗泄排水系统，且均应方便维护维修。

构造层类　挤塑聚苯板不小于55kg/m³。

地顶7 顶板广场 一级	面层：广场或道路，详见单体设计 保护层：60厚C30混凝土，内配φ6钢筋@100双向，@4000～5000设缝。缝宽10，挤塑聚苯板嵌缝，聚氨酯密封胶填缝，深10 隔离层：0.3厚聚乙烯丙纶 绝热层：30厚挤塑聚苯板，3厚益胶泥挤浆密缝坐铺 防水层2：3.0厚自粘聚合物改性沥青防水卷材（PY类双面粘） （隔离层）：JS－Ⅲ一道（若上道卷材不含有害挥发物及影响粘贴之物，不设此隔离层） 防水层1：2.0厚聚氨酯防水涂料 基层处理：终凝后及时涂刷渗透环氧两道 结构层（主体防水）：防水混凝土顶板	地顶8 顶板广场 一级	面层：广场或道路，详见单体设计 保护层：60厚C20混凝土，内配φ6钢筋@150双向，@4000～5000设缝。缝宽10，挤塑聚苯板嵌缝，聚氨酯密封胶填缝，深10 隔离层：0.3厚聚乙烯丙纶 绝热层：30厚挤塑聚苯板JS密缝粘铺 防水层2：1.5厚自粘聚合物改性沥青防水卷材（N类高分子膜） 防水层1：2.0厚非固化橡胶沥青防水涂料 找平层：20（12+8）厚M15（地面）聚合物水泥砂浆 结构层（主体防水）：防水混凝土顶板
（面层按单体设计） 构造简图	广场道路应自带明暗泄排水系统，且均应方便维护维修。	（面层按单体设计）  构造简图	广场道路应自带明暗泄排水系统，且均应方便维护维修。

构造层类　挤塑聚苯板不小于55kg/m³，厚度可按单体设计。

构造节点

聚乙烯填缝泡沫板物理力学性能指标

项目	指标	项目	指标
表观密度 /（g/cm³）	0.10 ～ 0.19	吸水率 /（g/cm³）	≤ 0.005
抗拉强度 /MPa	≥ 0.15	延伸率 /%	≥ 100
抗压强度 /MPa	≥ 0.15	硬度 / 绍尔硬度	50 ～ 60
撕裂强度 /（N/mm）	≥ 4.0	压缩永久变形 /%	≤ 3.0
加热变形(+70℃)/%	≤ 2.0		上海标准

变形缝挤塑板也可采用聚乙烯填缝泡沫板。实际上两种板均应在支模时，粘固在缝处，浇入混凝土，并非后填。聚乙烯填缝泡沫板性能指标详见左表。
变形缝若有防火要求，可在缝下端嵌填防火胶泥或防火矿棉毡，并由专业公司指导施工。

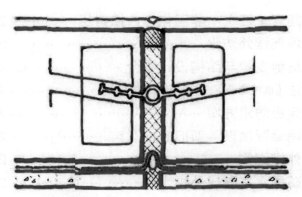

传统变形缝

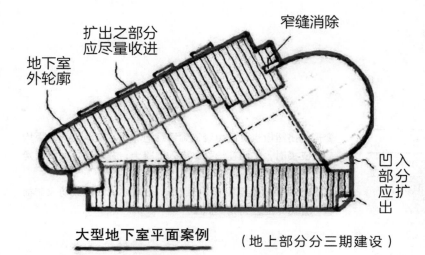

窄缝消除

扩出之部分
应尽量收进

地下室
外轮廓

凹入部分应扩出

大型地下室平面案例

（地上部分分三期建设）

（按工艺设计的
　地下室平面）

简

↓

↓

并

外轮廓

拟设之缝

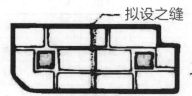

通道

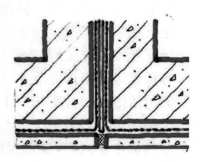

新接旧，虽可按有关图集设
计构造，但并非好办法。建议
参考本图集之双墙底板方案。

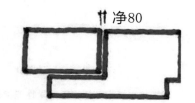

⇅净80

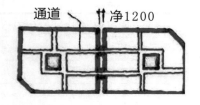

⇅净1200

大型地下室若有沉降缝，宜将平面设计成葫芦状，在葫芦腰处设
置（沉降）缝，如上图。

平面设计原则（一）　WSA 214

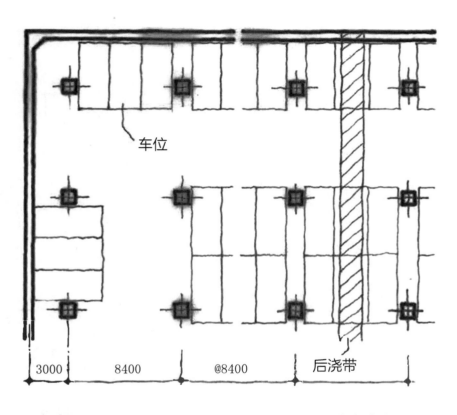

车位

3000　8400　@8400

后浇带

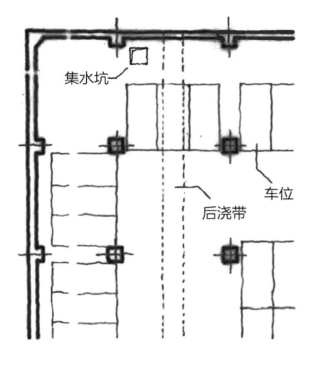

集水坑

车位

后浇带

推荐做法 地下室外墙与柱分开设置。后浇带成功率较高，外墙与柱混凝土设计强度等级不同时，也不会给施工带来不便。这样的平面设计还可能提高地下空间利用率。

后浇带渗漏率很高，因此，就近设计集水坑很有必要，既方便施工期间排水，更为运行后的维修治理提供方便。

习惯做法 地下室外墙与壁柱合一。由于壁柱的分段约束，后浇带实际作用与理论上有所不同，特别是柱大、壁薄时。

平面设计原则（二）　WSA 215

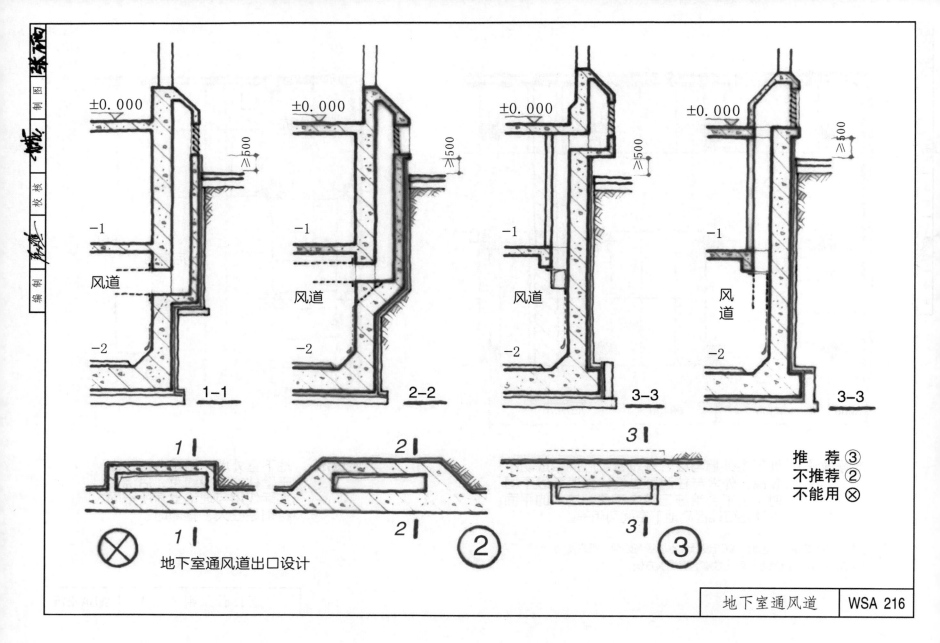

±0.000

≥500

−1

风道

−2

1-1

±0.000

≥500

−1

风道

−2

2-2

±0.000

≥500

−1

风道

−2

3-3

±0.000

≥500

−1

风
道

−2

3-3

1 1

1 1

地下室通风道出口设计

2 2

2 2

②

3 3

3 3

③

推　荐③
不推荐②
不能用⊗

地下室通风道 | WSA 216

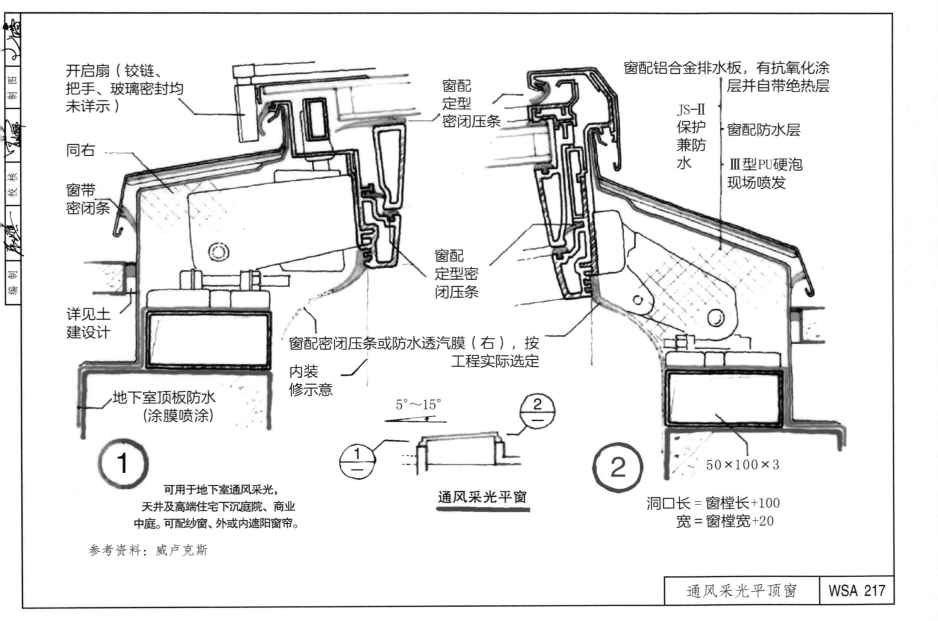

开启扇（铰链、
把手、玻璃密封均
未详示）

同右

窗带
密闭条

详见土
建设计

地下室顶板防水
（涂膜喷涂）

窗配
定型
密闭压条

窗配
定型密
闭压条

窗配密闭压条或防水透汽膜（右），按
工程实际选定

内装
修示意

窗配铝合金排水板，有抗氧化涂
层并自带绝热层

JS-Ⅱ
保护
兼防
水

窗配防水层

Ⅲ型PU硬泡
现场喷发

5°～15°

①

②

通风采光平窗

①

②

50×100×3

洞口长 = 窗樘长+100
宽 = 窗樘宽+20

可用于地下室通风采光、
天井及高端住宅下沉庭院、商业
中庭。可配纱窗、外或内遮阳窗帘。

参考资料：威卢克斯

通风采光平顶窗 | WSA 217

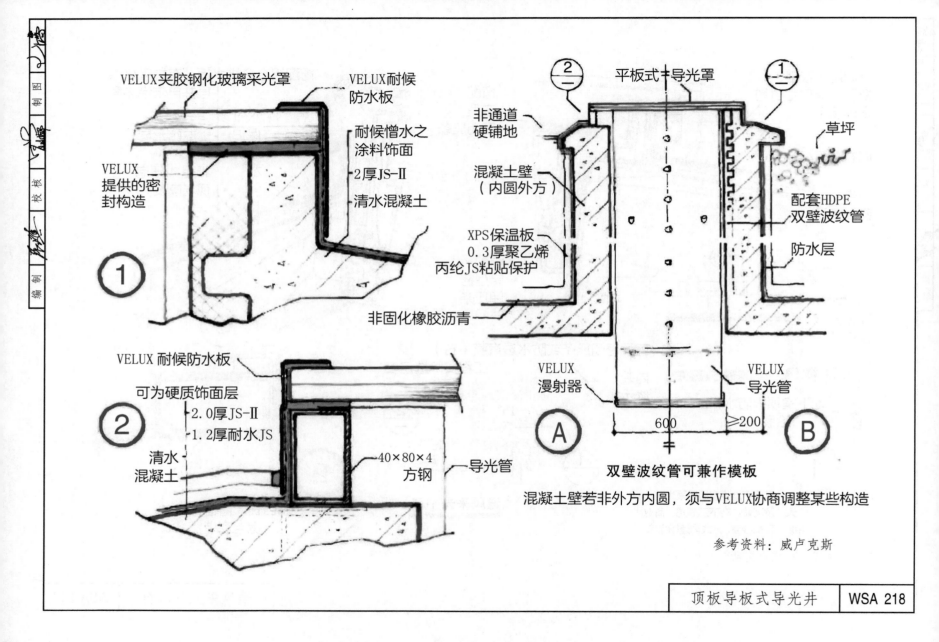

VELUX夹胶钢化玻璃采光罩　　VELUX耐候防水板

耐候憎水之涂料饰面

2厚JS-II

清水混凝土

VELUX提供的密封构造

①

VELUX 耐候防水板

可为硬质饰面层

2.0厚JS-II

1.2厚耐水JS

清水混凝土

②

40×80×4方钢　　导光管

②

平板式导光罩

非通道硬铺地

草坪

混凝土壁（内圆外方）

配套HDPE双壁波纹管

XPS保温板
0.3厚聚乙烯丙纶JS粘贴保护

防水层

非固化橡胶沥青

VELUX漫射器

VELUX导光管

600　　≥200

Ⓐ　　　　Ⓑ

双壁波纹管可兼作模板

混凝土壁若非外方内圆，须与VELUX协商调整某些构造

参考资料：威卢克斯

顶板导板式导光井　　WSA 218

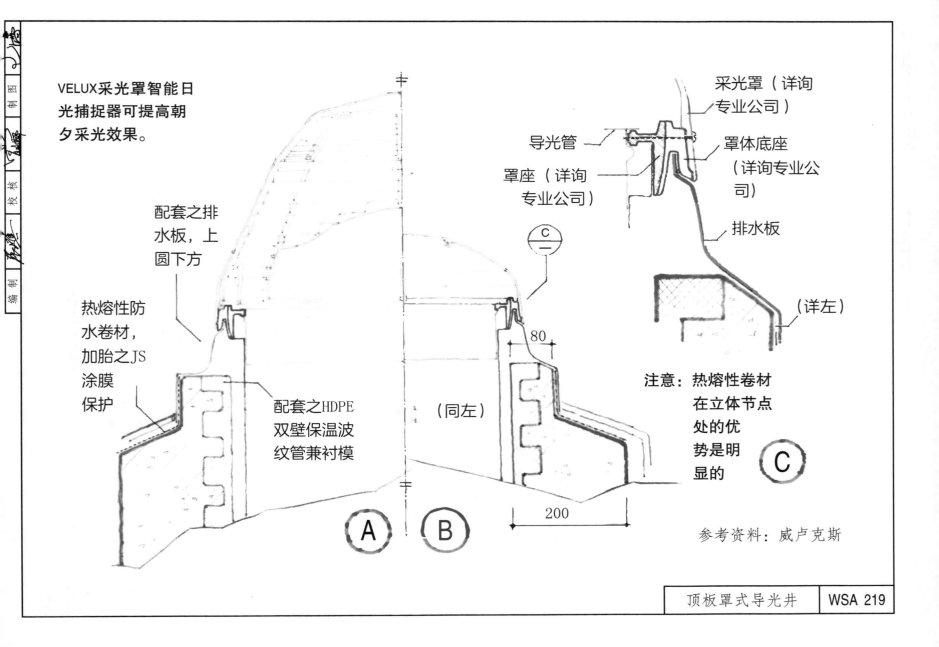

VELUX采光罩智能日光捕捉器可提高朝夕采光效果。

配套之排水板，上圆下方

热熔性防水卷材，加胎之JS涂膜保护

配套之HDPE双壁保温波纹管兼衬模

（同左）

Ⓐ Ⓑ

80

200

采光罩（详询专业公司）

导光管

罩座（详询专业公司）

罩体底座（详询专业公司）

排水板

（详左）

注意：热熔性卷材在立体节点处的优势是明显的

Ⓒ

参考资料：威卢克斯

顶板罩式导光井　　WSA 219

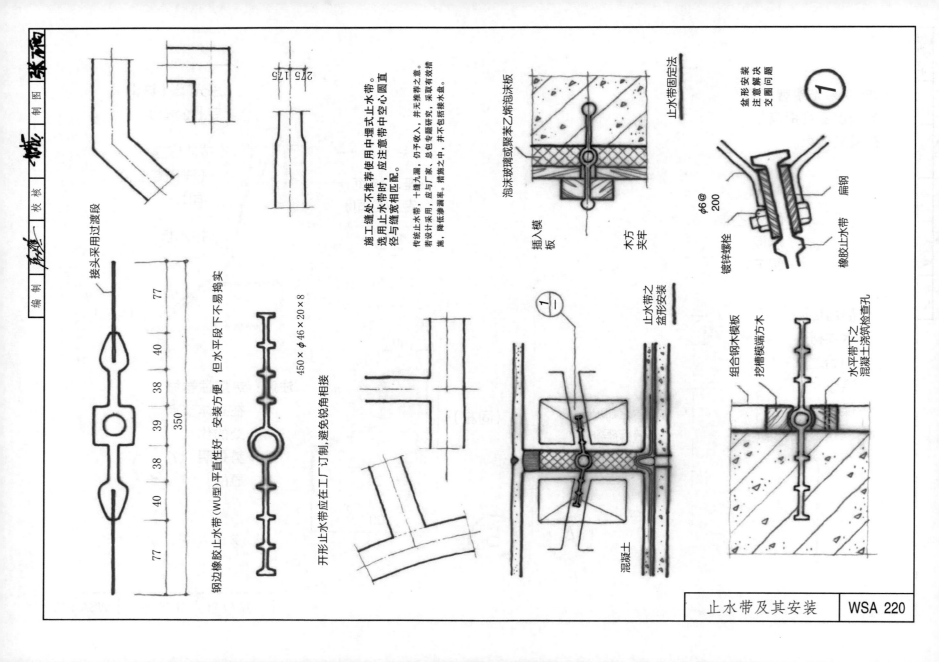

接头采用过渡段

钢边橡胶止水带（WU型）平直性好，安装方便，但水平段下不易捣实

450×φ46×20×8

开形止水带应在工厂订制，避免锐角相接

275 175

施工缝处不推荐使用中埋式止水带。选用止水带时，应注意带中空心圆置径与缝宽相匹配。

传统止水带，十缝九漏，应与厂家、总包专题研究，采取有效措施，降低渗漏率。措施之中，并不包括接水盘。若设计采用，仍不漏，并无推荐之意。

止水带固定法

泡沫玻璃或聚苯乙烯泡沫板

插入模板

木方夹牢

止水带之盆形安装

混凝土

盆形安装注意解决交圈问题

φ6@200

镀锌螺栓

扁钢

橡胶止水带

组合钢木模板

挖槽模端方木

水平带下之混凝土浇筑检查孔

止水带及其安装 | WSA 220

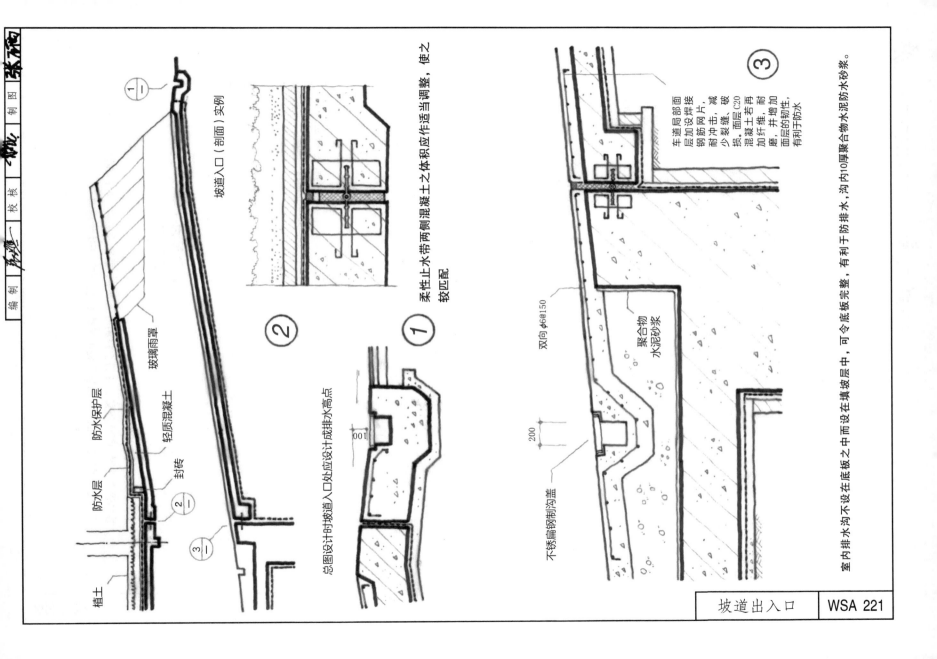

① 柔性止水带两侧混凝土之体积应作适当调整，使之较匹配

坡道入口（剖面）实例

②

总图设计时坡道入口处应设计成排水高点

①

玻璃雨罩

轻质混凝土

防水保护层

封砖

防水层

植土

双向 φ6@150

200

不锈钢制沟盖

聚合物水泥砂浆

车道局部面层加设焊接钢筋网片，耐冲击，减少裂缝，破损。面层C20混凝土若再加纤维，更耐磨，井增加面层的韧性，有利于防水

③

室内排水沟不设在底板之中而设在填坡层中，可令底板完整，有利于防排水，沟内10厚聚合物防水水泥砂浆。

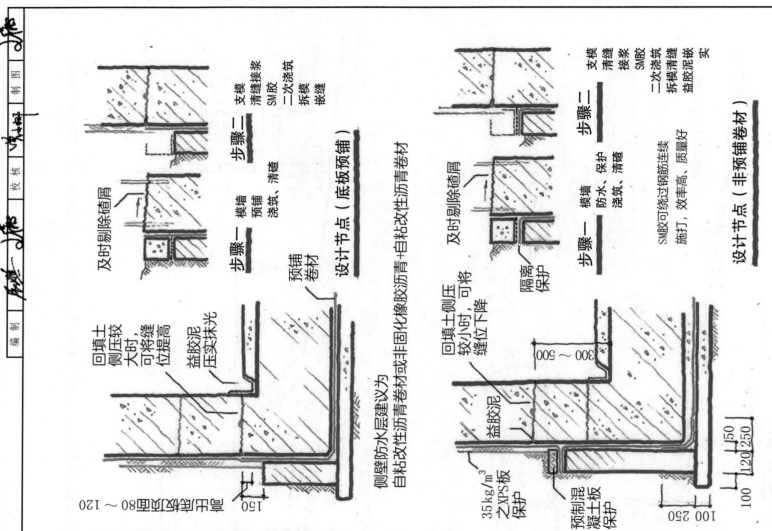

设计节点（底板预铺）

步骤一
模墙
预铺
浇筑、清碴

步骤二
支模
清缝接浆
SM胶
二次浇筑
拆模
嵌缝

及时剔除碴屑

回填土侧压较大时,可将缝位提高

盖胶泥压实抹光

预铺卷材

侧壁防水层建议为
自粘改性沥青卷材或非固化橡胶沥青+自粘改性沥青卷材

沥青保护层围80～120

150

不设抗浮挑板的工程,通常基坑紧邻侧壁,回填侧压小,故缝位可下降,方便浇筑振捣,同时减少上涌混凝土,碴屑大减,现场整洁文明。

设计节点（非预铺卷材）

步骤一
模墙
防水、保护
浇筑、清碴

步骤二
支模
清缝
接浆
SM胶
二次浇筑
拆模清缝
盖胶泥嵌实

及时剔除碴屑

SM胶可绕过钢筋连续
施打,效率高、质量好

隔离
保护

回填土侧压较小时,可将缝位下降

盖胶泥

35kg/m³
之XPS板
保护

预制混凝土板
保护

300～500

150
120 250
100 250 100

施工缝两侧没有相对位移。

故加设柔性附加防水不如直接检测清缝取平,盖胶泥嵌实。内侧亦可同此处理。
底板侧砖模应及时回填,相当于减小基坑深度,有利于边坡稳定

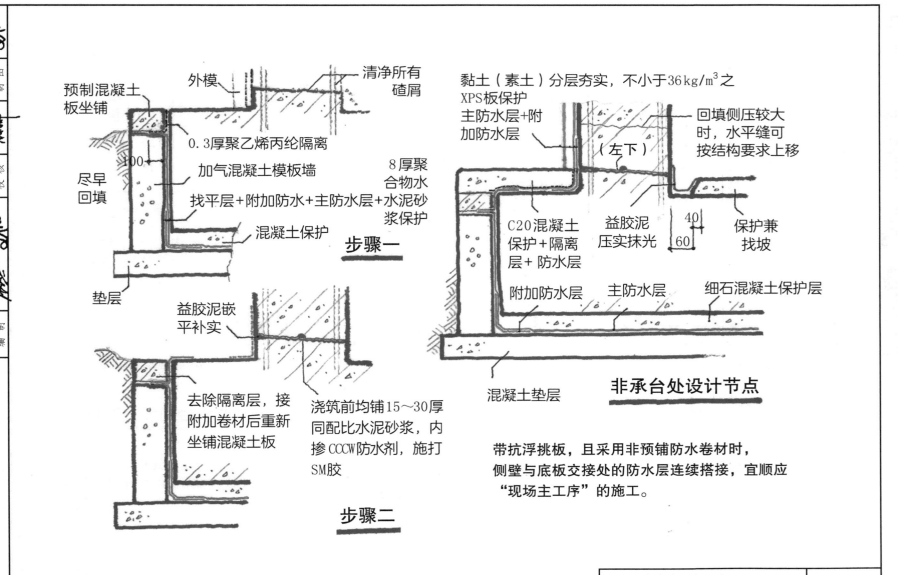

预制混凝土板坐铺

外模

清净所有碴屑

黏土（素土）分层夯实，不小于36kg/m³之 XPS板保护
主防水层+附加防水层

回填侧压较大时，水平缝可按结构要求上移

0.3厚聚乙烯丙纶隔离

尽早回填

100

加气混凝土模板墙

8厚聚合物水

（左下）

找平层+附加防水+主防水层+水泥砂浆保护

C20混凝土保护+隔离层+防水层

益胶泥压实抹光

40

60

保护兼找坡

混凝土保护

步骤一

垫层

益胶泥嵌平补实

附加防水层

主防水层

细石混凝土保护层

去除隔离层，接附加卷材后重新坐铺混凝土板

浇筑前均铺15～30厚同配比水泥砂浆，内掺CCCW防水剂，施打SM胶

混凝土垫层

非承台处设计节点

带抗浮挑板，且采用非预铺防水卷材时，侧壁与底板交接处的防水层连续搭接，宜顺应"现场主工序"的施工。

步骤二

侧壁底板（二）　带飞边　　**WSA 223**

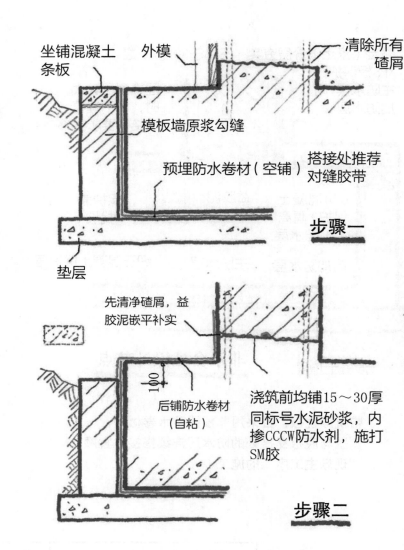

坐铺混凝土
条板

外模

清除所有
碴屑

模板墙原浆勾缝

预埋防水卷材（空铺）

搭接处推荐
对缝胶带

步骤一

垫层

先清净碴屑，益
胶泥嵌平补实

100

后铺防水卷材
（自粘）

浇筑前均铺15～30厚
同标号水泥砂浆，内
掺CCCW防水剂，施打
SM胶

步骤二

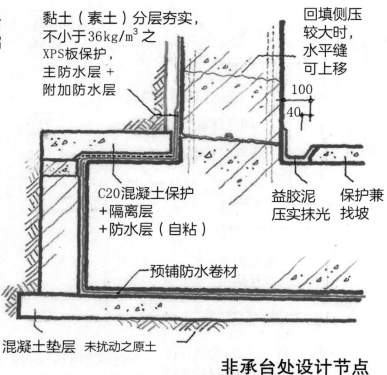

黏土（素土）分层夯实，
不小于36kg/m³之
XPS板保护，
主防水层＋
附加防水层

回填侧压
较大时，
水平缝
可上移

100

40

C20混凝土保护
＋隔离层
＋防水层（自粘）

益胶泥
压实抹光

保护兼
找坡

预铺防水卷材

混凝土垫层　未扰动之原土

非承台处设计节点

采用预铺防水卷材时，侧壁推荐沥青或非沥青高分子
膜之自粘卷材。施工缝下移，可方便流动性混凝土的
浇筑、清理、除碴。

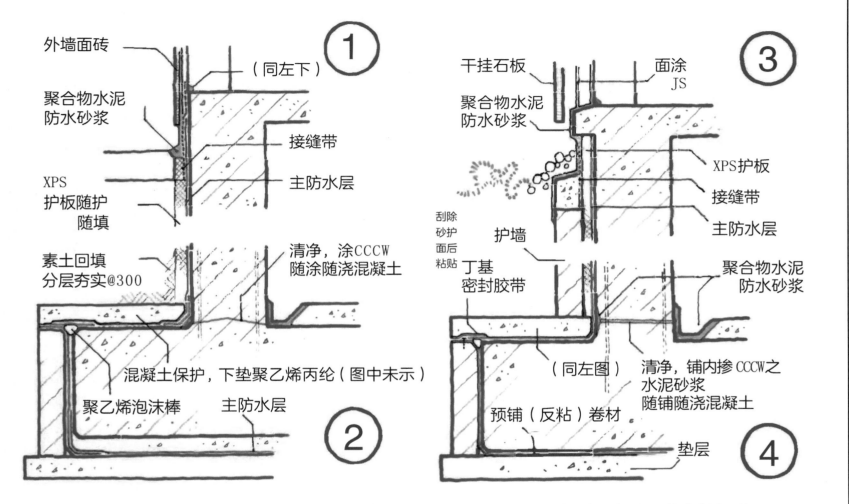

①
外墙面砖
（同左下）
聚合物水泥
防水砂浆
XPS
护板随护
随填
接缝带
主防水层

③
干挂石板
面涂
JS
聚合物水泥
防水砂浆
XPS护板
接缝带
主防水层

②
素土回填
分层夯实@300
清净，涂CCCW
随涂随浇混凝土
混凝土保护，下垫聚乙烯丙纶（图中未示）
聚乙烯泡沫棒
主防水层

④
刮除砂护面后粘贴
护墙
丁基密封胶带
聚合物水泥
防水砂浆
（同左图）
清净，铺内掺CCCW之
水泥砂浆
随铺随浇混凝土
预铺（反粘）卷材
垫层

侧壁防水设防高度，应高出室外地坪完成面高度300（图为示意）。回填土侧压较小时，水平施工缝可按此位置设计；
回填土侧压较大时，水平施工缝上移。

资料来源：深大院 清华苑

出地面泛水　水平施工缝（一）　　WSA 225

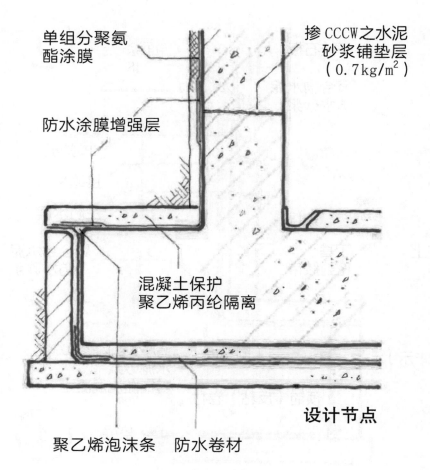

单组分聚氨酯涂膜

掺 CCCW 之水泥砂浆铺垫层（0.7kg/m²）

防水涂膜增强层

混凝土保护
聚乙烯丙纶隔离

设计节点

聚乙烯泡沫条　防水卷材

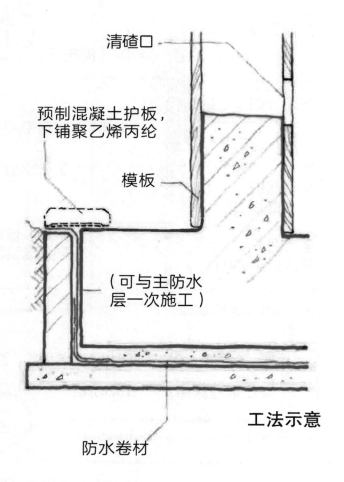

清碴口

预制混凝土护板，
下铺聚乙烯丙纶

模板

（可与主防水
层一次施工）

工法示意

防水卷材

界面清理质量是决定性因素。斜平缝更易凿毛清净；浇筑前铺垫专用商品砂浆。简洁方便，质量保证率高。

资料来源：深大院　清华苑

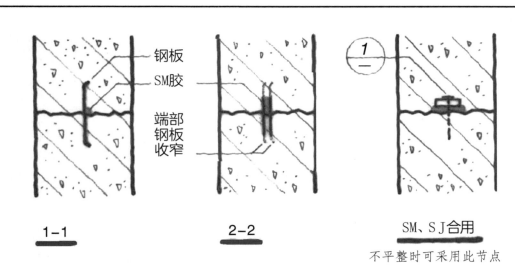

钢板

SM胶

端部
钢板
收窄

1–1

2–2

SM、SJ合用

不平整时可采用此节点

SM胶是一种填缝防渗的水膨胀密封胶，用标准填缝枪就可施工。

该胶在多种基面（混凝土、钢板、PVC等）均有很好的黏性，用在不平整的混凝土面上时，既可单独使用，亦可与SJ条配合使用。

SJ条是一种新型空心复合膨胀橡胶，其中部凸起的粗面可确保与混凝土更好地相接。

SM胶对基层干燥度要求不高，其凝固时间约为36h。

SJ条也可单独使用，但要求基层平整干燥，涂胶，粘钉并举。

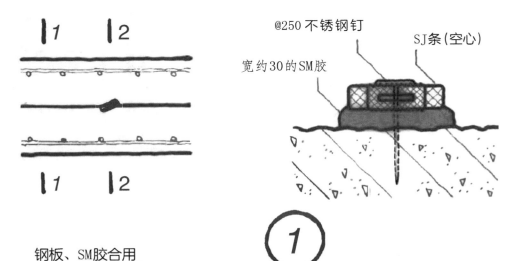

@250不锈钢钉

SJ条（空心）

宽约30的SM胶

钢板、SM胶合用

①

SM胶也可用在任何混凝土施工缝部位，但要求与混凝土外表面之距≥80。

资料来源：北京市永辰星建材销售中心

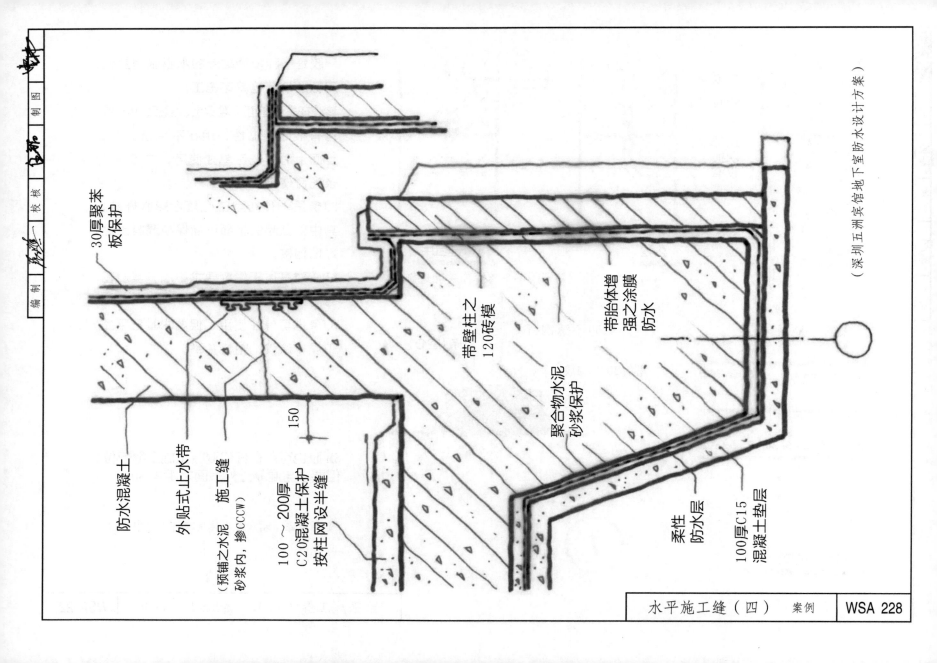

30厚聚苯板保护

带壁柱之120砖模

带胎体增强之涂膜防水

防水混凝土

外贴式止水带

施工缝
（预铺之水泥砂浆内，掺CCCW）

100～200厚C20混凝土保护按柱网设半缝

聚合物水泥砂浆保护

柔性防水层

100厚C15混凝土垫层

150

（深圳五洲宾馆地下室防水设计方案）

| 水平施工缝（四） | 案例 | WSA 228 |

缓冲层
（带有单面，聚酯纤维时，可不设）

封堵、导水、大孔钢板网分层喷射混凝土找平

喷射纤维混凝土（锚筋挂网未示）

射钉

⑤

可自立之岩土 ③

高分子卷材与暗钉圈焊接

金属垫圈

热塑性暗钉圈

≥80

混凝土外墙

除去松动之砂石泥皮，中孔钢板网，喷射混凝土，水泥砂浆封砌砖墙原浆勾平缝

植锚筋，点焊大孔钢板网，喷射纤维混凝土必要时加喷水泥砂浆找平

除去松动之砂石泥皮塞填混凝土

②

①

一般护壁桩

荤素咬合桩

工字钢安装后，下钢塞，然后填砂包，续浇时取出，形成防水接头

⑤ 高分子类卷材铺挂

④ 连续墙（工字钢防水接头）

也可选楔型接头

基地窄，基坑侧壁应紧贴地下室外墙，并采用外防内贴法施作柔性防水层，直接作在处理后的基坑侧壁上。
护壁构造视地质条件及工程需要，有多种方法。不论何种方法，都不允许带水施工。应在防水层施工前，采取封堵防渗或降排水措施。
防水层可选预铺卷材，也可采用全刚自防水混凝土，详见本图集有关部分。
隧道可选聚乙烯丙纶+喷涂速凝或丙烯酸盐+聚酯布。
地铁可选纳基膨润土毡，直接铺挂。

紧邻基坑壁之防水　　WSA 229

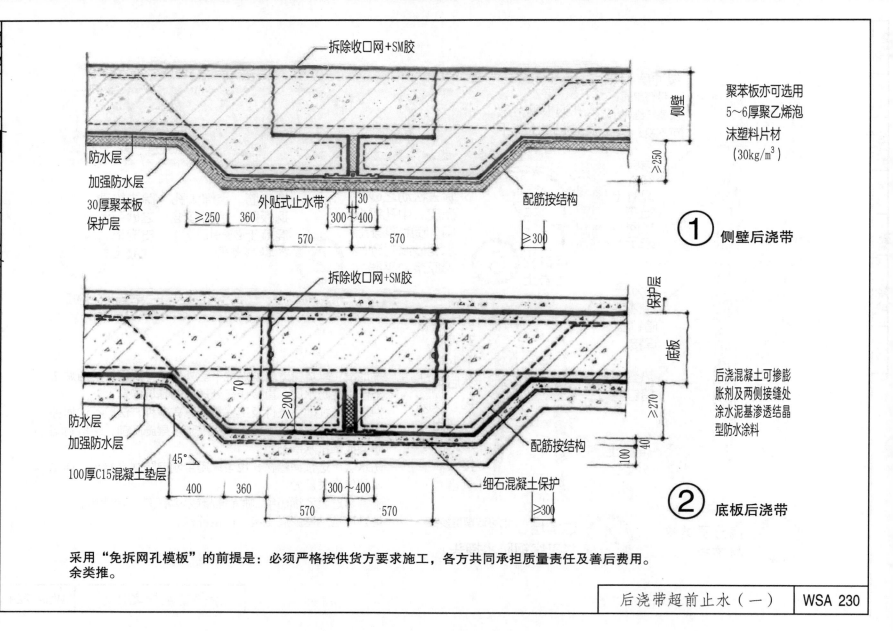

拆除收口网+SM胶

聚苯板亦可选用
5~6厚聚乙烯泡
沫塑料片材
（30kg/m³）

侧壁

≥250

防水层
加强防水层
30厚聚苯板
保护层

外贴式止水带

30

配筋按结构

≥250 360 300~400

570 570 ≥300

① 侧壁后浇带

拆除收口网+SM胶

保护层

底板

防水层
加强防水层

70

≥200

后浇混凝土可掺膨
胀剂及两侧接缝处
涂水泥基渗透结晶
型防水涂料

≥270

配筋按结构

100 40

45°

100厚C15混凝土垫层

细石混凝土保护

400 360 300~400

570 570 ≥300

② 底板后浇带

采用"免拆网孔模板"的前提是：必须严格按供货方要求施工，各方共同承担质量责任及善后费用。
余类推。

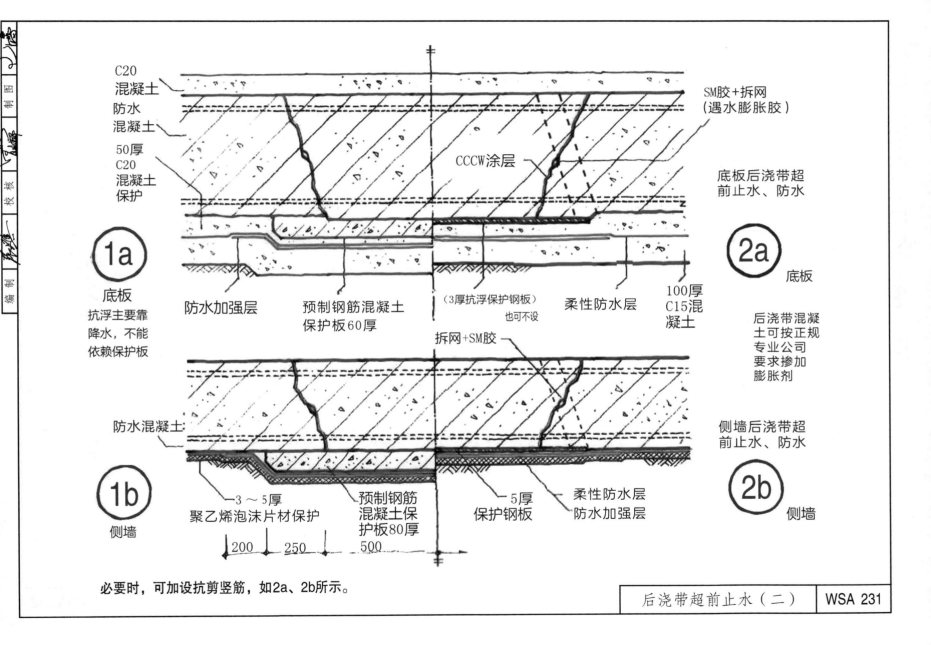

C20混凝土
防水混凝土
50厚C20混凝土保护

SM胶+拆网（遇水膨胀胶）

CCCW涂层

底板后浇带超前止水、防水

1a

底板

抗浮主要靠降水，不能依赖保护板

防水加强层

预制钢筋混凝土保护板60厚

（3厚抗浮保护钢板）也可不设

柔性防水层

100厚C15混凝土

2a

底板

后浇带混凝土可按正规专业公司要求掺加膨胀剂

防水混凝土

拆网+SM胶

侧墙后浇带超前止水、防水

1b

侧墙

3～5厚聚乙烯泡沫片材保护

预制钢筋混凝土保护板80厚

5厚保护钢板

柔性防水层
防水加强层

2b

侧墙

200 250 500

必要时，可加设抗剪竖筋，如2a、2b所示。

后浇带超前止水（二） WSA 231

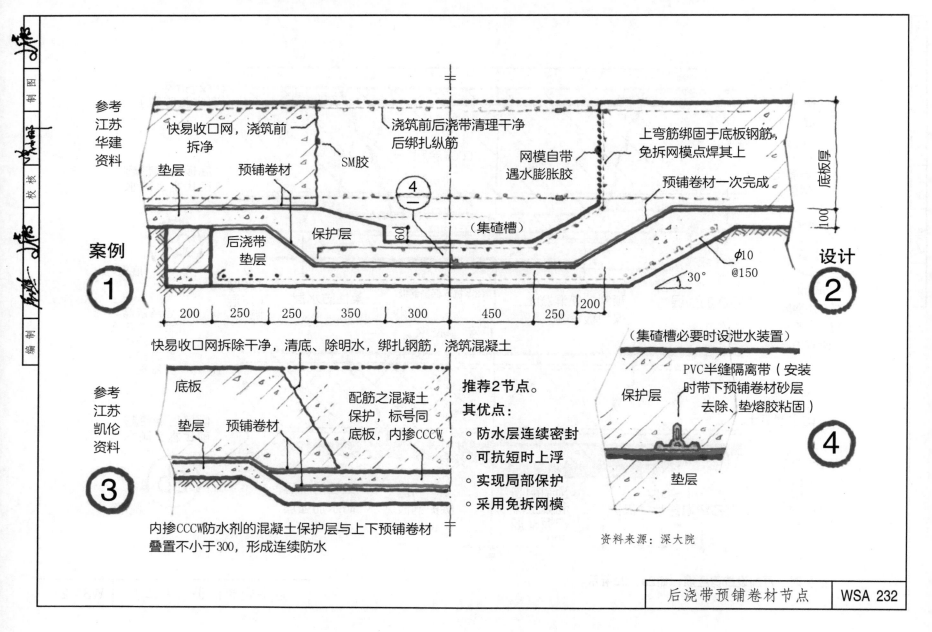

参考江苏华建资料

快易收口网，浇筑前拆净

垫层　预铺卷材

SM胶

浇筑前后浇带清理干净后绑扎纵筋

网模自带遇水膨胀胶

上弯筋绑固于底板钢筋，免拆网模点焊其上

预铺卷材一次完成

底板厚

案例

保护层

后浇带垫层

（集碴槽）

④ ⁄

100

φ10 @150

30°

设计

① ②

200　250　250　350　300　450　250　200

快易收口网拆除干净，清底、除明水，绑扎钢筋，浇筑混凝土

参考江苏凯伦资料

底板

垫层　预铺卷材

配筋之混凝土保护，标号同底板，内掺CCCW

推荐2节点。
其优点：
　∘ 防水层连续密封
　∘ 可抗短时上浮
　∘ 实现局部保护
　∘ 采用免拆网模

（集碴槽必要时设泄水装置）

保护层

PVC半缝隔离带（安装时带下预铺卷材砂层去除、垫熔胶粘固）

垫层

④

③

内掺CCCW防水剂的混凝土保护层与上下预铺卷材叠置不小于300，形成连续防水

资料来源：深大院

后浇带预铺卷材节点　WSA 232

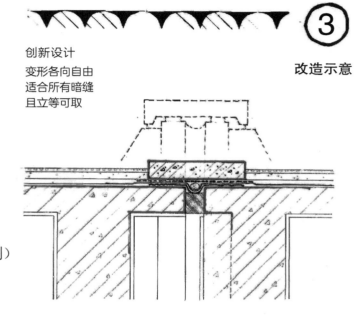

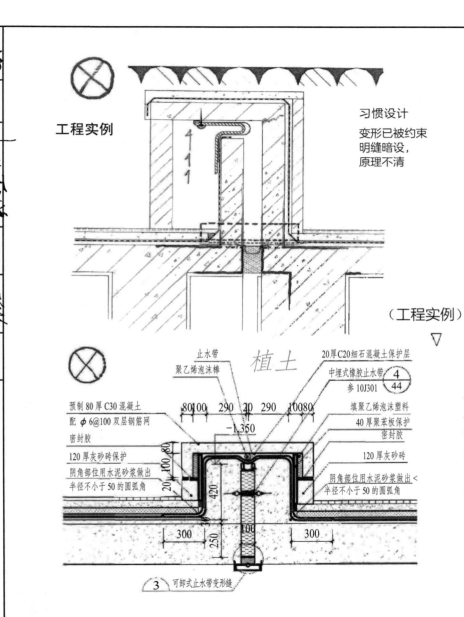

工程实例

⊗

习惯设计
变形已被约束
明缝暗设，
原理不清

创新设计
变形各向自由
适合所有暗缝
且立等可取

改造示意

③

（工程实例）
▽

工程实例（下图）

⊗

止水带
聚乙烯泡沫棒

植土

20厚C20细石混凝土保护层

中埋式橡胶止水带
④
44
参 10J301

预制80厚C30混凝土
配 φ6@100双层钢筋网

填聚乙烯泡沫塑料

40厚聚苯板保护
密封胶

80 100　290　20　290　100 80

−1.350

120厚灰砂砖保护
阴角部位用水泥砂浆做出
半径不小于50的圆弧角

120厚灰砂砖
阴角部位用水泥砂浆做出 <
半径不小于50的圆弧角

420

300　250　100　300

③ 可卸式止水带变形缝

左下及上图虚线所示为习惯设计。

左上图及下页之左二图，均非孤例。诸多大型项目，多个设计大院，都有类似设计。其缺陷：高低缝、高平缝都是典型的构造防水，不应用于土中；被约束的变形，会制造多处裂缝；特别是高低缝，工序多，且混凝土无法按图一次浇筑，至少会产生一处施工缝。

推荐设计为粘锚式。其特点：

新材料+新工艺 =简洁可靠+省工省时省料

请参阅：论屋面构造的简洁化设计 [J]. 中国建筑防水，2012（7）.

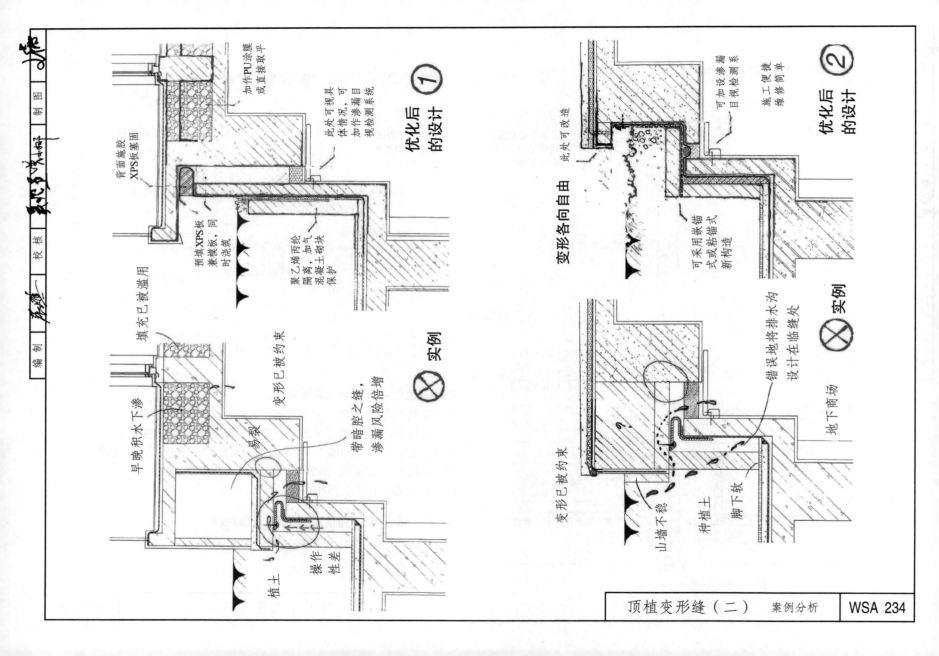

优化后 ① 的设计

加作PU涂膜 或直接取平

此处可视具 体情况，可 加作渗漏目 视检漏测系统

背面施胶 XPS板塞固

预填XPS板，同 兼模板，时浇筑

聚乙烯丙纶 兼隔离，加气 混凝土砌块 保护

⊗ 实例

填充已被溢用

变形已被约束

早晚积水下渗

易裂

带暗腔之缝， 渗漏风险倍增

操作性差

植土

优化后 ② 的设计

可加设渗漏 目视检测系

施工便捷 维修简单

此处可改造

变形各向自由

可采用嵌锚 式或粘锚式 新构造

⊗ 实例

错误地将排水沟 设计在临缝处

地下商场

变形已被约束

山墙不稳

种植土 脚下软

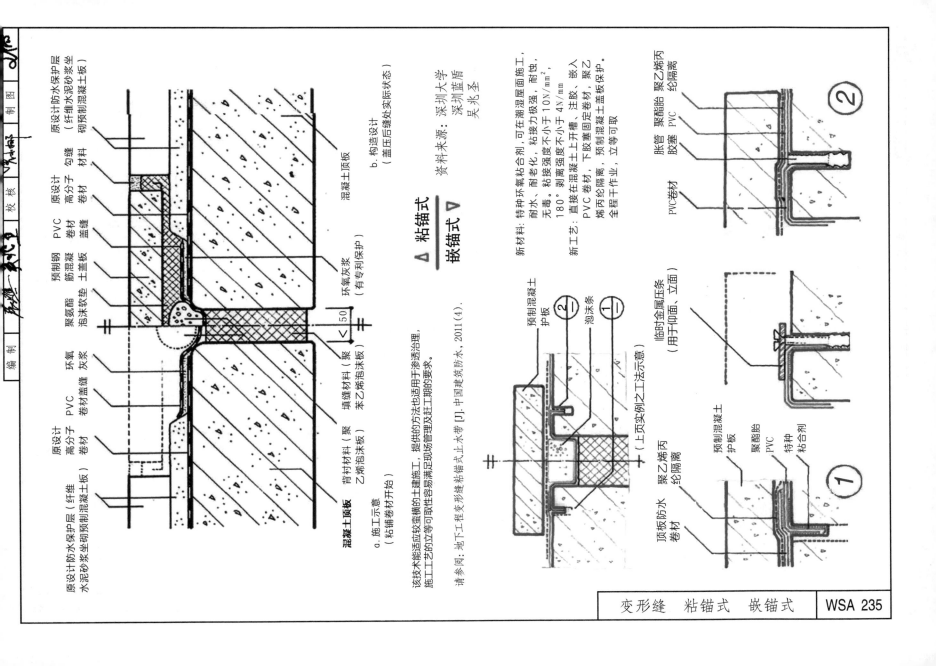

原设计防水保护层（纤维砌预制混凝土板）

原设计防水保护层（纤维砂浆坐砌预制混凝土板）

勾缝材料

高分子卷材

PVC卷材盖缝

预制钢筋混凝土盖板

聚氨酯泡沫软垫

环氧灰浆

PVC卷材盖缝

高分子卷材

原设计

混凝土顶板

环氧灰浆（有专利保护）

< 50

填缝材料（聚苯乙烯泡沫板）

混凝土顶板

背衬材料（聚乙烯泡沫板）

b. 构造设计
（盖压后缝处实际状态）

a. 施工示意
（粘铺卷材开始）

该技术能适应较复杂横的土建施工，提供的方法也适用于渗漏治理，施工工艺可取现场管理及赶工期的要求。

请参阅：地下工程变形缝粘锚式止水带 [J]. 中国建筑防水，2011 (4).

资料来源：深圳大学
深圳蓝盾
吴兆圣

△ 粘锚式 ▽ 嵌锚式

新材料：特种环氧粘合剂，可在潮湿屋面施工，耐水、耐老化，粘接力极强，耐蚀，无毒。粘接强度不小于 $10 N/mm^2$，$180°$ 剥离强度不小于 $4 N/mm$。

新工艺：直接在混凝土上开槽，注胶，嵌入 PVC 卷材，下胶塞固定卷材，聚乙烯丙纶隔离，预制混凝土盖板保护，全程干作业，立等可取

聚酯胎   聚乙烯丙纶隔离
胶管   PVC

胀管   聚乙烯丙纶隔离
胶塞

PVC卷材

②

临时金属压条（用于仰面、立面）

预制混凝土护板

泡沫条

（上页实例之工法示意）

顶板防水卷材

聚乙烯丙纶隔离

预制混凝土护板

聚酯胎 PVC

特种粘合剂

①

变形缝　粘锚式　嵌锚式

WSA 235

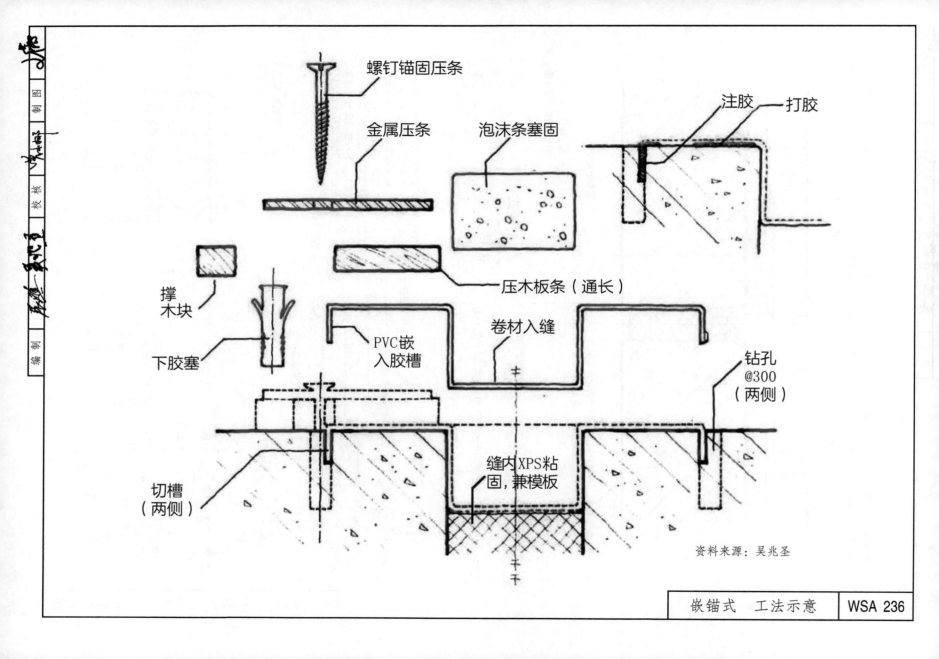

螺钉锚固压条

金属压条

泡沫条塞固

注胶　打胶

压木板条（通长）

撑木块

下胶塞

PVC嵌入胶槽

卷材入缝

钻孔@300（两侧）

切槽（两侧）

缝内XPS粘固，兼模板

资料来源：吴兆圣

嵌锚式　工法示意　　WSA 236

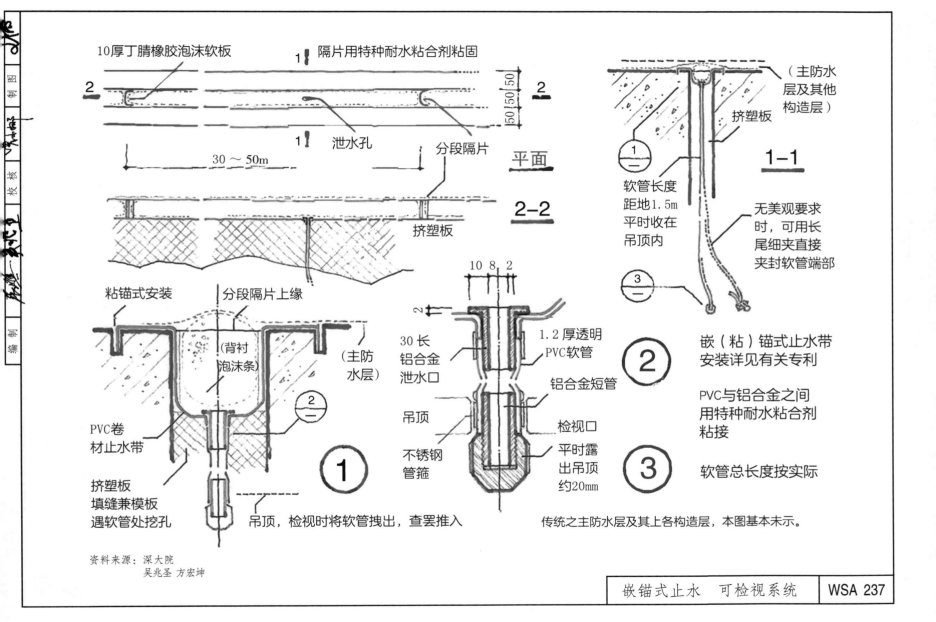

10厚丁腈橡胶泡沫软板

隔片用特种耐水粘合剂粘固

泄水孔

分段隔片

平面

30～50m

2-2

挤塑板

（主防水层及其他构造层）

挤塑板

1-1

软管长度距地1.5m平时收在吊顶内

无美观要求时，可用长尾细夹直接夹封软管端部

粘锚式安装

分段隔片上缘

（背衬泡沫条）

（主防水层）

PVC卷材止水带

挤塑板填缝兼模板遇软管处挖孔

吊顶，检视时将软管拽出，查罢推入

10 8 2

30长铝合金泄水口

1.2厚透明PVC软管

吊顶

不锈钢管箍

铝合金短管

检视口平时露出吊顶约20mm

嵌（粘）锚式止水带安装详见有关专利

PVC与铝合金之间用特种耐水粘合剂粘接

软管总长度按实际

传统之主防水层及其上各构造层，本图基本未示。

资料来源：深大院
　　　　　吴兆圣 方宏坤

嵌锚式止水　可检视系统

WSA 237

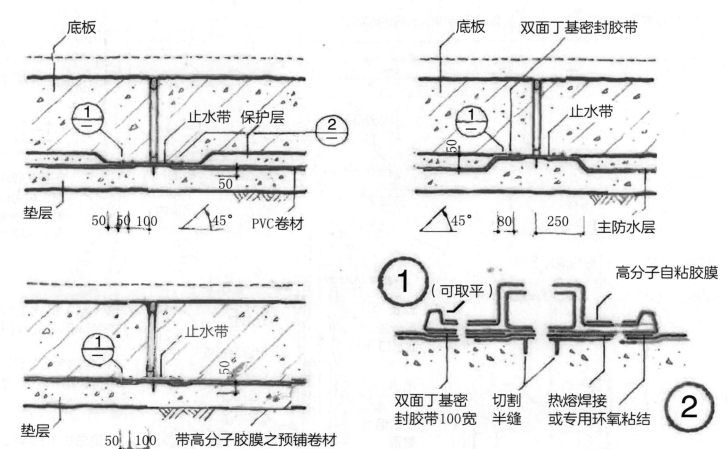

底板

止水带　保护层

① ／ ②

垫层

50 50 100

45°

PVC卷材

底板　双面丁基密封胶带

止水带

50

① ／

45°　80　250

主防水层

止水带

① ／

垫层

50 100

带高分子胶膜之预铺卷材

① （可取平）

高分子自粘胶膜

双面丁基密
封胶带100宽

切割
半缝

热熔焊接
或专用环氧粘结

②

资料来源：深大院

带处可在浇筑前先铺垫30厚内掺CCCW之商品砂浆。后浇一侧应采用带凹槽之木板保护。
外置止水带与结构主体反粘，与主防水层靠焊接、粘接或蠕变粘贴形成的连续密封，不依
赖止水带变形挤压产生密封效果，故可不设凸楞，更方便清理碴屑。

外置止水带与主防水层粘接 ｜ WSA 238

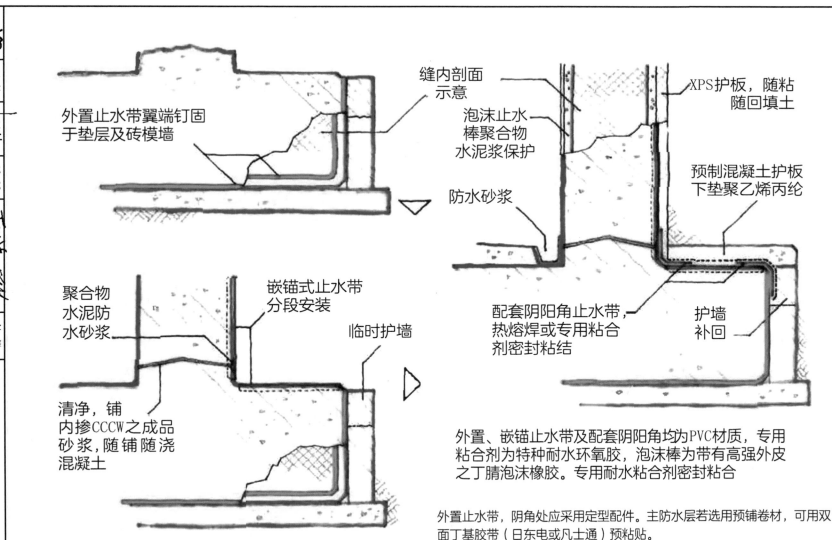

外置止水带翼端钉固
于垫层及砖模墙

缝内剖面
示意

XPS护板，随粘
随回填土

泡沫止水
棒聚合物
水泥浆保护

预制混凝土护板
下垫聚乙烯丙纶

防水砂浆

聚合物
水泥防
水砂浆

嵌锚式止水带
分段安装

临时护墙

配套阴阳角止水带，
热熔焊或专用粘合
剂密封粘结

护墙
补回

清净，铺
内掺CCCW之成品
砂浆，随铺随浇
混凝土

外置、嵌锚止水带及配套阴阳角均为PVC材质，专用
粘合剂为特种耐水环氧胶，泡沫棒为带有高强外皮
之丁腈泡沫橡胶。专用耐水粘合剂密封粘合

外置止水带，阴角处应采用定型配件。主防水层若选用预铺卷材，可用双
面丁基胶带（日东电或凡士通）预粘贴。

资料来源：吴兆圣

变形缝　外置与嵌锚连接密封（一）　　WSA 239

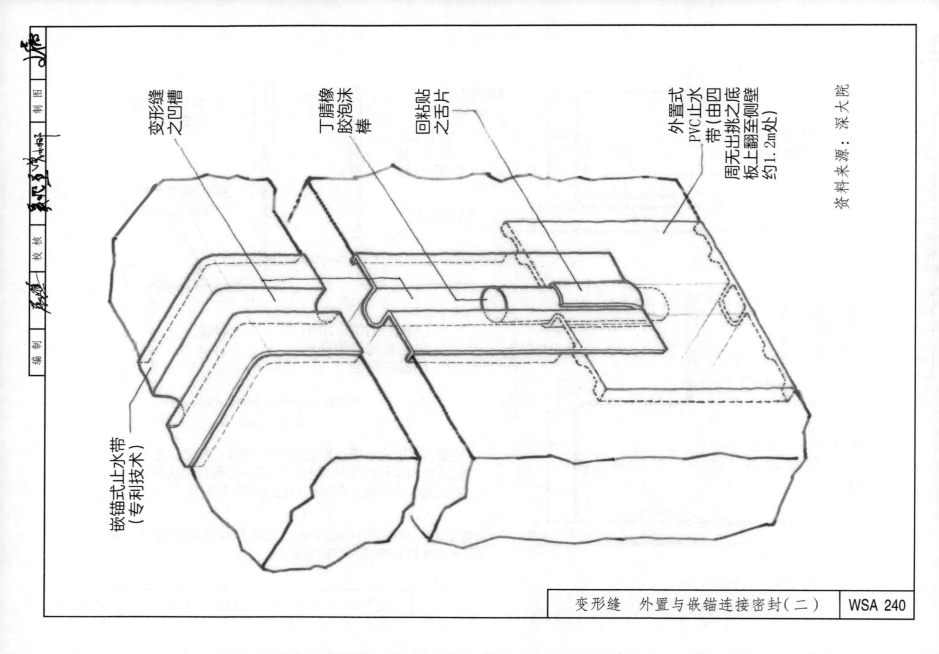

变形缝之凹槽

丁腈橡胶泡沫棒

回粘贴之舌片

外置式PVC止水带(由凹周无出挑之底板上翻至侧壁约1.2m处)

嵌锚式止水带(专利技术)

变形缝　外置与嵌锚连接密封(二)　WSA 240

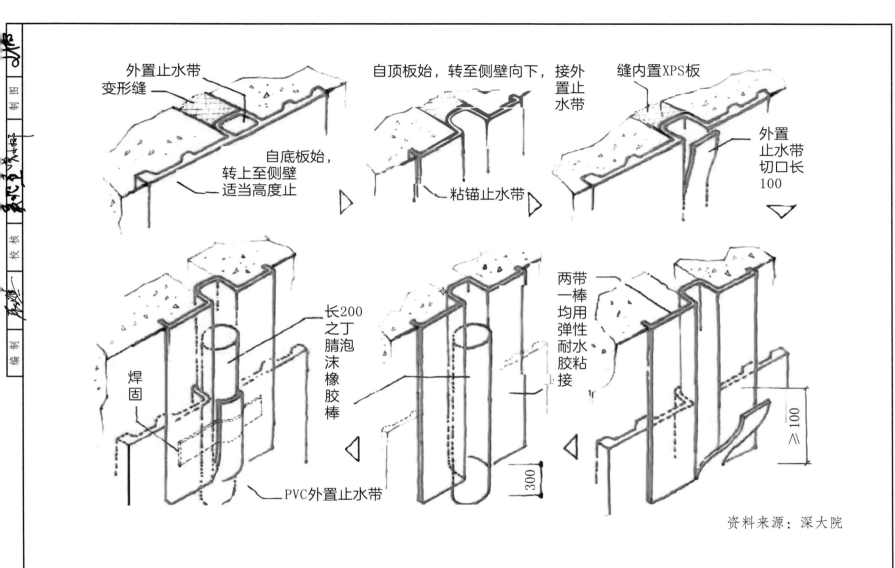

外置止水带
变形缝

自底板始，
转上至侧壁
适当高度止

自顶板始，转至侧壁向下，接外置止水带

粘锚止水带

缝内置XPS板

外置止水带切口长100

焊固

长200之丁腈泡沫橡胶棒

两带一棒均用弹性耐水胶粘接

≥100

300

PVC外置止水带

资料来源：深大院

外置与嵌锚止水带连续密封工法示意（立等可取）

变形缝 外置与嵌锚连接密封（三）　　WSA 241

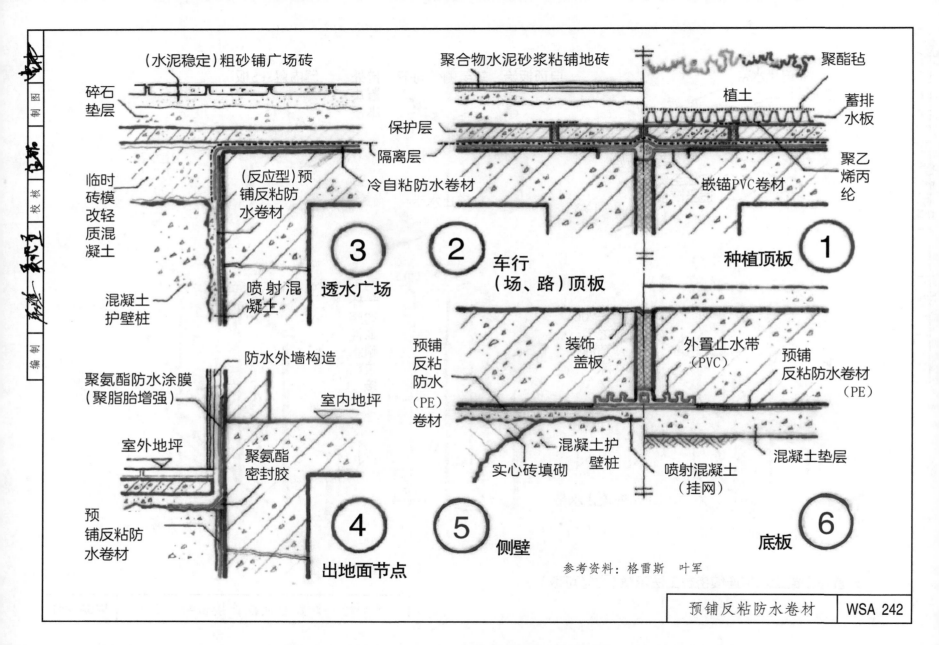

（水泥稳定）粗砂铺广场砖

碎石垫层

临时砖模改轻质混凝土

（反应型）预铺反粘防水卷材

冷自粘防水卷材

混凝土护壁桩

喷射混凝土

③

透水广场

聚合物水泥砂浆粘铺地砖

聚酯毡

植土

蓄排水板

保护层

隔离层

嵌锚PVC卷材

聚乙烯丙纶

② **车行（场、路）顶板**

① **种植顶板**

防水外墙构造

聚氨酯防水涂膜（聚脂胎增强）

室内地坪

室外地坪

聚氨酯密封胶

预铺反粘防水卷材

④

出地面节点

预铺反粘防水（PE）卷材

装饰盖板

外置止水带（PVC）

预铺反粘防水卷材（PE）

实心砖填砌

混凝土护壁桩

喷射混凝土（挂网）

混凝土垫层

⑤ **侧壁**

⑥ **底板**

参考资料：格雷斯 叶军

预铺反粘防水卷材 | WSA 242

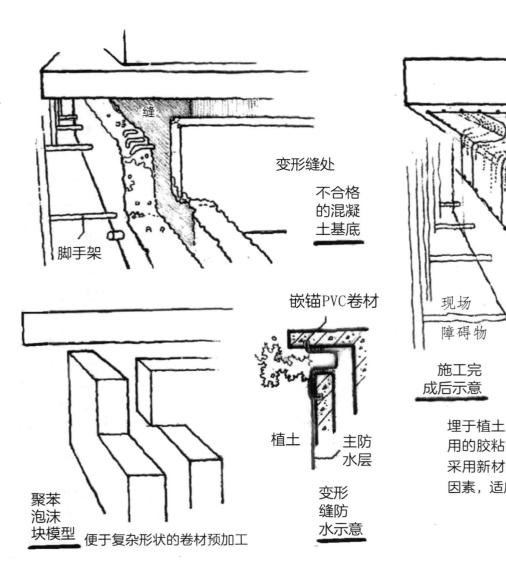

变形缝处

不合格的混凝土基底

脚手架

嵌锚PVC卷材

植土　主防水层

变形缝防水示意

聚苯泡沫块模型 便于复杂形状的卷材预加工

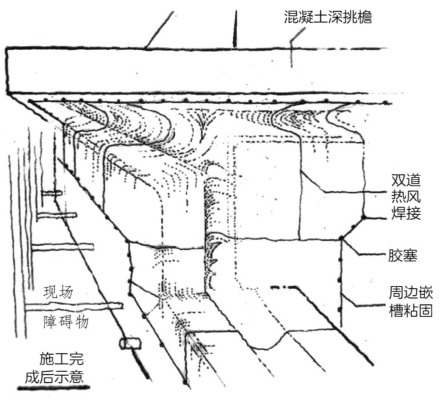

混凝土深挑檐

双道热风焊接

胶塞

周边嵌槽粘固

现场障碍物

施工完成后示意

埋于植土之下的变形缝，三向立体交叉。嵌锚式构造采用的胶粘剂，粘接强度大大高于卷材，且耐长期水浸。采用新材料、新技术、专利工法，可克服现场各种不利因素，适应粗糙施工。

资料来源：深圳蓝盾　吴兆圣

顶植变形缝实例　　WSA 243

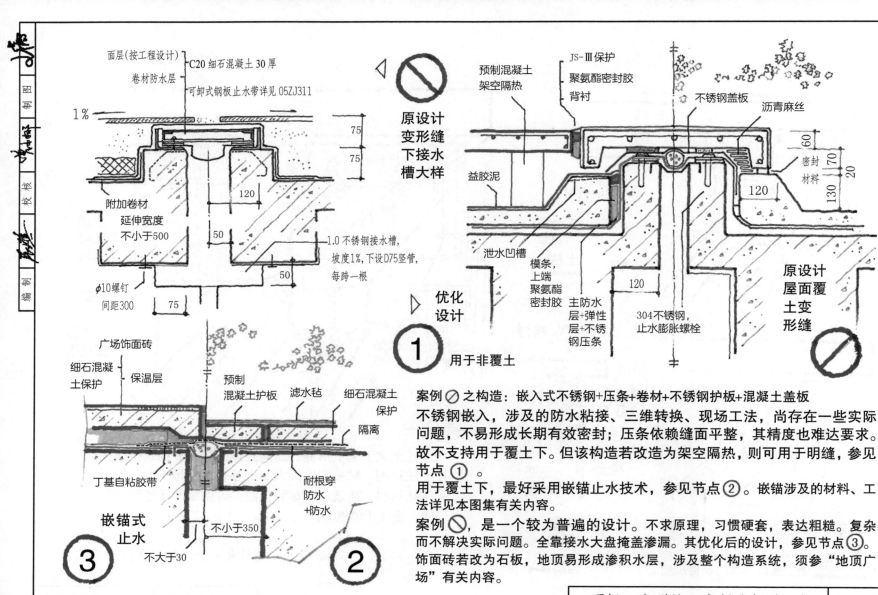

面层(按工程设计)
C20 细石混凝土30 厚
卷材防水层
可卸式钢板止水带详见 05ZJ311

1%

75
75

附加卷材
延伸宽度
不小于500

120

50

1.0 不锈钢接水槽,
坡度1%,下设D75竖管,
每跨一根

φ10螺钉
间距300

50

75

原设计
变形缝
下接水
槽大样

优化
设计

① 用于非覆土

广场饰面砖

细石混凝
土保护
保温层

预制
混凝土护板
滤水毡
细石混凝土
保护
隔离

丁基自粘胶带

耐根穿
防水
+防水

嵌锚式
止水

③

不大于30

不小于350

②

JS-Ⅲ保护
预制混凝土
架空隔热
聚氨酯密封胶
背衬
不锈钢盖板
沥青麻丝

60
70
20

益胶泥

泄水凹槽

模条,
上端
聚氨酯
密封胶

120

主防水
层+弹性
层+不锈
钢压条

304不锈钢,
止水膨胀螺栓

密封
材料

120

130

原设计
屋面覆
土变
形缝

案例 ⊘ 之构造:嵌入式不锈钢+压条+卷材+不锈钢护板+混凝土盖板
不锈钢嵌入,涉及的防水粘接、三维转换、现场工法,尚存在一些实际
问题,不易形成长期有效密封;压条依赖缝面平整,其精度也难达要求。
故不支持用于覆土下。但该构造若改造为架空隔热,则可用于明缝,参见
节点 ① 。
用于覆土下,最好采用嵌锚止水技术,参见节点 ② 。嵌锚涉及的材料、工
法详见本图集有关内容。
案例 ⊘ ,是一个较为普遍的设计。不求原理,习惯硬套,表达粗糙。复杂
而不解决实际问题。全靠接水大盘掩盖渗漏。其优化后的设计,参见节点 ③ 。
饰面砖若改为石板,地顶易形成渗积水层,涉及整个构造系统,须参 "地顶广
场" 有关内容。

顶板 变形缝 实例分析(一) WSA 244

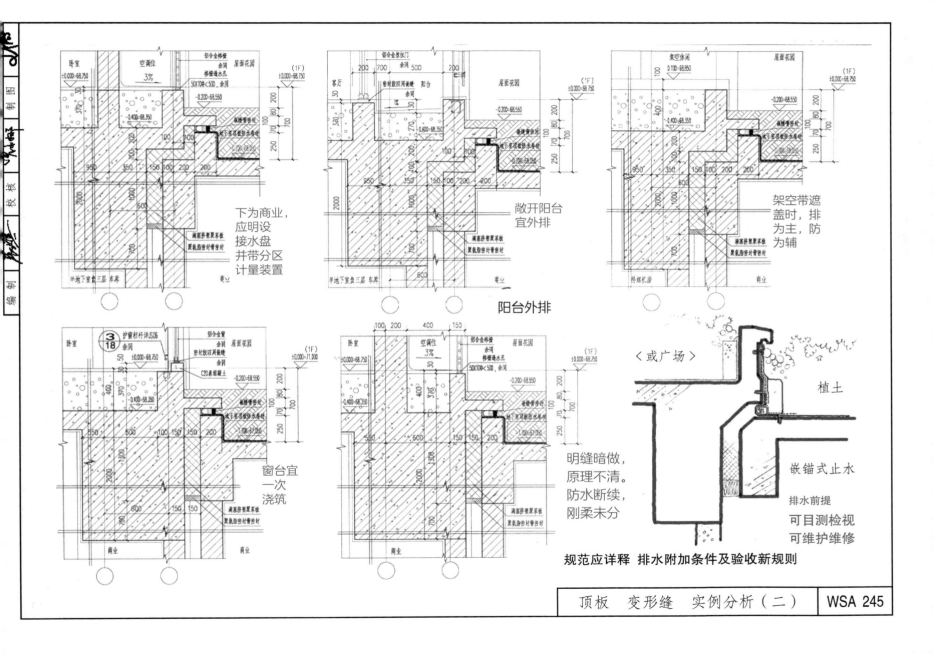

下为商业，
应明设
接水盘
并带分区
计量装置

阳台外排

敞开阳台
宜外排

架空带遮
盖时，排
为主，防
为辅

窗台宜
一次
浇筑

明缝暗做，
原理不清。
防水断续，
刚柔未分

〈或广场〉

植土

嵌锚式止水

排水前提

可目测检视
可维护维修

规范应详释 排水附加条件及验收新规则

顶板 变形缝 实例分析（二）　　　WSA 245

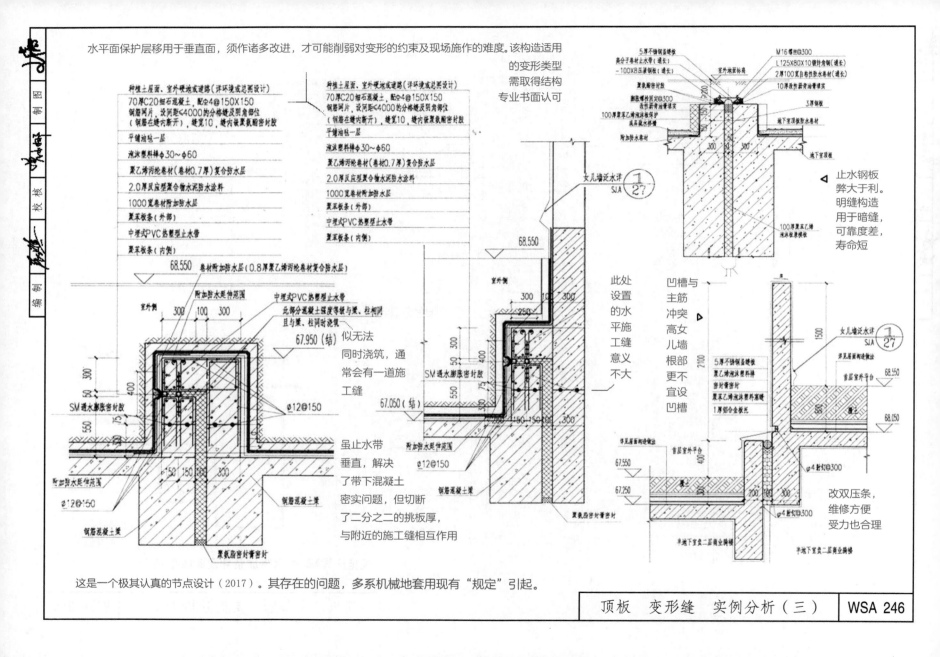

水平面保护层移用于垂直面，须作诸多改进，才可能削弱对变形的约束及现场施作的难度。该构造适用的变形类型需取得结构专业书面认可

种植土屋面、室外硬地或道路(详环境或总图设计)
70厚C20细石混凝土，配φ4@150X150
钢筋网片，设钢筋<4000的分格缝及阴角部位(钢筋在缝内断开)，缝宽10，缝内嵌聚氨酯密封胶
平铺油毡一层
泡沫塑料棒φ30～φ60
聚乙烯丙纶卷材(卷材0.7厚)复合防水层
2.0厚反应型聚合物水泥防水涂料
1000宽卷材附加防水层
聚苯板条(外侧)
中埋式PVC热塑型止水带
聚苯板条(内侧)

种植土屋面、室外硬地或道路(详环境或总图设计)
70厚C20细石混凝土，配φ4@150X150
钢筋网片，设钢筋<4000的分格缝及阴角部位(钢筋在缝内断开)，缝宽10，缝内嵌聚氨酯密封胶
平铺油毡一层
泡沫塑料棒φ30～φ60
聚乙烯丙纶卷材(卷材0.7厚)复合防水层
2.0厚反应型聚合物水泥防水涂料
1000宽卷材附加防水层
聚苯板条(外侧)
中埋式PVC热塑型止水带
聚苯板条(内侧)

68.550 卷材附加防水层(0.8厚聚乙烯丙纶卷材复合防水层)

中埋式PVC热塑型止水带
此部分混凝土强度等级与梁、柱相同且与梁、柱同时浇筑

68.550

67.950(结)

似无法同时浇筑，通常会有一道施工缝

φ12@150

SM遇水膨胀密封胶

附加防水层施作范围

φ12@150

附加防水层施作范围

钢筋混凝土梁

聚氨酯防水油膏密封

钢筋混凝土梁

φ12@150

SM遇水膨胀密封胶

钢筋混凝土梁

68.550

女儿墙泛水详 ①/27 SJA

此处设置的水平施工缝意义不大

SM遇水膨胀密封胶
附加防水层施作范围

67.050(结)

虽止水带垂直，解决了带下混凝土密实问题，但切断了二分之二的挑板厚，与附近的施工缝相互作用

5厚不锈钢盖缝板
高分子卷材止水带(通长)
100X8压条钢板
2厚100宽自粘性防水卷材(通长)
聚氨酯密封胶
10厚改性沥青油膏填实

M16螺丝@300
L125X80X10镀锌角钢(通长)

室外地面标高

膨胀螺栓M12@300改性沥青油膏填实
100厚聚苯乙烯泡沫保护兼且保温防水层
附加防水卷材

3厚钢板

地下室顶板防水卷材

100厚聚苯乙烯泡沫板保护层

地下室顶板

止水钢板弊大于利。明缝构造用于暗缝，可靠度差，寿命短

凹槽与主筋冲突高女儿墙根部更不宜设凹槽

5厚不锈钢盖缝板
聚乙烯泡沫塑料棒
密封膏密封
聚乙烯泡沫塑料衬垫
1厚铝合金板托

女儿墙泛水详 ①/27 SJA

1500

68.150

首层室外平台

68.150

67.550

67.250

改双压条，维修方便受力也合理

φ4拉钩@300

半地下室负二层商业酒楼

这是一个极其认真的节点设计(2017)。其存在的问题，多系机械地套用现有"规定"引起。

顶板 变形缝 实例分析(三)

WSA 246

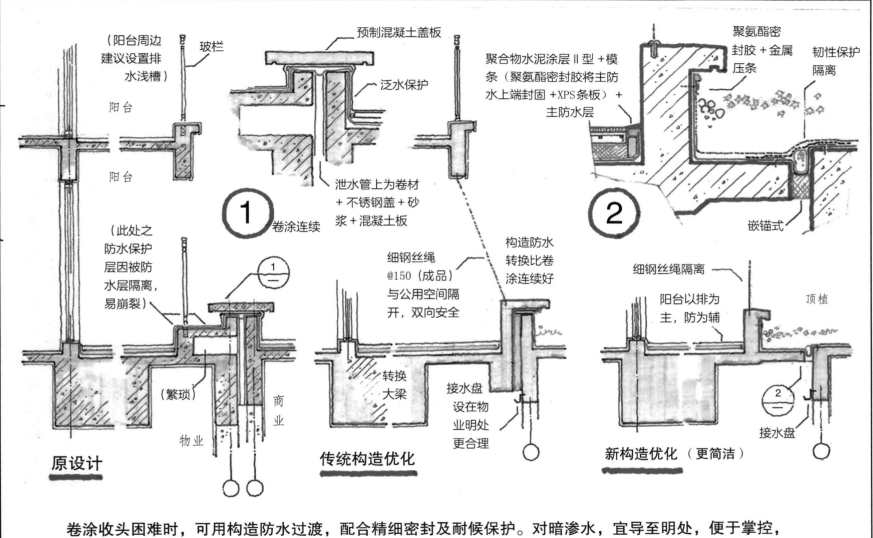

（阳台周边建议设置排水浅槽）

玻栏

阳台

阳台

预制混凝土盖板

泛水保护

①　卷涂连续

泄水管上为卷材＋不锈钢盖＋砂浆＋混凝土板

聚合物水泥涂层Ⅱ型＋模条（聚氨酯密封胶将主防水上端封固＋XPS条板）＋主防水层

聚氨酯密封胶＋金属压条

韧性保护隔离

②

嵌锚式

（此处之防水保护层因被防水层隔离，易崩裂）

①

（繁琐）

原设计

物业

商业

细钢丝绳@150（成品）与公用空间隔开，双向安全

构造防水转换比卷涂连续好

转换大梁

接水盘设在物业明处更合理

传统构造优化

细钢丝绳隔离

阳台以排为主，防为辅

顶植

②

接水盘

新构造优化（更简洁）

卷涂收头困难时，可用构造防水过渡，配合精细密封及耐候保护。对暗渗水，宜导至明处，便于掌控，将可能的渗漏水封在窄夹缝中是不好的。

顶板　临阳台变形缝　案例优化　　WSA 247

原设计

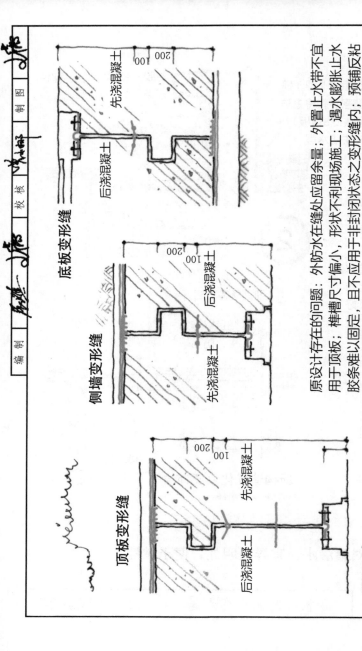

底板变形缝

侧墙变形缝

顶板变形缝

先浇混凝土　后浇混凝土　100　200

原设计

十缝九漏，主要指中置式止水带，应存在固有之缺点，积极改进。参考：吴兆至《地下工程变形缝治理构造》、《建设工程渗漏治理实用技术手册》。

详参：结构主体与防水
[J].湖北工业大学学报，
2023（38），增刊。

原设计存在的问题：外防水在缝处应留余量；外置止水带不宜用于顶板；榫槽尺寸偏小，形状不利现场施工；遇水膨胀止水胶条难以固定，且不应用于非封闭状态之变形缝内；预铺反粘卷材不应叠加使用；内装可卸止水装置，有赖于土建施工足够的精准度，成功率低；接水盘掩盖渗漏，渗透率高企之时期，应设限使用；底板内排仅用于渗漏后期治理，若用于建筑，更重要的是，必须需限制总排量，并安装计量装置，先通过正常的防水验收。

优化设计

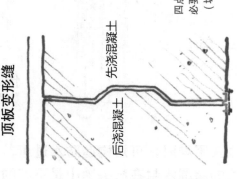

底板变形缝

侧墙变形缝

顶板变形缝

先浇混凝土　后浇混凝土

四点建议：改进榫槽，采用全刚自防水混凝土；内置，可维修，封压分合构造；
必要时，加设内排+可计量排水）
（城市隧道允许限量排水）

这是一个软土地区水下明挖隧道的案例。设计极其认真，做了大量调查研究，设置了9道防水，试图解决"十隧十漏"之顽疾。须注意：隧道不同于沉管，也不同于建筑，操作难度过大，会过扰不及，不能长久解决实际问题。

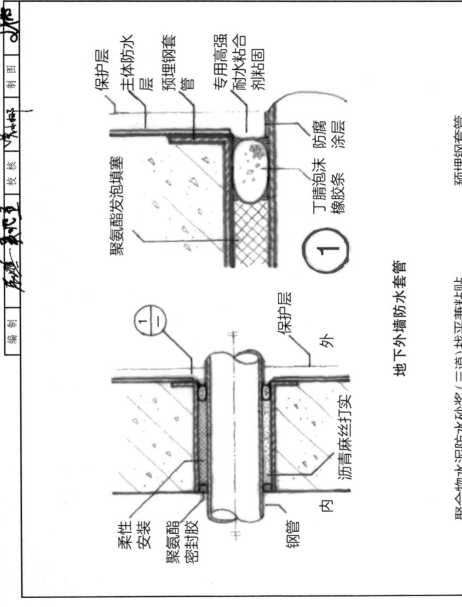

聚氨酯发泡填塞

保护层
主体防水层
预埋钢套管
专用高强耐水粘合剂粘固

丁腈泡沫橡胶条　防腐涂层

① 地下外墙防水套管

柔性安装
聚氨酯密封胶
钢管

保护层
外

沥青麻丝打实

内

钢管

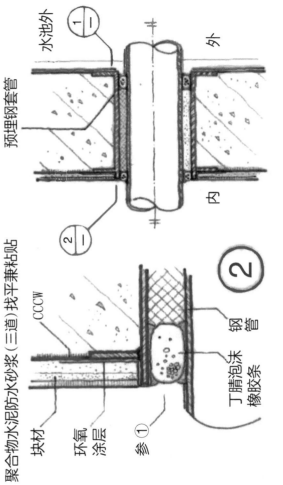

水池外

预埋钢套管

外

内

②

水池外墙防水套管

聚合物水泥防水砂浆（三道）找平兼兼粘贴

块材
环氧涂层
参①

CCCW

丁腈泡沫橡胶条
钢管

资料来源：深大院　吴兆圣

穿墙（含水池）单管 | WSA 249

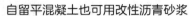

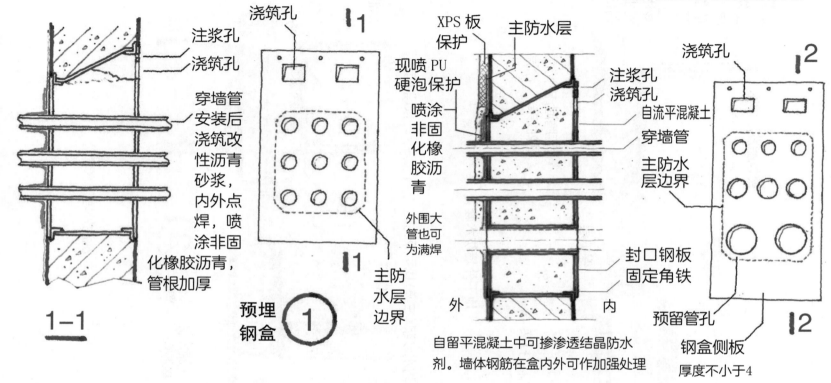

自留平混凝土也可用改性沥青砂浆

1—1

2—2 宜用于管径小、管线多而密的情况

① 预埋钢盒

② 预埋钢盒

群管密集穿墙，使安装后的密封操作空间小，质量难保证，故推荐改性沥青砂浆浇筑，先安装后浇筑，点焊固定，喷涂橡胶沥青封口。其喷涂范围至少盖过主防水层150。XPS保护板靠近管道铺贴，管间喷PU硬泡。

自留平混凝土中可掺渗透结晶防水剂。墙体钢筋在盒内外可作加强处理

钢盒可用不锈钢

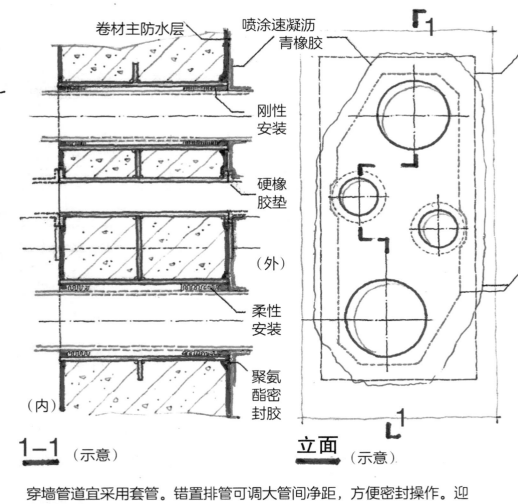

卷材主防水层　喷涂速凝沥青橡胶

刚性安装

硬橡胶垫

（外）

柔性安装

聚氨酯密封胶

（内）

1-1（示意）

4.0厚钢板与钢套管焊接置入模板内浇筑混凝土

涂膜防水可与卷材主防水层形成有效搭接

立面（示意）

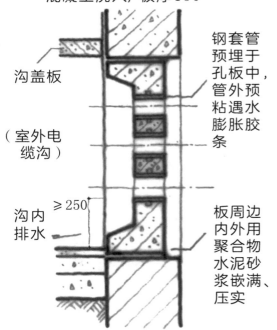

预制钢筋混凝土孔板可随侧壁混凝土浇入，板厚150

沟盖板

（室外电缆沟）

≥250

沟内排水

钢套管预埋于孔板中，管外预粘遇水膨胀胶条

板周边内外用聚合物水泥砂浆嵌满、压实

穿墙管道宜采用套管。错置排管可调大管间净距，方便密封操作。迎水面宜嵌填密封胶。管道安装可按需要采用刚性或柔性材料嵌填，表面嵌填密封胶。

板厚小，便于穿缆作业。若孔板直接浇入混凝土侧壁中，则孔板边肋厚同侧壁。室外直埋电缆入户前宜设接线井，室内电缆出户时，做好密封防水，室内外电缆在接线井内连接。

带承台的现浇混凝土桩，多为人工挖孔，桩与承台之间基本没有相对位移。垫层若超挖，应回填混凝土，亦无位移，故可不设密封胶

水泥基渗透结晶(CCCW)防水剂掺入水泥砂浆，喷抹

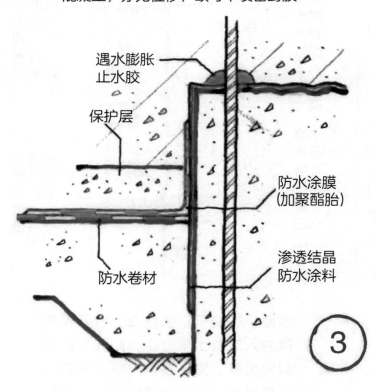

遇水膨胀止水胶

保护层

防水涂膜（加聚酯胎）

防水卷材

渗透结晶防水涂料

③

增强层

CCCW

细石混凝土保护

③

承台

垫层　防水层

桩身

②　涂刷渗透结晶防水涂料

①　喷掺渗透结晶防水剂的水泥砂浆

CCCW防水剂在水泥砂浆中的掺量为0.7kg/m²。

桩顶（一）　　现浇混凝土桩　　**WSA 252**

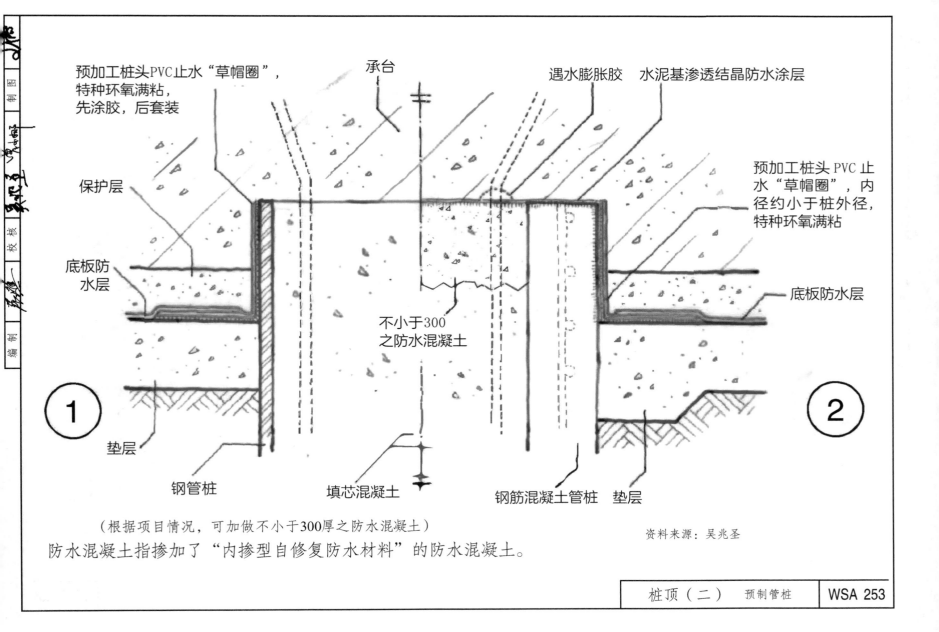

预加工桩头PVC止水"草帽圈"，
特种环氧满粘，
先涂胶，后套装

承台

遇水膨胀胶　水泥基渗透结晶防水涂层

保护层

预加工桩头PVC止
水"草帽圈"，内
径约小于桩外径，
特种环氧满粘

底板防
水层

底板防水层

不小于300
之防水混凝土

① ②

垫层

钢管桩

填芯混凝土

钢筋混凝土管桩　垫层

（根据项目情况，可加做不小于300厚之防水混凝土）

资料来源：吴兆圣

防水混凝土指掺加了"内掺型自修复防水材料"的防水混凝土。

桩顶（二）　预制管桩　WSA 253

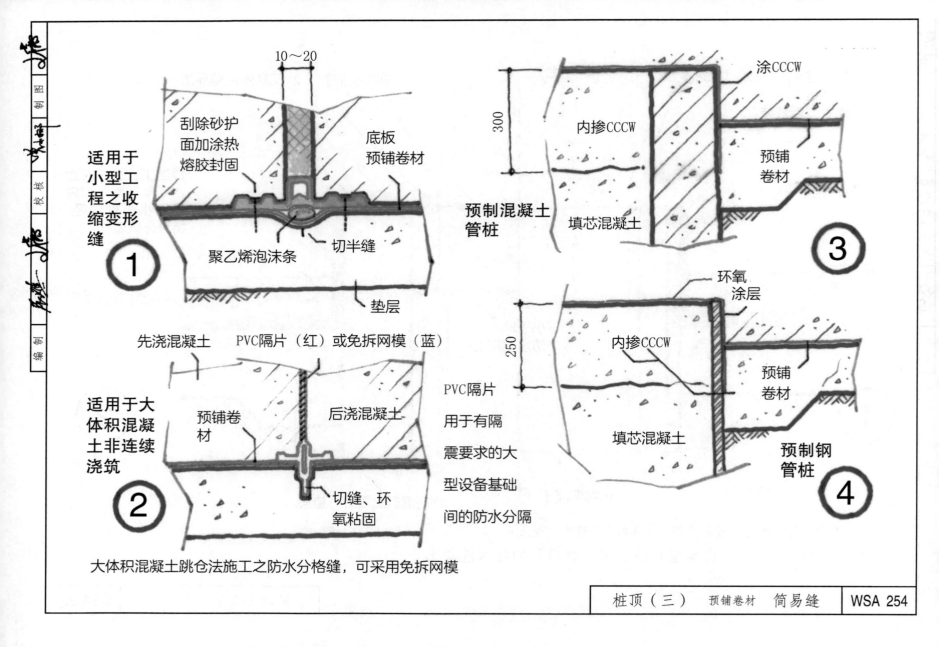

适用于小型工程之收缩变形缝

10～20

刮除砂护面加涂热熔胶封固

底板预铺卷材

聚乙烯泡沫条

切半缝

垫层

①

预制混凝土管桩

300

内掺CCCW

填芯混凝土

涂CCCW

预铺卷材

③

适用于大体积混凝土非连续浇筑

先浇混凝土 PVC隔片（红）或免拆网模（蓝）

预铺卷材

后浇混凝土

切缝、环氧粘固

PVC隔片用于有隔震要求的大型设备基础间的防水分隔

②

预制钢管桩

250

环氧涂层

内掺CCCW

填芯混凝土

预铺卷材

④

大体积混凝土跳仓法施工之防水分格缝，可采用免拆网模

| 桩顶（三） | 预铺卷材 | 简易缝 | WSA 254 |

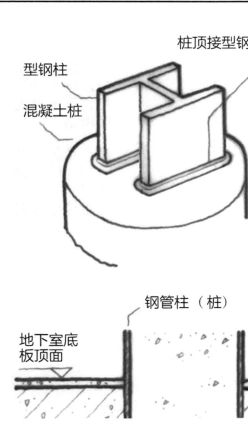

型钢柱

混凝土桩

桩顶接型钢柱时，须用遇水膨胀止水胶（SM）在桩顶（底板）防水层（图中未示）收头处密封

①

推荐采用防水涂料过渡，使卷材主防水与钢柱形成连续搭接密封，穿过主防水层之格构柱可参考此处

②

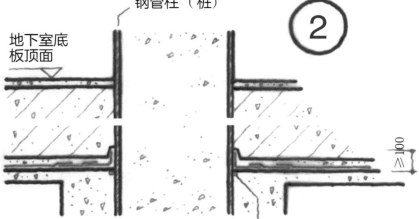

钢管柱（桩）

地下室底板顶面

≥100

图示为不同类别防水层之过渡

遇水膨胀止水胶（SM）

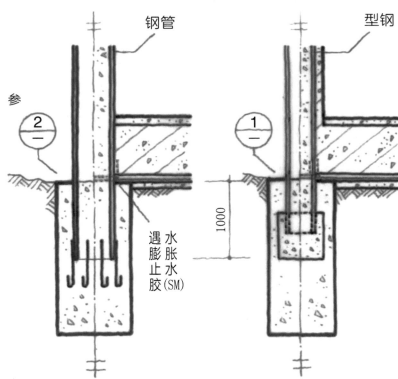

（对称符号）左侧为底板施工前，右侧为底板施工后

钢管

型钢

参 ②

参 ①

1000

遇水膨胀止水胶（SM）

逆作法施工时，先作桩（柱）后封底板，底板防水层与桩（柱）交接处须密封防水。

桩、柱连接处

地下桩、柱连接处防水   WSA 255

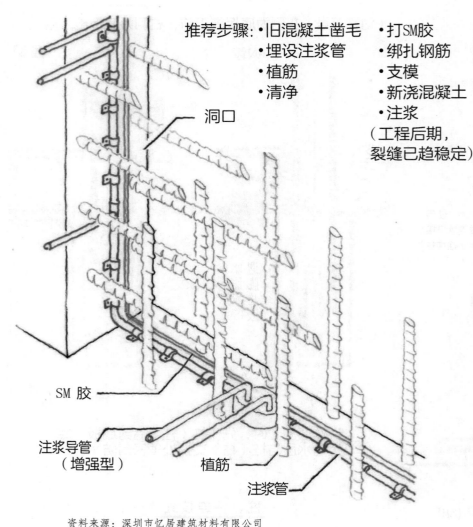

推荐步骤:·旧混凝土凿毛 ·打SM胶
·埋设注浆管 ·绑扎钢筋
·植筋 ·支模
·清净 ·新浇混凝土
·注浆
（工程后期,
裂缝已趋稳定）

洞口

SM 胶

注浆导管
（增强型）

植筋

注浆管

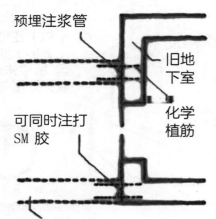

预埋注浆管

旧地
下室

化学
植筋

可同时注打
SM 胶

新接地下室

未预留条件下
新旧地下室相
接,可参照左
图做法

建议预埋注浆
管与SM胶同时
使用
注意注浆时机

新旧混凝土相接平面示意

旧混凝土墙上封堵
较大洞口时,可用预埋注浆管法

任何隐藏在新混凝土施工缝中的渗漏水缺陷,可以
通过向混凝土接缝注入亲水性浆液而加以终止。

导浆管（分进、出）
注浆管与导浆管由专用接口盒联结
专用接口盒集进、出导浆管与注浆管为一盒,自
带锚固钢片,联结、安装便捷。

资料来源：深圳市忆居建筑材料有限公司
北京永辰星建材

新旧混凝土施工缝防渗 | WSA 256

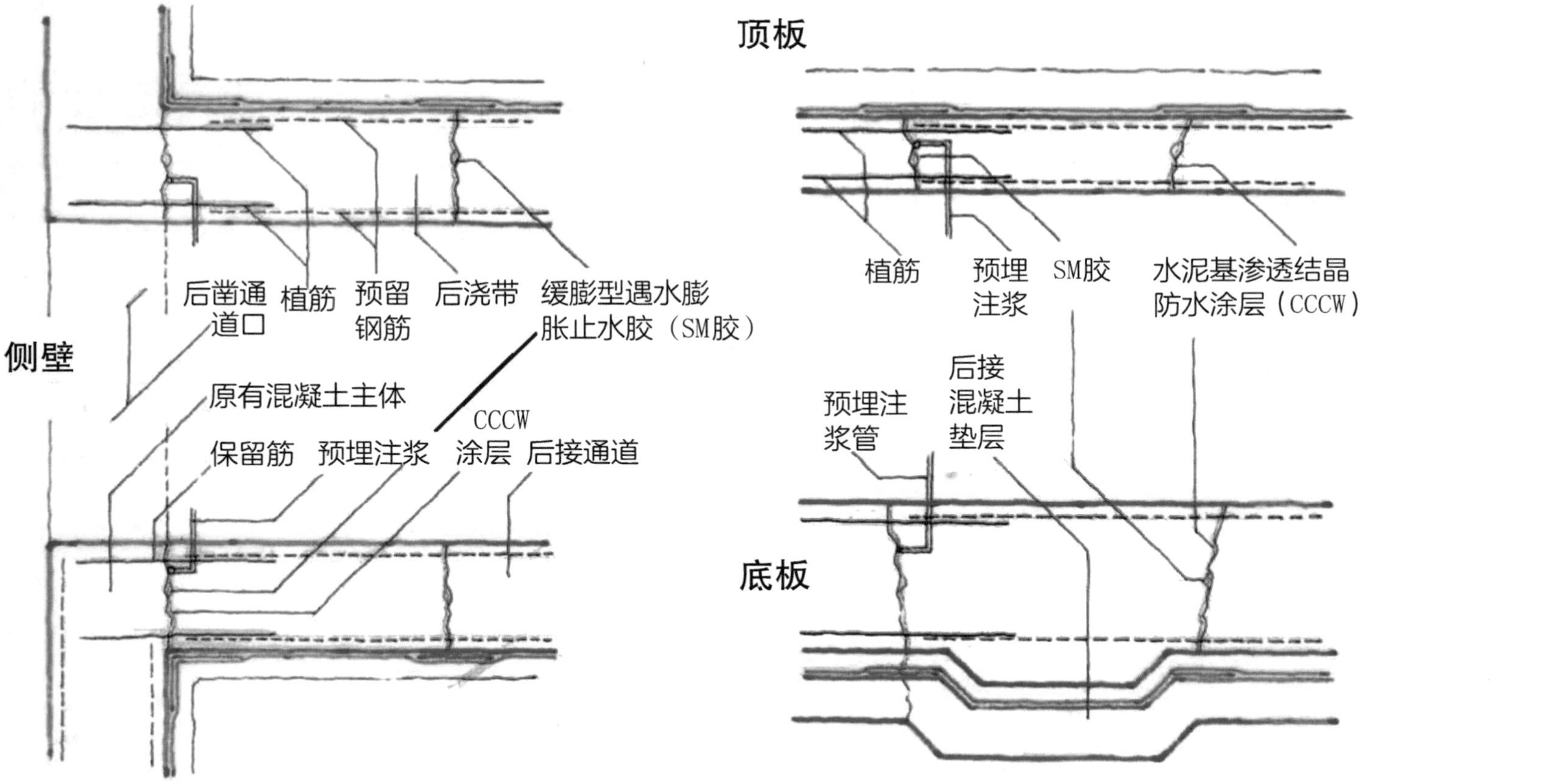

顶板

植筋　　预埋　　SM胶　　水泥基渗透结晶
　　　　注浆　　　　　　　防水涂层（CCCW）

侧壁

后凿通　植筋　预留　后浇带　缓膨型遇水膨
道口　　　　钢筋　　　　　　胀止水胶（SM胶）

原有混凝土主体

　　　　　　　　　　　　　　CCCW

保留筋　预埋注浆　涂层　后接通道

后接
混凝土
垫层

预埋注
浆管

底板

非预留通道接口，宜按后浇带处理。后浇带宽度宜为1000～1600，薄底板取下限,厚板取上限,方便清理除碴。

宜用于通道较短时。若通道较长，可分段，跳仓打，节点参此。

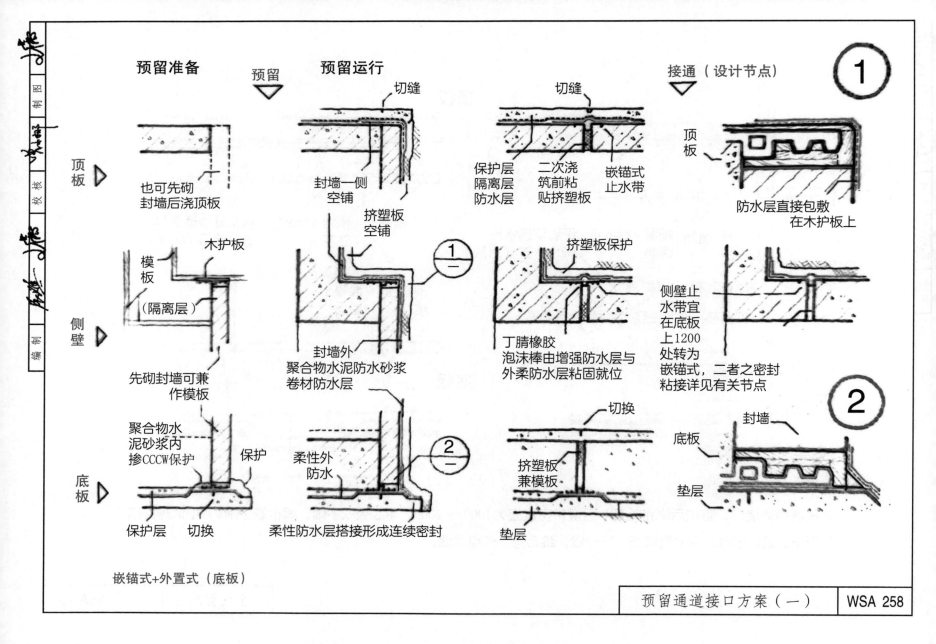

预留准备　　　　　预留　　预留运行　　　　　　　　　　　接通（设计节点）

顶板

侧壁

底板

也可先砌
封墙后浇顶板

模板

木护板

（隔离层）

先砌封墙可兼
作模板

聚合物水
泥砂浆内
掺CCCW保护

保护

保护层　切换

封墙一侧
空铺

挤塑板
空铺

封墙外
聚合物水泥防水砂浆
卷材防水层

柔性外
防水

柔性防水层搭接形成连续密封

切缝

切缝

保护层
隔离层
防水层

二次浇
筑前粘
贴挤塑板

挤塑板保护

丁腈橡胶
泡沫棒由增强防水层与
外柔防水层粘固就位

切换

挤塑板
兼模板

垫层

嵌锚式
止水带

顶板

防水层直接包敷
在木护板上

侧壁止
水带宜
在底板
上1200
处转为
嵌锚式，二者之密封
粘接详见有关节点

封墙

底板

垫层

嵌锚式+外置式（底板）

预留通道接口方案（一）　　WSA 258

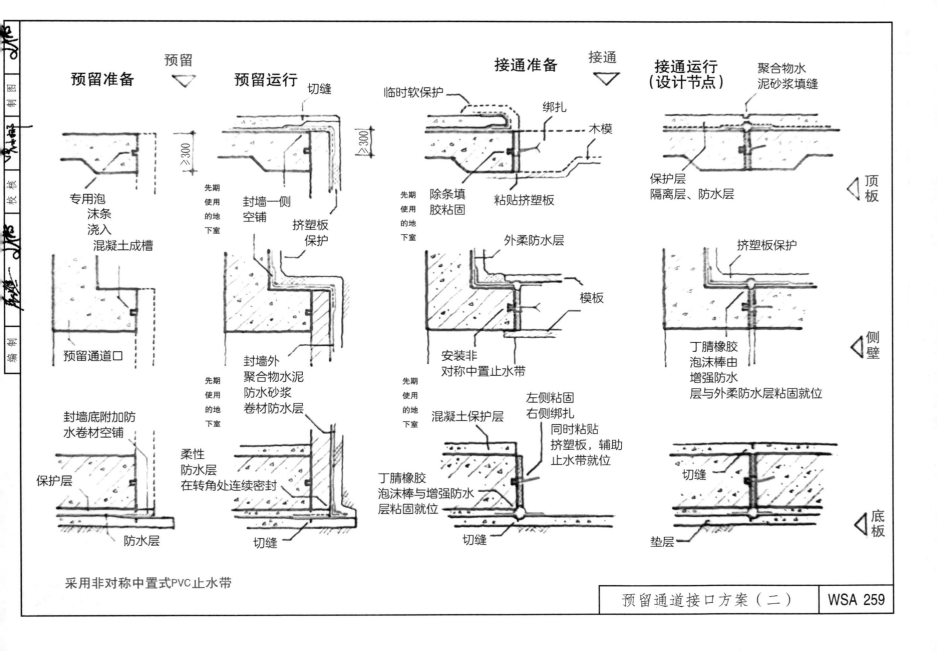

预留准备

预留
▽

预留运行

接通准备

接通
▽

接通运行
（设计节点）

聚合物水
泥砂浆填缝

专用泡
沫条
浇入
混凝土成槽

预留通道口

封墙底附加防
水卷材空铺

保护层

防水层

切缝

先期
使用
的地
下室

封墙一侧
空铺

挤塑板
保护

先期
使用
的地
下室

封墙外
聚合物水泥
防水砂浆
卷材防水层

柔性
防水层
在转角处连续密封

切缝

临时软保护

绑扎

木模

先期
使用
的地
下室

除条填
胶粘固

粘贴挤塑板

外柔防水层

模板

安装非
对称中置止水带

混凝土保护层

丁腈橡胶
泡沫棒与增强防水
层粘固就位

左侧粘固
右侧绑扎
同时粘贴
挤塑板，辅助
止水带就位

切缝

保护层
隔离层、防水层

挤塑板保护

丁腈橡胶
泡沫棒由
增强防水
层与外柔防水层粘固就位

切缝

垫层

▷ 顶板

▷ 侧壁

▷ 底板

采用非对称中置式PVC止水带

预留通道接口方案（二）

WSA 259

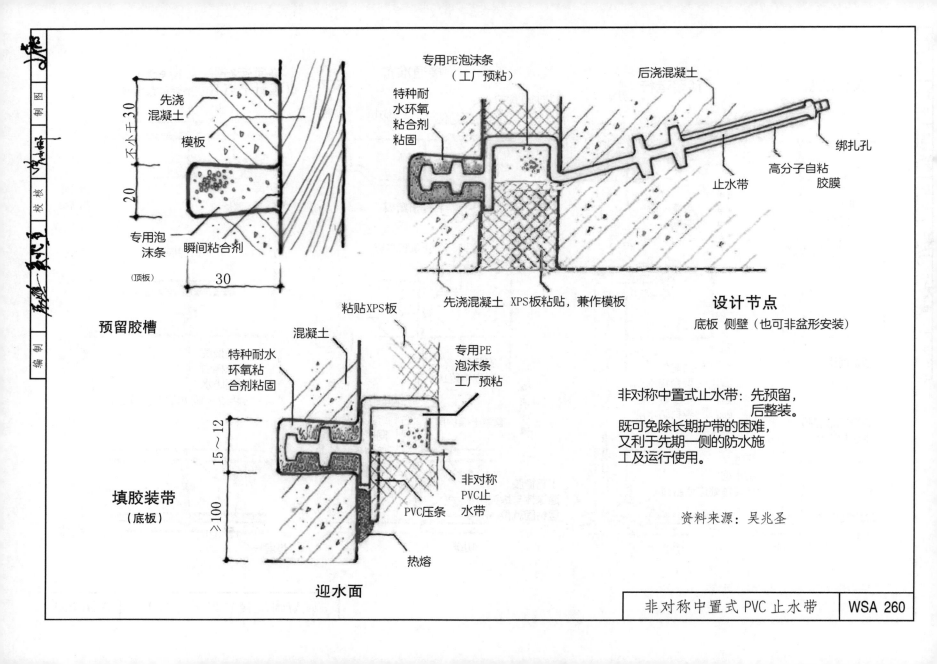

先浇
混凝土

模板

专用泡
沫条

瞬间粘合剂

（顶板）

30

不小于30

20

预留胶槽

专用PE泡沫条
（工厂预粘）

特种耐
水环氧
粘合剂
粘固

后浇混凝土

绑扎孔

高分子自粘
胶膜

止水带

先浇混凝土　XPS板粘贴，兼作模板

设计节点

底板　侧壁（也可非盆形安装）

粘贴XPS板

混凝土

特种耐水
环氧粘
合剂粘固

专用PE
泡沫条
工厂预粘

15～12

≥100

非对称
PVC止
水带

PVC压条

热熔

填胶装带

（底板）

迎水面

非对称中置式止水带：先预留，
　　　　　　　　　　后整装。
既可免除长期护带的困难，
又利于先期一侧的防水施
工及运行使用。

资料来源：吴兆圣

| 非对称中置式PVC止水带 | WSA 260 |

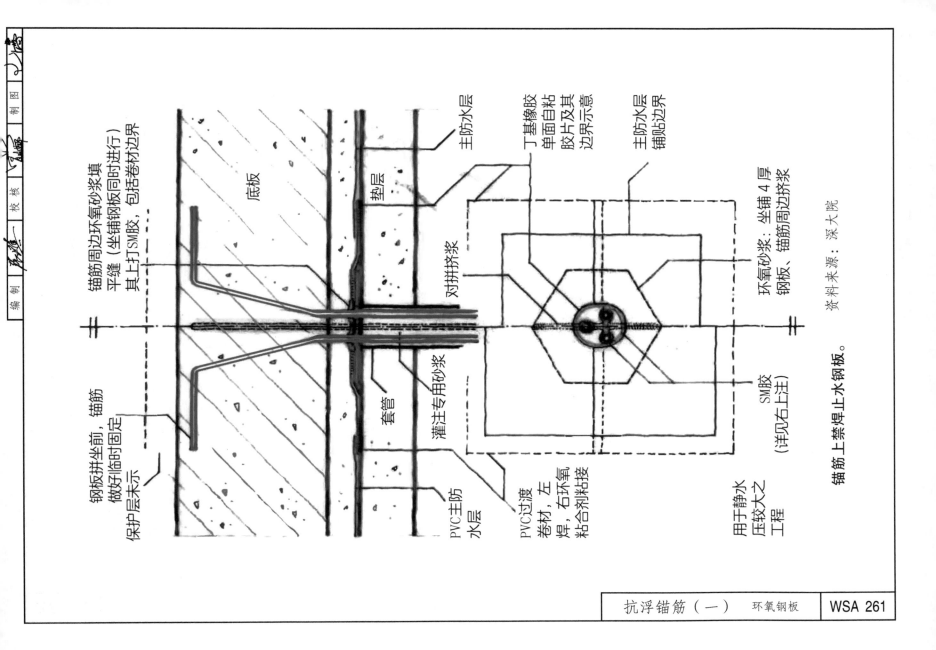

锚筋周边环氧砂浆填
平缝（坐铺钢板同时进行）
其上打SM胶，包括卷材边界

底板

主防水层

垫层

对拼挤浆

钢板拼坐前，锚筋
做好临时固定
保护层未示

灌注专用砂浆

套管

PVC过渡
卷材，左
焊，右环氧
粘合剂粘接

PVC主防
水层

丁基橡胶
单面自粘
胶片及其
边界示意

主防水层
铺贴边界

环氧砂浆：坐铺 4 厚
钢板、锚筋周边挤浆

资料来源：深大院

SM胶
（详见右上注）

用于静水
压较大之
工程

锚筋上禁焊止水钢板。

抗浮锚筋（一）　　环氧钢板　　WSA 261

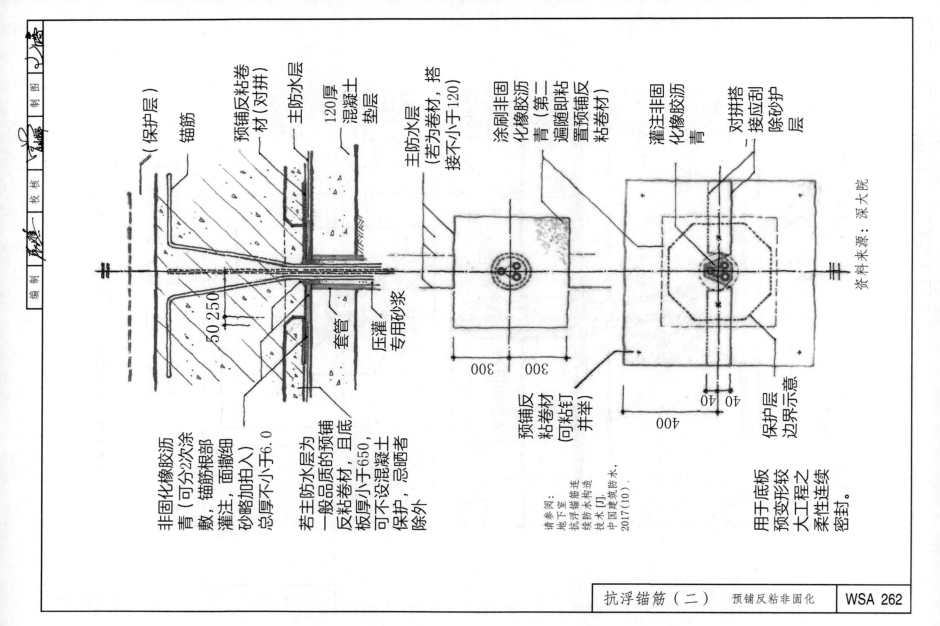

（保护层）

锚筋

预铺反粘卷材（对拼）

主防水层

120厚混凝土垫层

主防水层（若为卷材，搭接不小于120）

涂刷非固化橡胶沥青（第二遍随即铺置预铺反粘卷材）

灌注非固化橡胶沥青

对拼搭接应刮除砂护层

套管

压灌专用砂浆

50 250

300 300

400

40 40

非固化橡胶沥青（可分2次涂敷，锚筋根部灌注，面撒细砂略加拍入）总厚不小于6.0

若主防水层为一般品质的预铺反粘卷材，且底板厚小于650，可不设混凝土保护，忌晒晒者除外

请参阅：
地下室
抗浮锚筋连
续防水构造
技术 [J].
中国建筑防水，
2017(10)．

预铺反粘卷材（可粘钉并举）

保护层边界示意

用于底板预变形较大工程之柔性连续密封。

资料来源：深大院

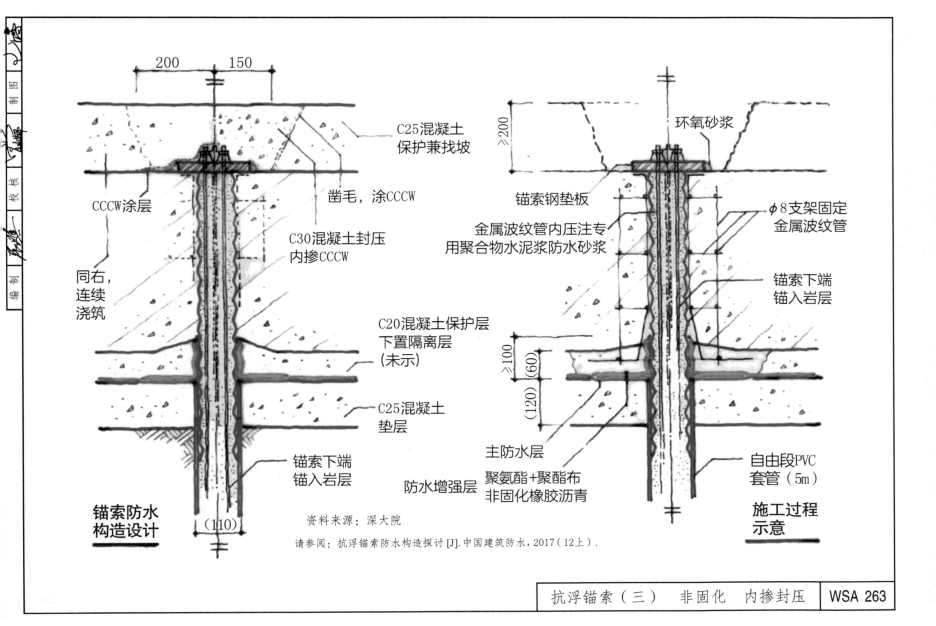

C25混凝土
保护兼找坡

环氧砂浆

CCCW涂层

凿毛，涂CCCW

锚索钢垫板

φ8支架固定
金属波纹管

C30混凝土封压
内掺CCCW

金属波纹管内压注专
用聚合物水泥浆防水砂浆

锚索下端
锚入岩层

同右，
连续
浇筑

C20混凝土保护层
下置隔离层
（未示）

C25混凝土
垫层

主防水层

防水增强层

聚氨酯+聚酯布
非固化橡胶沥青

自由段PVC
套管（5m）

锚索下端
锚入岩层

≥200

≥100　(60)

(120)

200　150

(110)

锚索防水
构造设计

施工过程
示意

资料来源：深大院

请参阅：抗浮锚索防水构造探讨[J].中国建筑防水，2017（12上）.

抗浮锚索（三）　非固化　内掺封压 | WSA 263

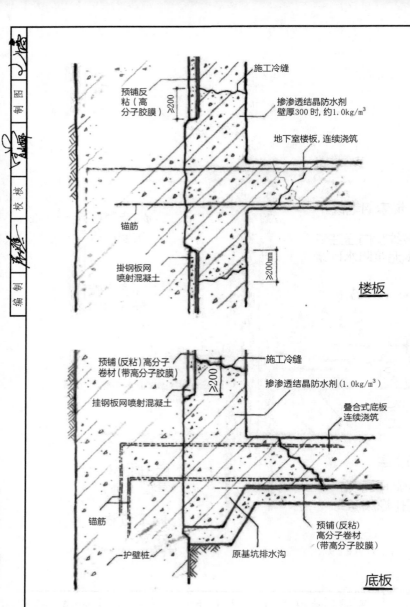

预铺反粘（高分子胶膜）

≥200

施工冷缝

掺渗透结晶防水剂
壁厚300时，约1.0kg/m³

地下室楼板，连续浇筑

锚筋

≥200mm

掛钢板网
喷射混凝土

楼板

预铺（反粘）高分子
卷材（带高分子胶膜）

≥200

施工冷缝

掺渗透结晶防水剂（1.0kg/m³）

挂钢板网喷射混凝土

叠合式底板
连续浇筑

锚筋

护壁桩

预铺（反粘）
高分子卷材
（带高分子胶膜）

原基坑排水沟

底板

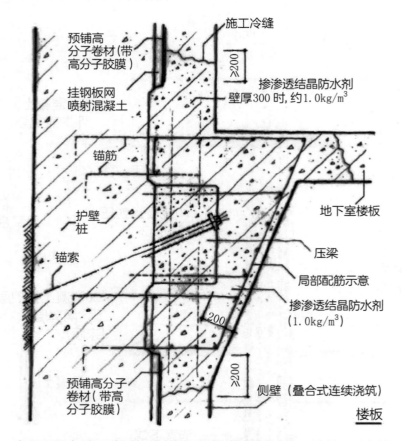

预铺高
分子卷材（带
高分子胶膜）

挂钢板网
喷射混凝土

锚筋

护壁
桩

锚索

预铺高分子
卷材（带高
分子胶膜）

施工冷缝

≥200

掺渗透结晶防水剂
壁厚300时，约1.0kg/m³

地下室楼板

压梁

局部配筋示意

掺渗透结晶防水剂
（1.0kg/m³）

200

≥200

侧壁（叠合式连续浇筑）

楼板

实行设计总承包的项目，可将基坑支护、结构设计整合。
不拆压梁，减少垃圾，连续外防，科学合理，整体顺畅。
其中，锚索若采用回收式，使整体设计更具可持续性。

资料来源：深大院

叠合墙连续外防水　　WSA 264

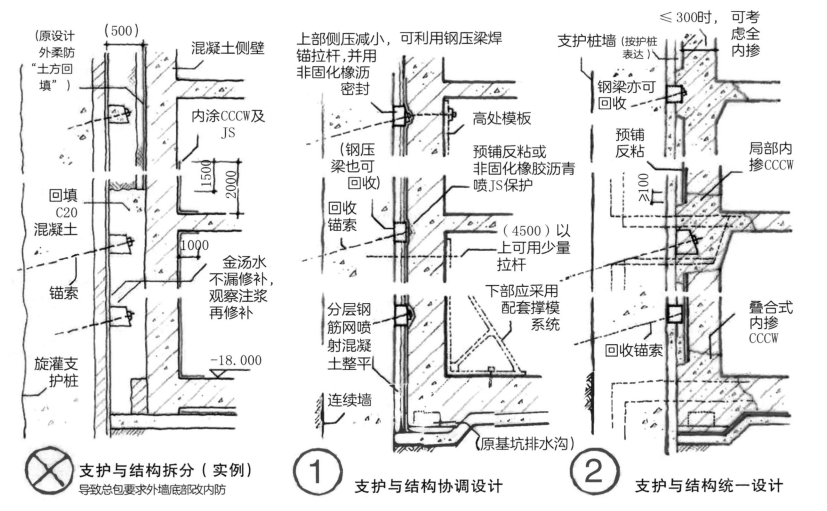

（原设计外柔防"土方回填"）

（500）

混凝土侧壁

内涂CCCW及JS

1500

2000

回填C20混凝土

1000

金汤水不漏修补，观察注浆再修补

锚索

旋灌支护桩

-18.000

⊗ 支护与结构拆分（实例）
导致总包要求外墙底部改内防

上部侧压减小，可利用钢压梁焊锚拉杆，并用非固化橡沥密封

高处模板

（钢压梁也可回收）

预铺反粘或非固化橡胶沥青喷JS保护

回收锚索

（4500）以上可用少量拉杆

下部应采用配套撑模系统

分层钢筋网喷射混凝土整平

连续墙

（原基坑排水沟）

① 支护与结构协调设计

≤300时，可考虑全内掺

支护桩墙（按护桩表达）

钢梁亦可回收

预铺反粘

≥100

局部内掺CCCW

叠合式内掺CCCW

回收锚索

② 支护与结构统一设计

若采用叠合式，则内衬墙可内掺CCCW或亚力士，使结构主体形成全刚自防水混凝土。

请参阅：狭窄场地之支护与结构整合防水设计 [J].中国建筑防水，2017（13上）.

狭窄场地支护与结构设计整合

WSA 265

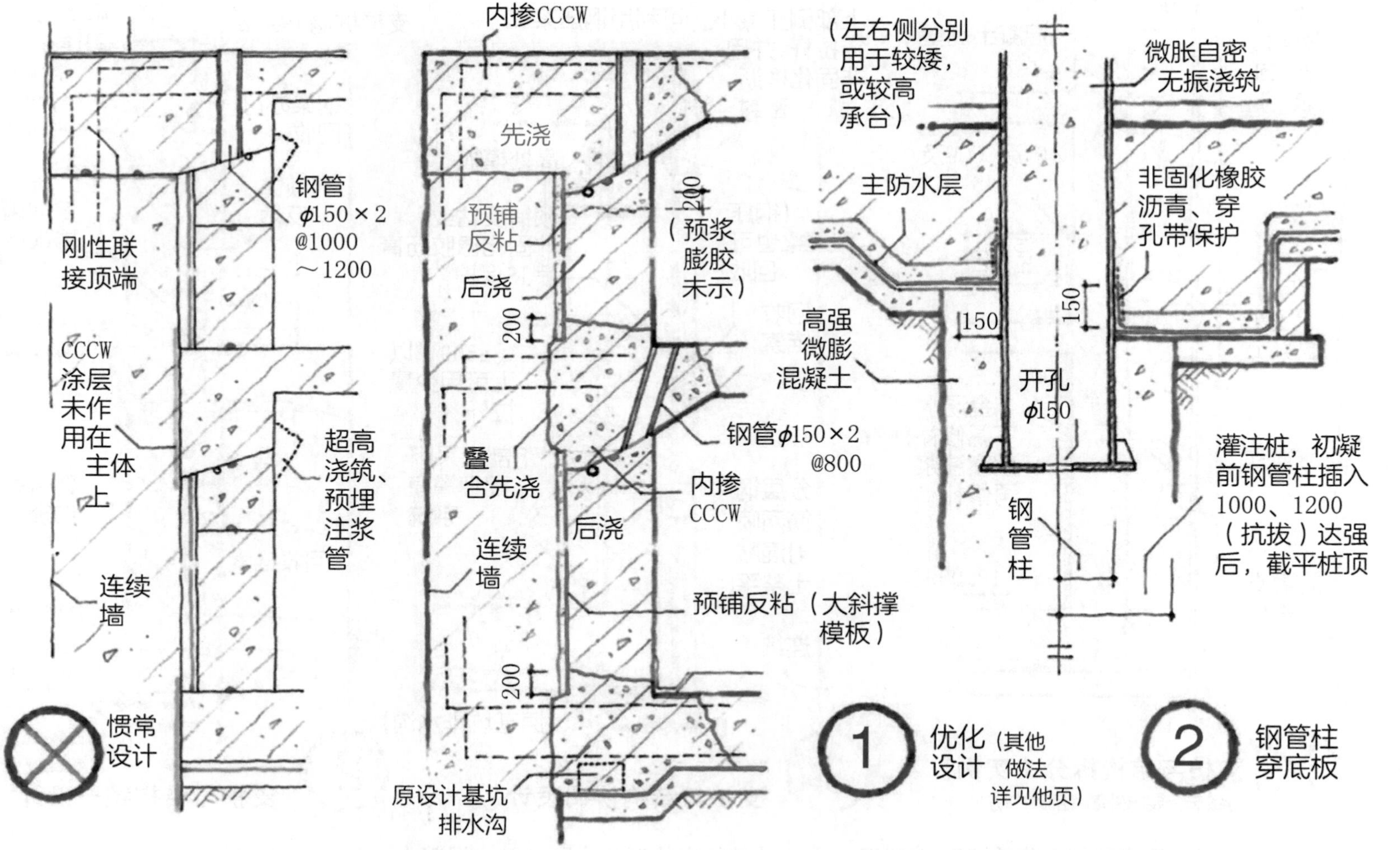

钢管
φ150×2
@1000
～1200

刚性联
接顶端

CCCW
涂层
未作
用在
主体
上

连续
墙

惯常
设计

超高
浇筑、
预埋
注浆
管

内掺CCCW

先浇

预铺反粘

后浇

（预浆
膨胶
未示）

叠
合先浇

后浇

连续
墙

原设计基坑
排水沟

钢管φ150×2
@800

内掺
CCCW

预铺反粘（大斜撑
模板）

（左右侧分别
用于较矮，
或较高
承台）

主防水层

高强微膨
混凝土

开孔
φ150

钢管
柱

微胀自密
无振浇筑

非固化橡胶
沥青、穿
孔带保护

灌注桩，初凝
前钢管柱插入
1000、1200
（抗拔）达强
后，截平桩顶

150　150

① 优化设计（其他做法详见他页）

② 钢管柱穿底板

请参阅：逆筑法连续外防节点设计 [J]. 中国建筑防水，2017（14上）.

逆筑法（底板侧墙顶板）　钢管柱　　WSA 266

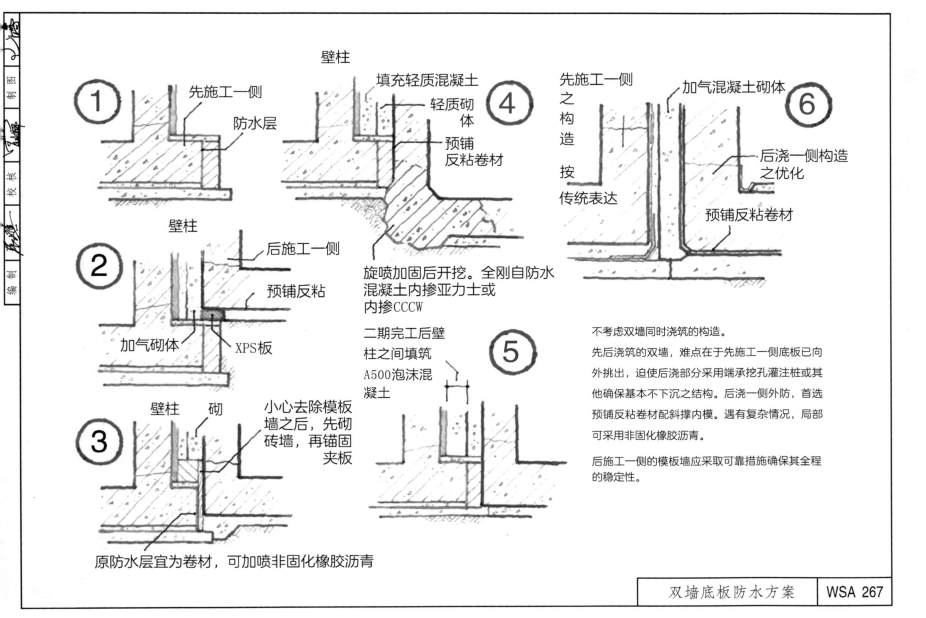

① 先施工一侧
防水层

② 壁柱
后施工一侧
预铺反粘
加气砌体　XPS板

③ 壁柱　砌
小心去除模板墙之后，先砌砖墙，再锚固夹板

原防水层宜为卷材，可加喷非固化橡胶沥青

④ 壁柱
填充轻质混凝土
轻质砌体
预铺反粘卷材

旋喷加固后开挖。全刚自防水混凝土内掺亚力士或内掺CCCW

⑤ 二期完工后壁柱之间填筑A500泡沫混凝土

⑥ 先施工一侧之构造按传统表达
加气混凝土砌体
后浇一侧构造之优化
预铺反粘卷材

不考虑双墙同时浇筑的构造。

先后浇筑的双墙，难点在于先施工一侧底板已向外挑出，迫使后浇部分采用端承挖孔灌注桩或其他确保基本不下沉之结构。后浇一侧外防，首选预铺反粘卷材配斜撑内模。遇有复杂情况，局部可采用非固化橡胶沥青。

后施工一侧的模板墙应采取可靠措施确保其全程的稳定性。

双墙底板防水方案　　WSA 267

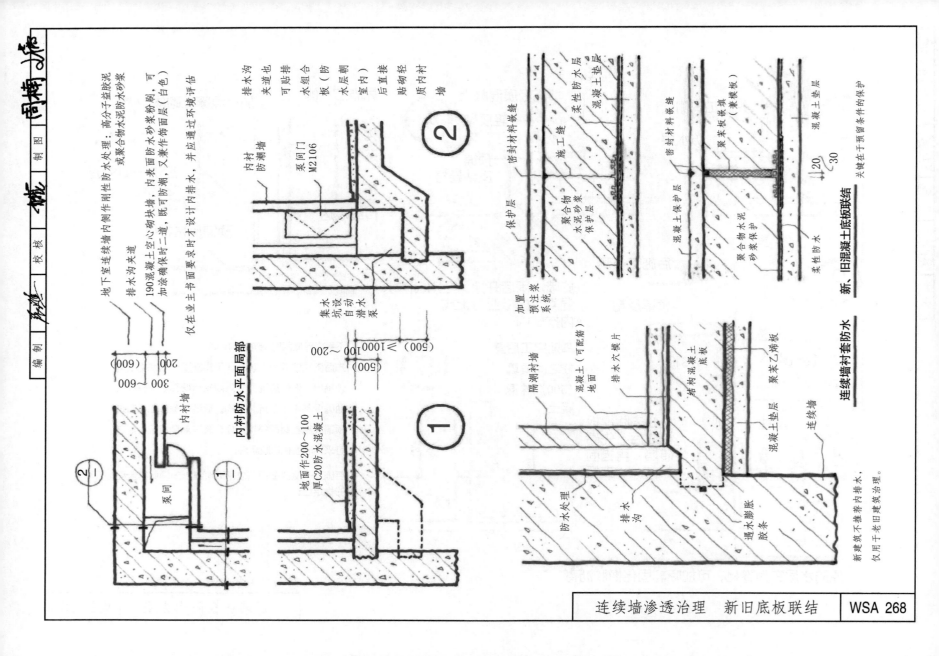

地下室连续墙内侧内作刚性防水处理：高分子益胶泥
或聚合物水泥防水砂浆
190混凝土空心砌块墙，内表面防水砂浆粉刷，可
加涂确保时二道，既可防潮，又兼作饰面层（白色）

排水沟夹道

仅在业主书面要求时才设计排水，并应通过环境评估

内衬防水平面局部

300×600
（600）
200
（600）

内衬墙

泵间

地面作200～100
厚C20防水混凝土

防水沟
排沟
遇水膨胀
胶条

1

内衬
防水墙

泵间门
M2106

集水
坑设
自动
潜水泵

∨1000～100
（500）～200

2

排水沟
夹道也
可贴排
水组合
板（防
水层朝
室内）
后直接
贴砌轻
质内衬
墙

连续墙衬套防水

隔潮衬墙
混凝土（可配筋）
混凝土地面
排水穴楼
结构混凝土底板
聚苯乙烯板
混凝土垫层
连续墙

新建筑不推荐内排水，
仅用于老旧建筑治理。

密封材料嵌缝
施工缝
柔性防水层

加置
预注浆
系统

保护层
聚合物
水泥砂浆
保护层

密封材料嵌缝
聚苯板填
（兼楼板）

↓20
30

混凝土保护
聚合物保护
砂浆保护

柔性防水

混凝土垫层

新、旧混凝土底板联结

关键在于预留条件的保护

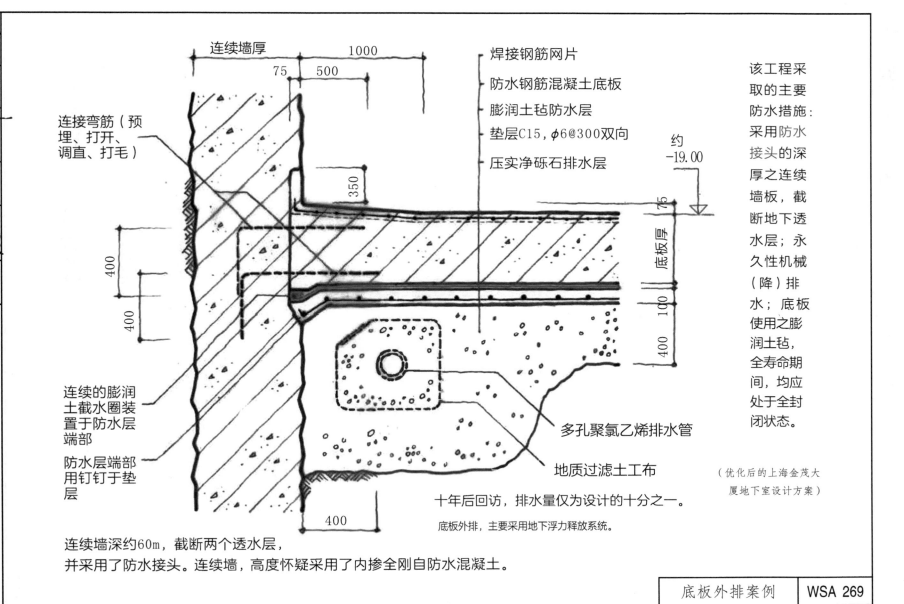

连续墙厚　1000

75　500

连接弯筋（预埋、打开、调直、打毛）

焊接钢筋网片

防水钢筋混凝土底板

膨润土毡防水层

垫层C15，φ6@300双向

压实净砾石排水层

约 -19.00

350

400

400

底板厚

75

100

400

连续的膨润土截水圈装置于防水层端部

防水层端部用钉钉于垫层

多孔聚氯乙烯排水管

地质过滤土工布

400

该工程采取的主要防水措施：采用防水接头的深厚之连续墙板，截断地下透水层；永久性机械（降）排水；底板使用之膨润土毡，全寿命期间，均应处于全封闭状态。

（优化后的上海金茂大厦地下室设计方案）

十年后回访，排水量仅为设计的十分之一。

底板外排，主要采用地下浮力释放系统。

连续墙深约60m，截断两个透水层，
并采用了防水接头。连续墙，高度怀疑采用了内掺全刚自防水混凝土。

底板外排案例　WSA 269

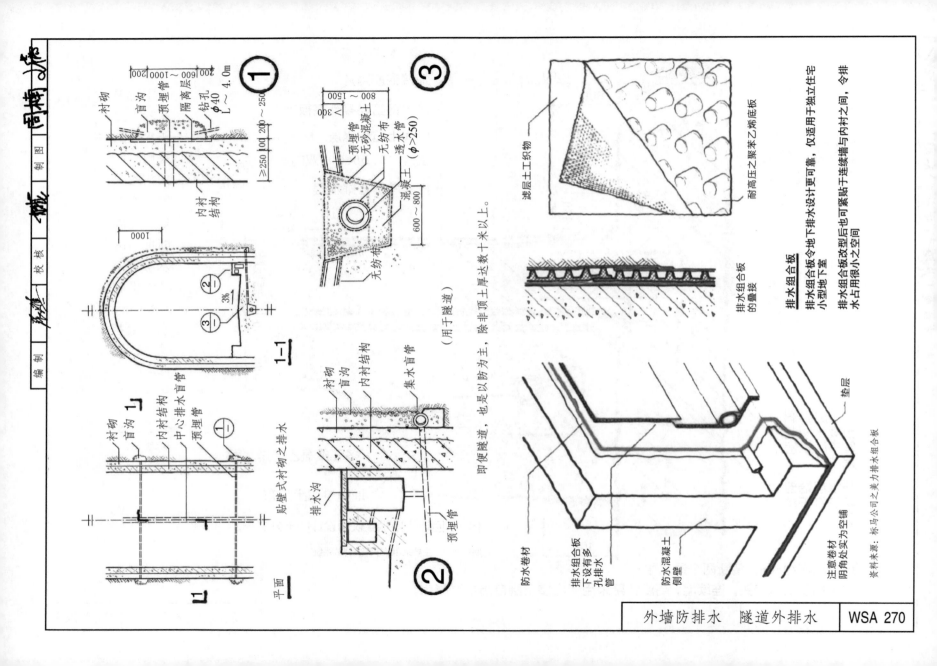

① ②

内衬砌
盲沟
预埋管
预隔离层
钻孔 φ40 L～4.0m
衬砌
内衬结构

③

预埋管
无砂混凝土
无纺布
透水管 (φ>250)
混凝土
无纺布

（用于隧道）

即便隧道，也是以防为主，除非顶土厚达数十米以上。

1—1

3%

平面

贴壁式衬砌之排水

衬砌
盲沟
内衬结构
中心排水管
预埋管

平面

衬砌
盲沟
内衬结构
集水盲管

排水沟
预埋管

滤层土工织物
耐高压之聚苯乙烯底板

排水组合板

排水组合板令地下排水设计更可靠，仅适用于独立住宅小型地下室

排水组合板改型后也可紧贴于连续墙与内衬之间，令排水占用很小之空间

排水组合板叠接

防水卷材
排水组合板下设有多孔排水管
防水混凝土侧壁
注意卷材阴角处实为空铺

垫层

资料来源：标马公司之美力排水组合板

外墙防排水　隧道外排水　　WSA 270

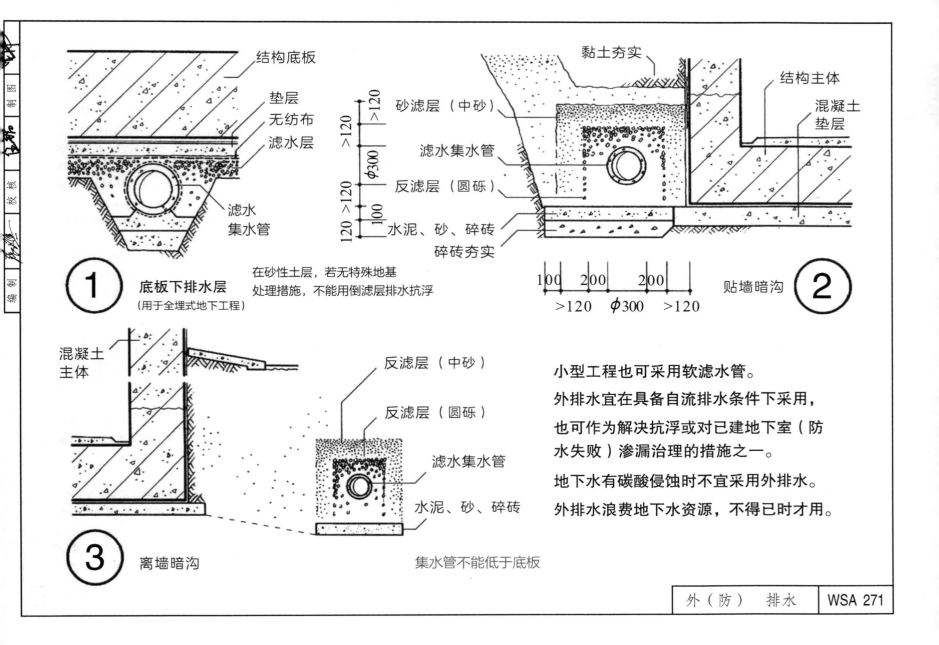

结构底板

垫层
无纺布
滤水层

滤水集水管

>120 >120 $\phi300$ >120 100 120

① **底板下排水层**
（用于全埋式地下工程）

在砂性土层，若无特殊地基
处理措施，不能用倒滤层排水抗浮

黏土夯实

结构主体

混凝土
垫层

砂滤层（中砂）

滤水集水管

反滤层（圆砾）

水泥、砂、碎砖

碎砖夯实

100 200 200
>120 $\phi300$ >120

贴墙暗沟 ②

混凝土
主体

反滤层（中砂）

反滤层（圆砾）

滤水集水管

水泥、砂、碎砖

③ 离墙暗沟

集水管不能低于底板

小型工程也可采用软滤水管。

外排水宜在具备自流排水条件下采用，
也可作为解决抗浮或对已建地下室（防
水失败）渗漏治理的措施之一。

地下水有碳酸侵蚀时不宜采用外排水。

外排水浪费地下水资源，不得已时才用。

厨 卫 廊 台 池

概念设计

室外梯、半室外梯：
1. 与室内空间紧邻的室外梯应作防排水，以排为主。
2. 采用梯边排水，可使雨水及时排除，有利于防滑。
3. 半室外墙面，构造应按外墙设计，特别是有强风暴雨之地区。

阳台、外廊：
1. 大阳台，应采用周边设槽的方法，使排水坡长减为阳台宽度的一半。凹槽由聚合物水泥防水砂浆专用工具勾抹而成。
2. 平台设计，应结构降板，周边梁上翻。
3. 阳台附设的花池应作聚合物水泥防水砂浆或益胶泥内防水。花池与房间紧邻处，应加作 JS-Ⅱ防水涂层。

厨房、卫生间：
1. 厨、卫、浴平剖面设计应注意对相邻房间的影响。一个好的平剖面设计，是将明沟尽量集中压缩在较小的范围内，并避免穿梁；不得已穿梁时，应给出节点设计。中厨地面防水防滑耐清洗，是一个很值得研究的新课题。
2. 餐饮设计中，整个大厨用房范围内都不应跨缝设计。大厨明沟应由钢筋混凝土楼板直接作出。只有在项目管理不善，拆解分包，又不能事先协调整合设计时，才后填作沟。下沉填沟，推荐不锈钢系统，不推荐混凝土，更不应砖砌。建议参阅：室内防水概念设计探讨 [J]. 中国建筑防水，2015（10）.
3. 公共浴室、大厨房，其楼面结构设计宜按裂缝控制，增加板厚及配筋率。提倡暗管设计（有利防水，简洁、卫生、美观）。
4. 整体（集成）式卫生间及后排式卫生间是同层排水更好的解决方案，符合住宅工业化方向。即使固执采用下沉，也还有许多可改进优化之处，虽属折中，好过现行。可参阅：谈下沉式卫生间的构造设计 [J]. 中国建筑防水，2017（17）.

水池：
1. 水池应采用防水混凝土，抗渗等级不低于 P8。同时采用刚性内防水。埋地水池，同时做好柔性外防水。水池防水设防，应以结构防水混凝土为主。结构防水混凝土应采用内掺纯天然无机活性抗裂自愈掺合料之混凝土，抗渗等级不低于 P8。
2. 平剖面设计应简化，并做八字倒角处理，旨在减少内表面积，减少或消除小于 90° 的阴阳角。生活水池内表面应加作卫生防疫部门认可的无毒、防菌、防霉、易清洗的涂层。

泳池：
泳池设计实践存在问题较多，需从概念入手，合理整合建筑、给水排水、结构，系统改进，优化配件，摆脱落后的构造和工艺，提高防水的可靠性、可维修性，投资少，寿命长。具体设计，可参阅：泳池设计优化 [J]. 中国建筑防水，2017（16）；泳池卷材防水构造探讨 [J]. 中国建筑防水，2017（24）.

设计提示

一、厨房、卫生间

1. 酒店大厨房的墙、地面防水，本图集未予充分考虑。高级酒店的公共卫生间，本图集亦未充分考虑。

2. 厕、浴、厨房间的平面设计位置应充分考虑对上下左右（特别是下层）房间的影响。厕、浴、厨房的设计，应有比例不小于1：50之局部放大平面设计；公共浴室、公共大厨房宜作放大的剖面（比例≥1：50）设计。

3. 厕、浴及大厨房地面应比门外同层地面低20；不得已，可用缓坡形成的门槛解决（主要指公共浴室）。

4. 坡向地漏的坡度为1%～3%。装修标准高，舒适度高的，取下限；公共的，装修标准低的取上限。地漏口标高低于周围10以上。

5. 尽量减少穿越楼板的管道。提倡暗管设计。住宅厨卫竖向暗管，可安装后用60厚混凝土砖贴管封砌，并在掏堵口处空贴瓷片。

6. 所有穿过防水层的预埋件、紧固件注意联结可靠（空心砌体，必要时应将局部用C10混凝土填实），其四周均应采用聚合物水泥砂浆嵌实。洁具、配件等设备沿墙周边及地漏口周围、穿墙、地管道周围均应嵌填密封材料。地漏离墙面净距离宜50～80。

7. 厨房不设地漏时（出于卫生考虑），厨房应带阳台，若有积水，可通过阳台地漏排水。

8. 轻质隔墙下应作C20混凝土坎台，150高；混凝土空心砌块的隔墙最下一层砌块之空心应用C10混凝土填实；卫生间防水层宜从地面向上一直作到板底；公共浴室的顶板底面应益胶泥嵌平补实，涂聚合物水泥基防水涂膜两道，厚度≥0.5。

二、室外梯、半室外梯

1. （半）室外梯之防排水，要点在排水，旨在防滑。特别是学校、宿舍这类建筑。建议全梯段周边设置无明显阴角之浅"沟槽"，即用聚合物水泥防水砂浆以勾凹缝的方法压出沟槽，并与饰面层满浆粘贴的同种防水砂浆形成连续的防排水层。

2. 顶层室外梯达至屋顶处，必须采取防止屋面水涌入梯间的措施。最可靠的措施是将梯踏高出屋面完成面至少一踏，并扩至600以上宽度，以缓坡联接其他部分。

三、室外廊台

室外廊台防排水应直接由结构平剖面提供可靠基底。凡坚持下沉回填者，若未准备好失败后的退路，决不可为。多雨地区，回填部分之荷载，建议按饱和水考虑。室外走廊平缝，并没有现成节点可套用。但许多设计人员会将变形缝标准图集中的室内平缝误用于室外。本图集收入的室外平缝构造，是新材料发展出来的新构造、新技术。

四、水池、泳池

1. 本图集不适用工业用水池、污水池，该类水池应按防腐蚀设计，但适用于中间水箱、屋顶水箱。在地下室内部设计的水池，不支持另设池壁。另设池壁，不能解决任何防水问题。

2. 水池一般只允许设置水平施工缝，体积不大且设防标准高的水池也可要求不设施工缝，连续整浇。水池内，底板与立墙、立墙与立墙交接处应做成八字倒角，倒角斜边长不应小于150。

3. 水池在内壁及池底应做渗透结晶防水涂层及聚合物水泥防水砂浆或高分子益胶泥；池顶板内表面则用聚合物水泥砂浆嵌平补实。

4. 埋地水池之地下部分应增设附加柔性外防水。

5. 混凝土生活水池防水设防后，应在防水层上加作卫生防疫部门检验合格的无毒、防菌、防霉、易清洗的防水涂料。

6. 即使是水池外表面，也不允许随意钻孔或埋设锚件。

7. 穿过池壁的管道，则应优先采用不锈钢套管式，并考虑与主防水层的连续密封效果。

8. 地下水池靠地下室外壁之附加外防水一般与地下室其他部分相同，设计可以不单独另选；水池防水混凝土，地上、地下一般没有区别，也可不单列另选。因此，水池之内防水构造类别只分非生活用水水池与生活用水水池两类。

9. 饰面为硬质块材时，内防水应选水泥基渗透结晶防水涂料与高分子益胶泥或聚合物水泥防水砂浆组合。水下灯应选成品预先埋设。水下观察窗应预埋专用窗框。
   不贴硬质块材的泳池、水池，可采用聚脲内防水，其要点是将聚脲直接喷涂在渗透环氧处理过的钢筋混凝土底壁上。处理还包括必要的打磨、穿墙管口、阴阳角等部位。聚脲分底、面两道喷涂。

卫墙1
加气混凝土

饰面层：薄瓷砖
粘贴层：5.0～8.0厚配套瓷砖胶满浆粘贴
防水层：2.0厚聚合物水泥防水浆料
找平层（兼辅助防水层）：5厚薄灰砂浆
　　　　（聚合物水泥砂浆）
界面：界面处理剂
墙体：加气混凝土

卫墙3
其他砌块砌体

饰面层：瓷砖
粘贴层：5.0～8.0厚配套瓷砖胶满浆粘贴
防水层：3.0厚聚合物水泥防水砂浆
找平层：8+7厚M15水泥砂浆找平
墙体：非加气混凝土。若为钢筋混凝土，
　　　须加做界面处理剂

卫墙2
加气混凝土

饰面层：薄瓷砖
防水层（兼粘贴层）：5.0～8.0厚高分子益
　　胶泥或聚合物水泥防水砂浆满浆粘贴
找平层（兼辅助防水层）：5厚薄抹灰砂浆（聚
　　合物水泥砂浆）
界面：界面处理剂
墙体：加气混凝土

　　　益胶泥防水兼粘贴时，须按正规工法操作：
　　　橡胶齿刀，底、砖两面施灰后粘贴，余类推。

卫墙4
其他砌块砌体

饰面层：瓷砖
粘贴层兼防水层：5.0～8.0厚益胶泥满浆
　　　　　　　　粘贴
找平层：15（8+7）厚M15水泥砂浆找平
墙体：非加气混凝土。若为钢筋混凝土，
　　　须加做界面处理剂

构造层类

厨房墙面取标准较低者；淋浴间墙面取标准较高者；不含公共大厨、
公共浴室和厨房、卫生间，无论公建、居住，不宜干挂。

厨房　卫生间　卫墙1、2、3、4

地面1		地面3	
用于公共场所或大块石材面层 一级	饰面层：石板，聚合物水泥砂浆坐浆铺砌（周边450范围内应满浆） 保护层：0.3厚聚乙烯丙纶，聚合物水泥胶粘贴 防水层2：2.0厚聚氨酯防水涂料（内衬耐碱玻纤网格布）或2.0厚聚合物水泥防水涂料（Ⅱ型、Ⅲ刑） 防水层1：3.0厚聚合物水泥防水砂浆 找平层（兼辅助防水层）：15厚聚合物水泥砂浆 垫层兼找坡：C20细石混凝土找坡1.5%，最薄处不小于60，随浇随抹压 基层：素土夯实 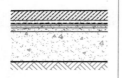	一级	饰面层：防滑地砖 防水层2（兼粘贴层）：5.0～8.0厚高分子益胶泥满浆粘贴 防水层1（兼找平层）：20厚预拌普通防水水泥砂浆（≥P6） 找坡层：C20细石混凝土找坡1.0%，最薄处不小于60，随浇随抹压 防潮层：PE膜空铺 垫层：40厚C15混凝土，找坡1.0% 基层：素土夯实 用于小块地砖。
地面2		地面4	
一级	饰面层：防滑地砖 防水层2（兼粘贴层）：5.0～8.0厚高分子益胶泥满浆粘贴 防水层1（兼找平层）：20厚预拌普通防水砂浆（≥P6） 垫层兼找坡：C20细石混凝土找坡2.0%，最薄处不小于60，随浇随抹压 基层：素土夯实 用于较大块地砖。	用于公共场所或大块石材面层 一级	饰面层：石板 聚合物水泥砂浆坐浆铺砌（周边450范围内应满浆） 保护层：0.3厚聚乙烯丙纶，聚合物水泥胶粘贴 防水层2：1.5厚自粘聚合物改性沥青防水卷材（N类高分子膜）或1.5厚湿铺防水卷材（高分子膜） 防水层1：3.0厚聚合物水泥防水砂浆 找平层（兼辅助防水层）：15厚聚合物水泥砂浆 垫层兼找坡：C20细石混凝土找坡1.5%，最薄处不小于60，随浇随抹压 基层：素土夯实 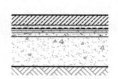

构造层类　厨房取标准较低者；淋浴间地面取标准较高者，不含公共大厨、公共浴室。

楼面1 用于公共场所或大块石材面层 一级	饰面层：石板，聚合物水泥砂浆坐浆铺砌 （周边450范围内应满浆） 保护层：0.3厚聚乙烯丙纶，聚合物水泥胶粘贴 防水层2：2.0厚聚氨酯防水涂料（内衬耐碱 玻纤网格布） 防水层1：3.0厚聚合物水泥防水砂浆 找平层（兼辅助防水层）：聚合物水泥砂浆， 精确找坡0.5%，最薄处10厚 楼板层：钢筋混凝土结构找坡1.5%	楼面3 传统式 一级	饰面层：防滑地砖 防水层1（兼粘贴层）：3.0厚（干粉类） 或5.0厚（乳液类）聚合物水泥防 水砂浆满浆粘贴 防水层2：2.0厚聚合物水泥防水浆料 找平层（兼辅助防水层）：8厚聚合物水 泥砂浆 找坡层：M15纤维水泥砂浆，坡度2%，最 薄处10厚 楼板层：钢筋混凝土楼板
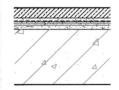		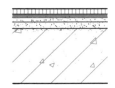	
楼面2 结构找坡 一级	饰面层：防滑地砖 防水层2（兼粘贴层）：3.0厚（干粉类）或5.0 厚（乳液类）聚合物水泥防水砂浆满 浆粘贴 防水层1：1.5厚聚合物水泥防水涂料（Ⅱ型、 Ⅲ型） 找平层（兼辅助防水层）：聚合物水泥砂浆， 精确找坡0.5%，最薄处10厚 楼板层：钢筋混凝土结构找坡1.5%	楼面4 结构找坡 一级	饰面层：防滑地砖 防水层2（兼粘贴层）：5.0～8.0厚高分子 益胶泥满浆粘贴 找平层（兼辅助防水层）：聚合物水泥砂浆， 精确找坡0.5%，最薄处10厚 防水层1：1.0厚水泥基渗透结晶型防水剂 1.5kg/m²，干撒法施作 楼板层：钢筋混凝土结构找坡1.5%
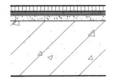		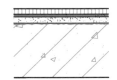	益胶泥（或K11）防水兼粘贴时，须按正规工法操作，像胶齿刀、底、砖两面施灰后粘贴，余类推。

构造层类	厨房取标准较低者，淋浴间、取标准较高者，不含公共大厨、公共浴室。	厨房 卫生间 楼面1、2、3、4	WSA 277

楼面5

住宅下沉式
卫生间
上层透气
下层封闭
一级

饰面层：防滑地砖

防水层2（兼粘贴层）：5.0～8.0厚高分子益胶泥满浆粘贴

找平层（兼辅助防水层）：10厚聚合物水泥砂浆

垫层：100厚C15纤维混凝土压实（0.5%精确找坡）

填充兼找坡层：1：3：6水泥砂陶粒混凝土1.5%找坡

保护层（兼辅助防水层）：10厚聚合物水泥砂浆

防水层1：1.5厚聚氨酯防水涂料（内衬耐碱玻纤网格布），四周上翻

防水加强层：水泥基渗透结晶型防水剂（干撒法，侧面涂刷法，高出地坪完成面50）

结构层：现浇钢筋混凝土下沉基坑

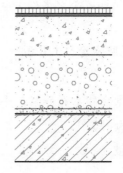

设泄水口，沉坑施工较精准时采用。

益胶泥防水兼粘贴时，须按正规工法操作，橡胶齿刀，底、砖两面施胶后粘贴，余类推。

地面6

住宅下沉式
卫生间
上层透气
下层封闭
一级

饰面层：防滑地砖

防水层2（兼粘贴层）：5.0～8.0厚高分子益胶泥满浆粘贴

垫层：100厚C15纤维混凝土压实（0.5%精确找坡）

填充兼找坡层：水泥聚苯1.5%找坡（抗压强度不小于4MPa）

防水层1：1.5厚聚氨酯防水涂料（内衬耐碱玻纤网格布），四周上翻

找平层（兼辅助防水层）：10厚聚合物水泥砂浆

防水加强层：水泥基渗透结晶型防水剂（干撒法，侧面涂刷法，高出地坪完成面50）

结构层：现浇钢筋混凝土下沉基坑

上防水层标准较低，用于较大块地砖。设泄水口，聚合物水泥聚苯由专业公司设计施工，沉坑施工较粗糙时采用。

构造层类

下沉式卫生间，只在甲方书面要求时才设计；
填充层也可采用现浇泡沫混凝土，密度不小于600kg/m³，专业公司施工。

阳台1 结构找坡（底平上坡）	饰面层：防滑地砖,周边聚合物水泥防水砂浆勾槽 防水层（兼粘贴层）：4.0厚高分子益胶泥满浆粘贴 找平层（兼辅助防水）：20（12+8）厚聚合物水泥砂浆精确找坡0.5% 结构层：钢筋混凝土楼面找坡(底平上坡)1.5%	(半)室外梯1 结构找坡（底平上坡）	饰面层：防滑地砖,周边聚合物水泥防水砂浆勾槽 防水层（兼粘贴层）：4.0厚高分子益胶泥满浆粘贴 找平层（兼辅助防水）：20（12+8）厚聚合物水泥砂浆 结构层：钢筋混凝土楼面找坡（底平上坡）1.5%
	益胶泥防水兼粘贴时,须按正规工法操作,橡胶齿刀,底、砖两面施灰后粘贴。 周边宽15～20,深10～12浅沟通向地漏,3.0厚益胶泥勾压平滑。		益胶泥防水兼粘贴时,须按正规工法操作,橡胶齿刀,底、砖两面施灰后粘贴。 全梯段、休息平台,应按周边浅沟排水系统设计。
阳台2 材料找坡	饰面层：防滑地砖 粘贴层（兼防水层）：3.0～5.0厚聚合物水泥防水砂浆满浆铺贴 防水层：2.0厚聚合物水泥防水涂料（Ⅱ型、Ⅲ型） 找平层（兼辅助防水找坡0.5%）：10或15(8+7)厚聚合物水泥砂浆 找坡层：M15纤维水泥防水砂浆找坡1.5%,最薄处10 结构层：钢筋混凝土楼板	(半)室外梯2 材料找坡	饰面层：防滑地砖,周边聚合物水泥防水砂浆勾槽 粘贴层（兼防水层）：3.0～5.0厚聚合物水泥防水砂浆满浆铺贴 防水层：2.0厚聚合物水泥防水浆料 找平层（兼辅助防水找坡0.5%）：10或15（8+7）厚聚合物水泥砂浆 找坡层：M15纤维水泥防水砂浆找坡1.5%,最薄处10 结构层：现浇钢筋混凝土楼梯 全梯段、休息平台,应按周边浅沟排水系统设计。

构造层类   大阳台应设置周边排水沟槽；
半封闭阳台宜按卫生间设计。   阳台（半）室外梯　阳台1、2（半）室外梯1、2   **WSA 279**

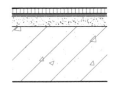

水池 1	面层：薄型小块釉面砖 粘贴层（兼防水）：3.0厚聚合物水泥防水砂浆 　　　　　　　　满浆粘贴 找平层（兼辅助防水）：10厚聚合物水泥砂浆 防水层：1厚水泥基渗透结晶型防水涂层 1.5kg/m² 结构层：防水混凝土 　　　　　　　须按正规工法粘贴，采用橡胶齿刀， 　　　　　墙、砖两面施灰后粘贴。	水池 2	面层：薄型小块釉面砖 粘贴层（兼防水）：3.0～5.0厚高分子益胶泥满 　　　　　　　　浆粘贴 防水层：2.0厚聚合物水泥防水浆料 找平层（兼辅助防水）：10厚聚合物水泥砂浆 结构层：防水混凝土 　　　　　　　　　　用于非室内水池。
生活水池 1	面层（兼防水）：无毒、防霉、防菌、防水、表 　　　　　　　　面憎水之瓷釉涂料 防水层2（兼找平）：5.0厚聚合物水泥防水砂浆 防水层1：1.0厚水泥基渗透结晶型防水涂层 　　　　　　　　1.5kg/m² 结构层：防水混凝土 　　　　加强安全措施，严格按供货方供货要求施工。	**生活水池 2**	面层（兼防水）：无毒、防霉、防菌、防水、 　　　　　　　　表面憎水之瓷釉涂料 防水层：3.0厚华鸿高分子益胶泥 找平层（兼辅助防水）：10厚聚合物水泥砂浆 结构层：防水混凝土 　　　　　　　　　　用于非室内水池。
泳池 1	面层：薄型小块面砖 粘贴层（兼防水）：3.0厚聚合物水泥防水砂浆 　　　　　　　　满浆粘贴 找平层（兼辅助防水）：10厚聚合物水泥砂浆 防水层：1.0厚水泥基渗透结晶型防水涂层 1.5kg/m² 结构层：防水混凝土 　　　　　　　须按正规工法粘贴，采用橡胶齿刀， 　　　　　墙、砖两面施灰后粘贴。	**泳池 2**	面层：薄型小块面砖 粘贴层（兼防水）：3.0～5.0厚高分子益胶 　　　　　　　　泥满浆粘贴 防水层：5.0厚聚合物水泥防水砂浆 找平层（兼辅助防水）：10厚聚合物纤维水 　　　　　　　　泥砂浆 结构层：防水混凝土 　　　　　　　　　　用于埋地泳池。

构造层类	防水混凝土等级详见单体设计， 一般不小于P6。	水池 泳池　水池 1、2　生活水池 1、2　泳池 1、2	WSA 280

构造节点

本图集不推荐将排水立管置于室外的设计。室外立管令每户产生至少一个穿外墙横管，其出墙后，紧接竖管，使墙体防水密封不易做好；室外气候条件又使其耐久性打折。现代管材质量高，接口技术成熟，加之住宅面积足够大，采用暗管完全不成问题。若将暗管局部稍稍加宽，内装横管及隐蔽式水箱，就形成壁挂式卫生洁具，不仅可解决同层排水问题，而且更有利于防水、节水、隔声，减少卫生死角，颇值得推荐。

本图集不提倡下沉式卫生间，因其弊大于利。之所以提供其防水构造，只是试图对有关标准图集提出改进意见。

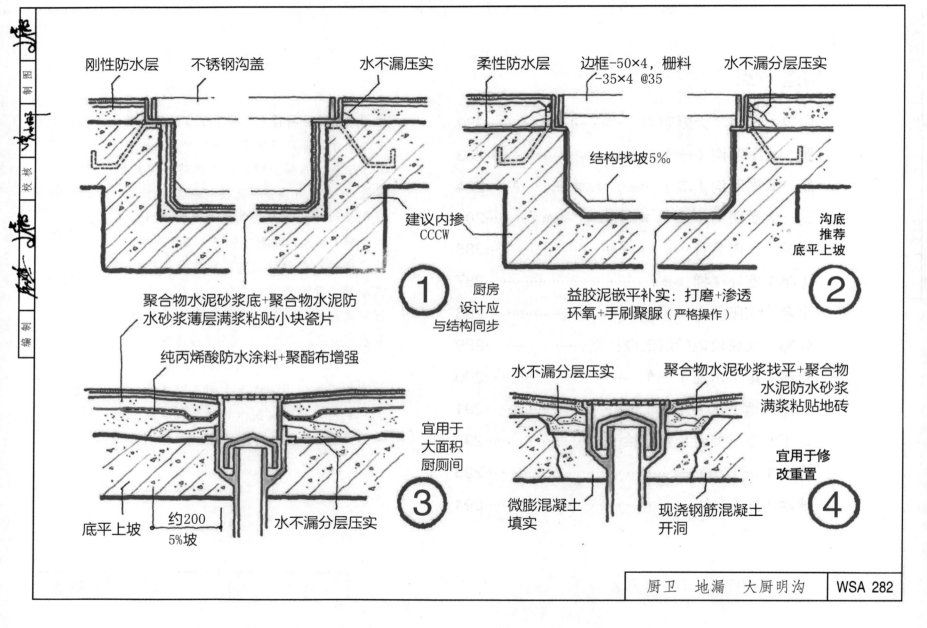

刚性防水层　不锈钢沟盖　水不漏压实　柔性防水层　边框-50×4，栅料-35×4 @35　水不漏分层压实

结构找坡5‰

建议内掺
CCCW

沟底
推荐
底平上坡

聚合物水泥砂浆底+聚合物水泥防水砂浆薄层满浆粘贴小块瓷片

① 厨房设计应与结构同步

益胶泥嵌平补实：打磨+渗透环氧+手刷聚脲（严格操作）　②

纯丙烯酸防水涂料+聚酯布增强

宜用于大面积厨厕间

水不漏分层压实　聚合物水泥砂浆找平+聚合物水泥防水砂浆满浆粘贴地砖

宜用于修改重置

③ 底平上坡　约200　5%坡　水不漏分层压实

微膨混凝土填实　现浇钢筋混凝土开洞　④

厨卫　地漏　大厨明沟　WSA 282

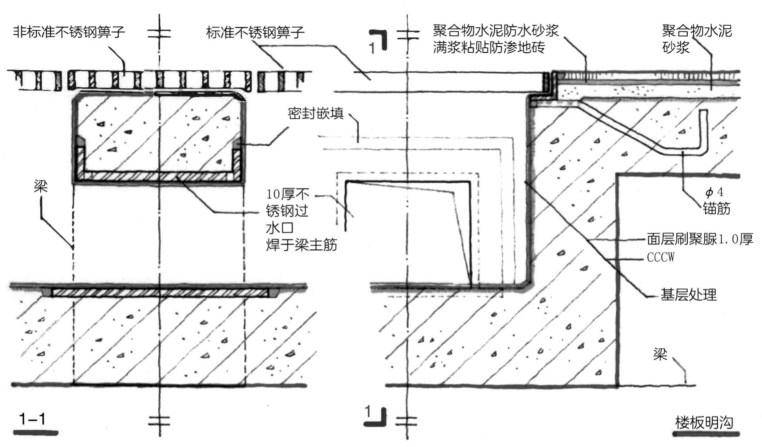

非标准不锈钢箅子　　　标准不锈钢箅子

聚合物水泥防水砂浆
满浆粘贴防渗地砖

聚合物水泥
砂浆

密封嵌填

梁

10厚不
锈钢过
水口
焊于梁主筋

ϕ4
锚筋

面层刷聚脲1.0厚
CCCW

基层处理

梁

1-1

1

楼板明沟

开洞应选在梁应变较小之区域。清水模板，基层角磨机打磨、清净、干燥，渗透环氧封底。不锈钢表面手工打磨；
密封嵌填可用益胶泥或K11。

资料来源：清华苑

厨　大厨明沟（一）　　楼板沟　反梁　　　**WSA 283**

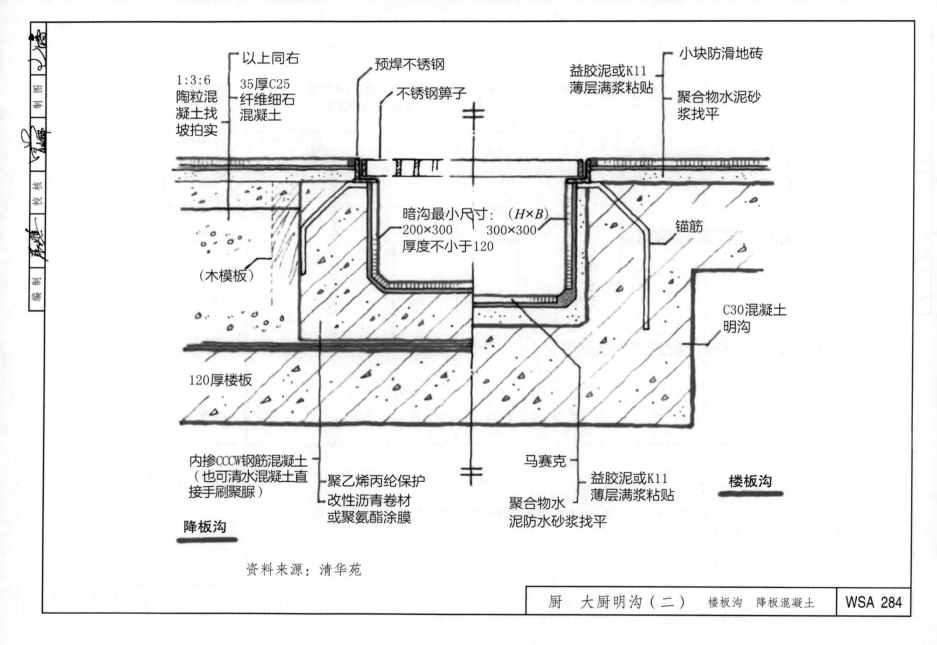

1:3:6
陶粒混
凝土找
坡拍实

35厚C25
纤维细石
混凝土

以上同右

预焊不锈钢

不锈钢篦子

小块防滑地砖

益胶泥或K11
薄层满浆粘贴

聚合物水泥砂
浆找平

暗沟最小尺寸：（$H \times B$）
200×300   300×300
厚度不小于120

锚筋

（木模板）

C30混凝土
明沟

120厚楼板

内掺CCCW钢筋混凝土
（也可清水混凝土直
接手刷聚脲）

聚乙烯丙纶保护
改性沥青卷材
或聚氨酯涂膜

马赛克

益胶泥或K11
薄层满浆粘贴

聚合物水
泥防水砂浆找平

楼板沟

降板沟

资料来源：清华苑

厨　大厨明沟（二）　　　楼板沟　降板混凝土　　　WSA 284

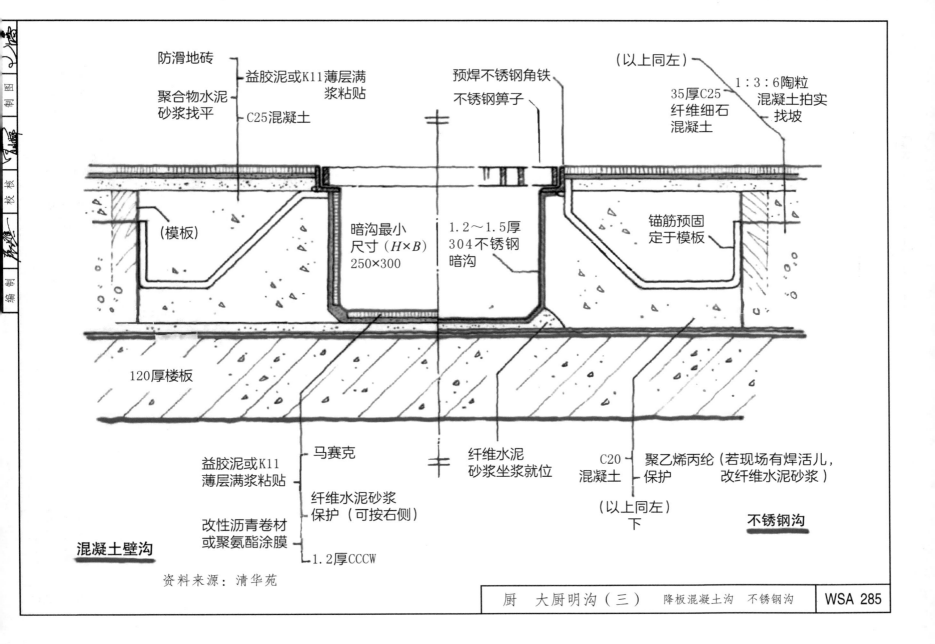

防滑地砖

益胶泥或K11薄层满
浆粘贴

聚合物水泥
砂浆找平

C25混凝土

（以上同左）

预焊不锈钢角铁

不锈钢箅子

1：3：6陶粒
混凝土拍实
找坡

35厚C25
纤维细石
混凝土

（模板）

暗沟最小
尺寸（$H×B$）
250×300

1.2～1.5厚
304不锈钢
暗沟

锚筋预固
定于模板

120厚楼板

益胶泥或K11
薄层满浆粘贴

马赛克

纤维水泥
砂浆坐浆就位

C20
混凝土

聚乙烯丙纶（若现场有焊活儿，
改纤维水泥砂浆）

纤维水泥砂浆
保护（可按右侧）

改性沥青卷材
或聚氨酯涂膜

保护

（以上同左）

下

不锈钢沟

1.2厚CCCW

混凝土壁沟

资料来源：清华苑

厨　大厨明沟（三）　降板混凝土沟　不锈钢沟　WSA 285

（剖面）

（平面）

室内暗管

检修口

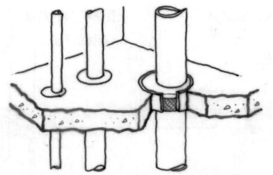

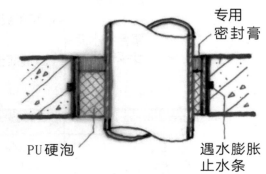

专用
密封膏

PU硬泡

遇水膨胀
止水条

穿楼板管道

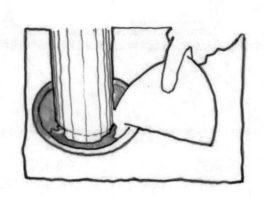

套管（最好高于地坪20）

立管穿楼板处，宜埋设套管：按图示做防水处理后，再将管封砌（暗管），不仅可令漏水率大大下降，而且有利于隔声、装修及文明施工。

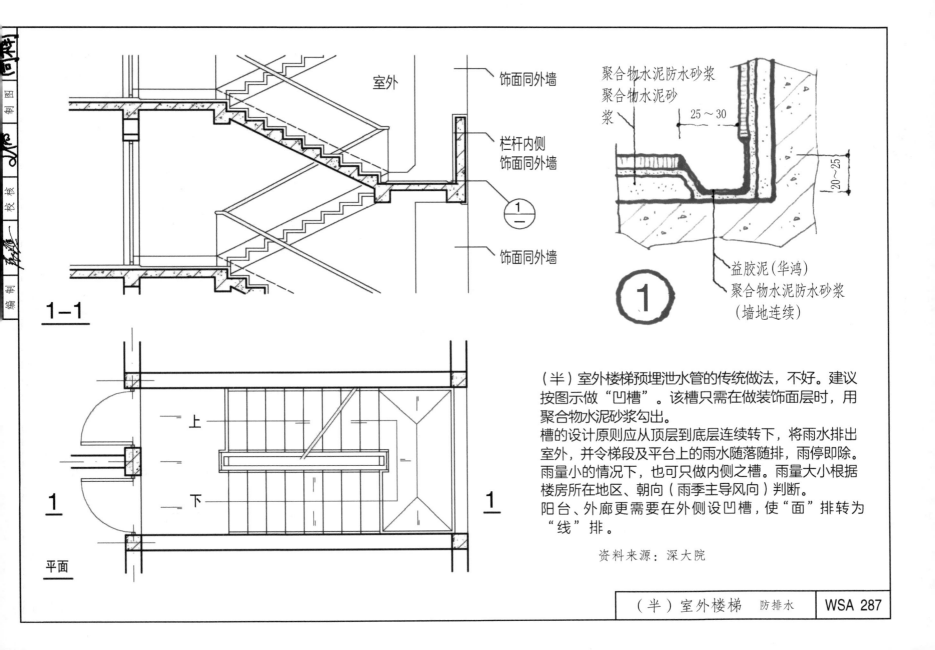

室外

饰面同外墙

栏杆内侧
饰面同外墙

①

饰面同外墙

1-1

聚合物水泥防水砂浆
聚合物水泥砂
浆

25～30

20～25

益胶泥(华鸿)
聚合物水泥防水砂浆
（墙地连续）

①

上

下

1

1

平面

（半）室外楼梯预埋泄水管的传统做法，不好。建议
按图示做"凹槽"。该槽只需在做装饰面层时，用
聚合物水泥砂浆勾出。
槽的设计原则应从顶层到底层连续转下，将雨水排出
室外，并令梯段及平台上的雨水随落随排，雨停即除。
雨量小的情况下，也可只做内侧之槽。雨量大小根据
楼房所在地区、朝向（雨季主导风向）判断。
阳台、外廊更需要在外侧设凹槽，使"面"排转为
"线"排。

资料来源：深大院

（半）室外楼梯 *防排水*　　WSA 287

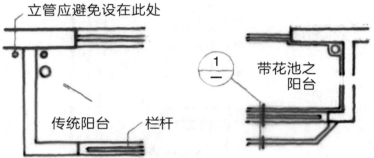

立管应避免设在此处

带花池之阳台

传统阳台　　栏杆

落地门窗

推荐阳台

水"旋入",令水气迅速分流，排水效率高

外形扁平美观

φ80
阳台专用PVC地漏

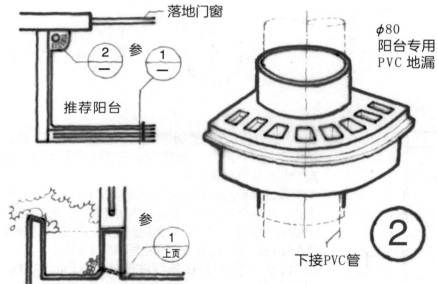

下接PVC管

不锈钢平台地漏

55

275

传统阳台（指排水设计）较难满足排水坡度 ≥ 3% 的要求。推荐阳台周边设"凹槽"，令排水坡长均成短向。

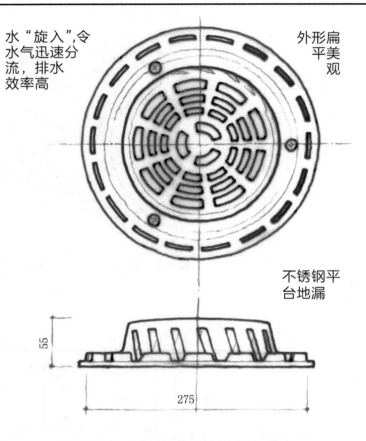

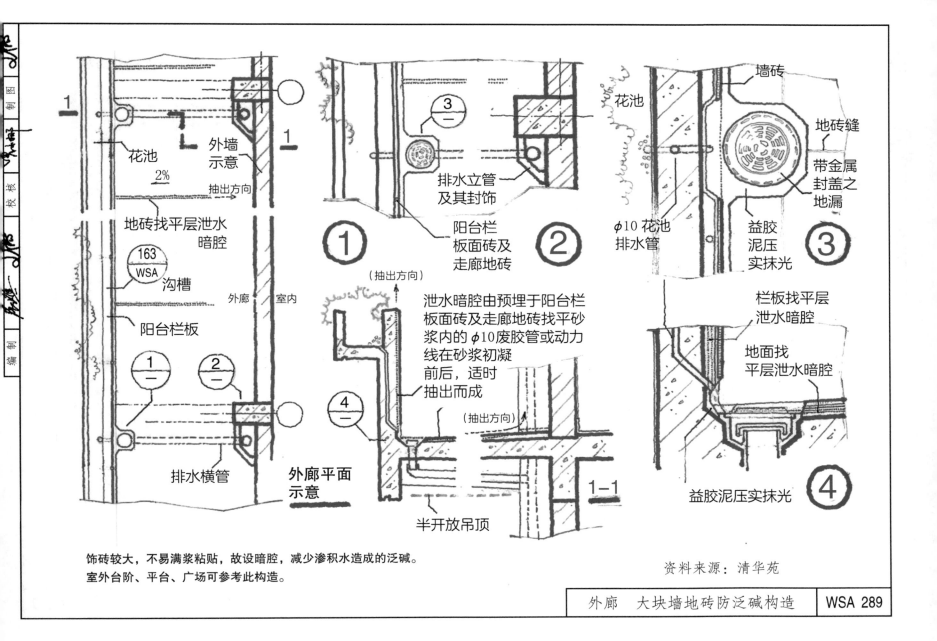

花池

外墙
示意

2%

抽出方向

地砖找平层泄水
暗腔

163
WSA

沟槽

外廊   室内

阳台栏板

① ／

② ／

排水横管

**外廊平面
示意**

1 ／

1 ／

③ ／

排水立管
及其封饰

阳台栏
板面砖及
走廊地砖

（抽出方向）

泄水暗腔由预埋于阳台栏
板面砖及走廊地砖找平砂
浆内的 φ10 废胶管或动力
线在砂浆初凝
前后，适时
抽出而成

④ ／

（抽出方向）

半开放吊顶

1—1

花池

墙砖

地砖缝

带金属
封盖之
地漏

③

φ10 花池
排水管

益胶
泥压
实抹光

栏板找平层
泄水暗腔

地面找
平层泄水暗腔

益胶泥压实抹光

④

资料来源：清华苑

饰砖较大，不易满浆粘贴，故设暗腔，减少渗积水造成的泛碱。
室外台阶、平台、广场可参考此构造。

外廊　大块墙地砖防泛碱构造

WSA 289

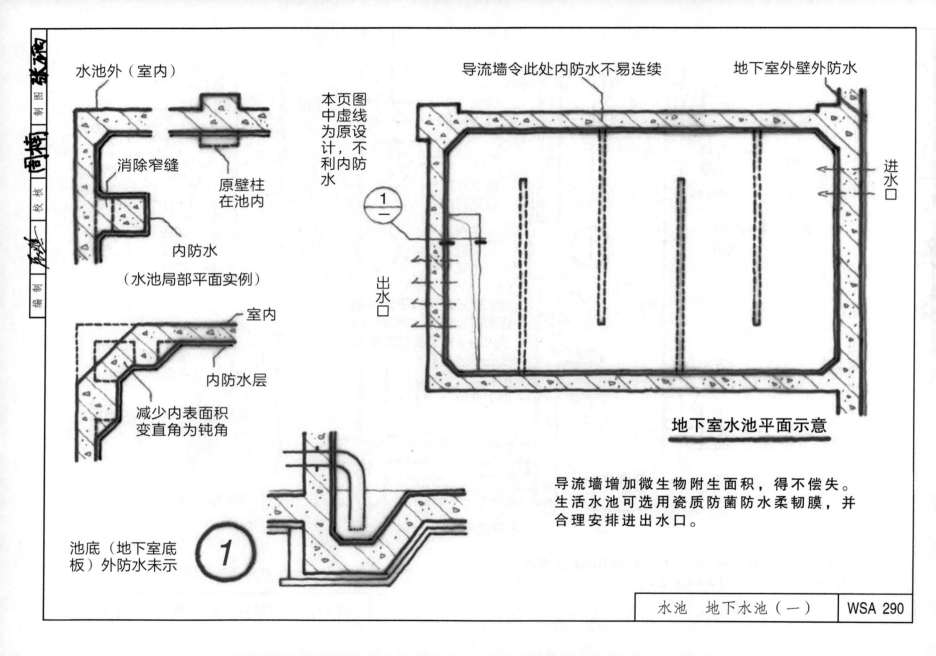

水池外（室内）

消除窄缝

原壁柱
在池内

内防水

（水池局部平面实例）

室内

内防水层

减少内表面积
变直角为钝角

池底（地下室底
板）外防水未示

本页图中虚线为原设计，不利内防水

导流墙令此处内防水不易连续

地下室外壁外防水

进水口

出水口

地下室水池平面示意

导流墙增加微生物附生面积，得不偿失。
生活水池可选用瓷质防菌防水柔韧膜，并
合理安排进出水口。

水池　地下水池（一）

WSA 290

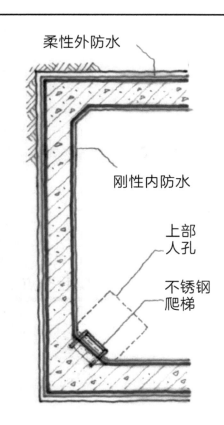

地下水池局部平面

柔性外防水

刚性内防水

上部人孔

不锈钢爬梯

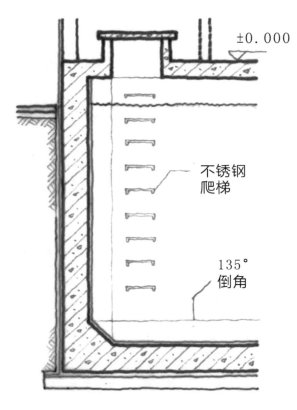

剖面 1

±0.000

不锈钢爬梯

135°倒角

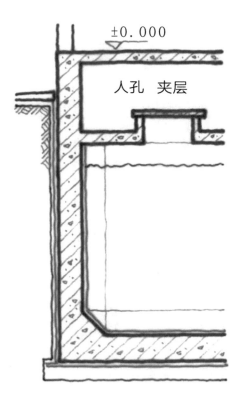

剖面 2

±0.000

人孔　夹层

民用建筑之地下室均须作防水混凝土及柔性外防水，因此，地下水池无须另作池壁。水池内壁阴角应消除直角，以利刚性内防水之施工。池顶板设置双层（剖面2），浪费空间，且令进出水池不便，只需将池顶板适当增加刚度，并避免设置可能产生污染的房间，就能满足使用要求。人孔则开在净高2m，平面2m^{2}的小间内即可（剖面1）。不锈钢爬梯的设置，注意不应减少预埋件安装后池壁的有效厚度。

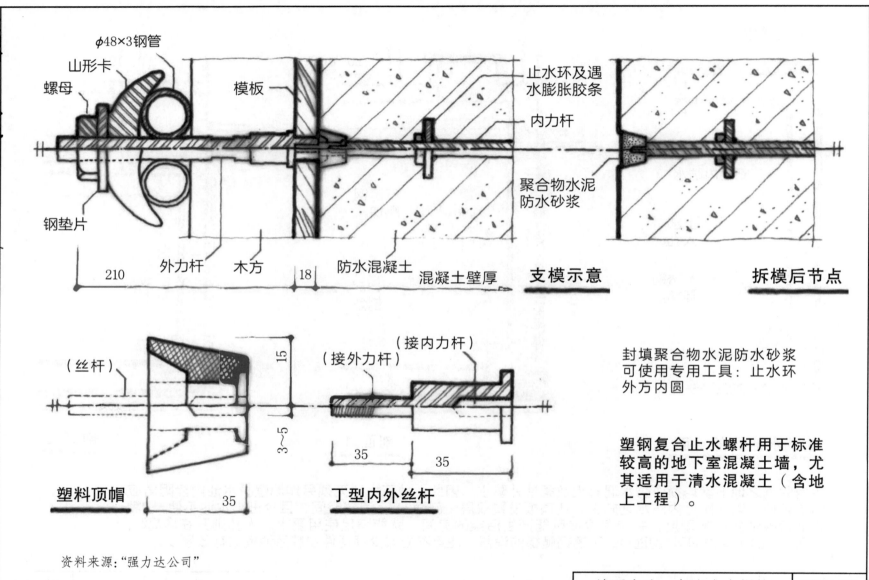

φ48×3钢管

山形卡

螺母

钢垫片

模板

止水环及遇水膨胀胶条

内力杆

聚合物水泥防水砂浆

210

外力杆 木方

18

防水混凝土

混凝土壁厚

支模示意

拆模后节点

（丝杆）

15

3~5

塑料顶帽

35

（接外力杆）

（接内力杆）

35 35

丁型内外丝杆

封填聚合物水泥防水砂浆
可使用专用工具：止水环
外方内圆

塑钢复合止水螺杆用于标准
较高的地下室混凝土墙，尤
其适用于清水混凝土（含地
上工程）。

资料来源："强力达公司"

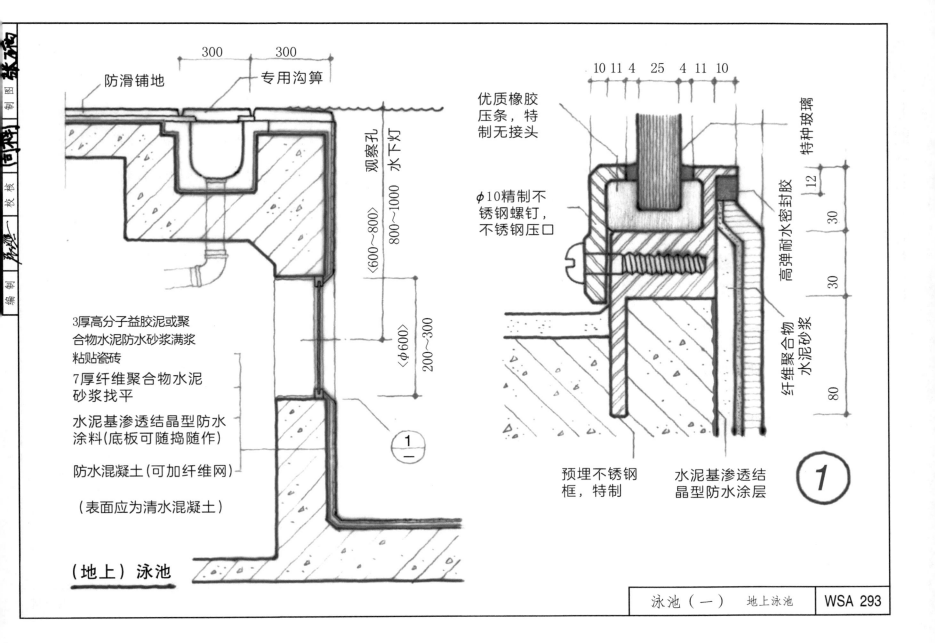

防滑铺地　专用沟箅

300　300

观察孔
水下灯
800～1000
〈600～800〉
〈φ600〉
200～300

3厚高分子益胶泥或聚
合物水泥防水砂浆满浆
粘贴瓷砖

7厚纤维聚合物水泥
砂浆找平

水泥基渗透结晶型防水
涂料(底板可随捣随作)

防水混凝土(可加纤维网)

（表面应为清水混凝土）

（地上）泳池

①
—

10 11 4　25　4 11 10

优质橡胶
压条，特
制无接头

φ10精制不
锈钢螺钉，
不锈钢压口

特种玻璃

高弹耐水密封胶

纤维聚合物
水泥砂浆

12
30
30
30
80

预埋不锈钢
框，特制

水泥基渗透结
晶型防水涂层

①

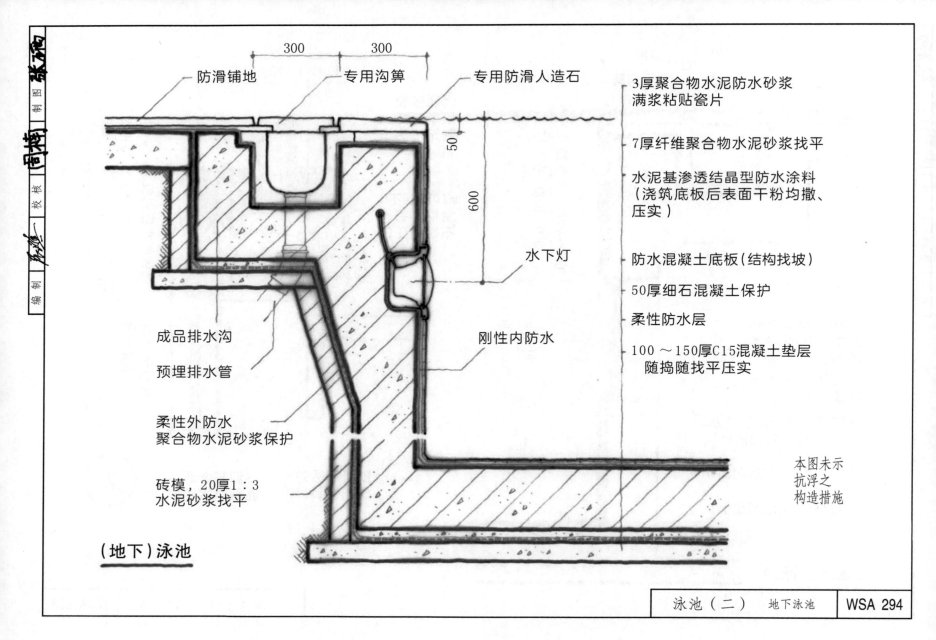

防滑铺地

专用沟箅

专用防滑人造石

300   300

3厚聚合物水泥防水砂浆
满浆粘贴瓷片

7厚纤维聚合物水泥砂浆找平

水泥基渗透结晶型防水涂料
（浇筑底板后表面干粉均撒、
压实）

防水混凝土底板（结构找坡）

50厚细石混凝土保护

柔性防水层

100～150厚C15混凝土垫层
随捣随找平压实

50

600

水下灯

刚性内防水

成品排水沟

预埋排水管

柔性外防水
聚合物水泥砂浆保护

砖模，20厚1：3
水泥砂浆找平

（地下）泳池

本图未示
抗浮之
构造措施

泳池（二）   地下泳池   WSA 294

附 录

（未尽内容请参阅WSB之附录）

通用概念设计

需要补充的构造概念设计有如下六点：

1. 注重容错性。

2. 难免渗漏处，必须维护维修便捷；很难维修处，必须提高设防标准。

3. 弱化表层裂缝，须从构造层类设计到施工操作全程把控。

4. 无论如何，都应避免水在封闭空间内积蓄，首先不制造蓄水空腔，无论其大小。

5. 其次对所有可能的暗水，采取"给出路"的政策。

6. 因地制宜是设计的灵魂，实事求是是设计的准则，二者均当贯穿始终。

工程千变万化，土木建筑尤甚，因此一切僵化教条，均为大害，牢记"既要有革命热忱，又要有求实精神"。

防水概述

防水与安全

一、建筑防水,是建筑安全概念的一部分。建筑防水失败,可能造成设施财产的损失。水的长期浸入,会腐烂木结构、危害钢结构,使混凝土钢筋锈蚀、裂缝发展,损坏结构主体,缩短安全使用寿命。围护结构渗漏水,常引发霉菌,危害健康。居住建筑还可能导致病态楼宇综合"症",并滋生邻里矛盾,引发纠纷。生活水平高了,装修标准高了,对渗漏格外敏感。绿色、节能、环保、生态及智能技术,均有赖于一个安全可靠的平台才能健康发展。建筑防水,乃是这一平台最基本的保障之一。

二、渗漏水是建筑的慢性顽症,其危害有滞后性、转移性、不确定性。许多情况下,须反复治理,虽不影响正常使用,但已使建筑未老先衰,严重者则过早被拆除。地下室尤其严重。若其防水失败,治理手段极其有限,只能带病运作,纠缠终生,伤财、劳命、折寿。

三、使建筑长寿,就是最好的环保。定期"体检",可使建筑延年益寿。设计简洁,可使维护维修便捷;减少湿作业,可减少对环境的影响;合理的防水构造设计,可避免破坏性维修。

渗漏实例

一、1980年初,台湾丰原高中二楼礼堂屋面大钢梁及其钢筋混凝土屋面板渗漏,但有吊顶遮盖,长达6年,虽有检视,却未引起重视,致钢筋锈蚀,混凝土开裂。终有一天,当600余名学生举行开学典礼,在做整齐划一的起立、坐下动作时,在无任何预警征兆下,屋面突然坍塌,当即压死26名学生,轻重伤80余人。根据事故前3个月所拍照片,惨祸的发生虽与设计、施工有关,但长期渗漏也是直接原因之一。

经验:高速发展期,对"重数量、轻质量,重外表、轻内涵,重建设、轻管理,重新建、轻维护"应保持清醒。

二、国内某著名房地产开发商新建的高层住宅,因某种原因剔除外立面已贴面砖,重新再贴,致使外墙大面积渗漏。每逢强风暴雨,全体员工连夜动员,分层分户,配合住户记录渗漏点,及时堵漏,连续数月,始平风波。

经验：改造项目比新建复杂，要因地制宜，不能照搬原设计。剔除面砖时，已伤筋动骨，造成基底粉化，不宜再贴硬质块材。可首选仿面砖涂料。若原贴面砖只因立面要求改变，并无质量问题，应在其上加作涂料。特别是加气混凝土墙体，不宜贴硬质块材，不论新建还是改造。

三、某机场航站楼，地下室堵漏缝之总长达850m，集中于变形缝、施工缝。

关注：地下室变形缝，十缝九漏，六十余年，无实质改进，颇值得研究。

四、某市实用经济房，下沉式卫生间防水失败，殃及相邻房间的墙脚及地板，使千余户挖除重做，劳民伤财。

反思：有些设计，内在技术尚未成熟，便全面推广，加之管理混乱，施工超低价中标，使渗漏几成必然。

五、某大型公建，外围护结构为金属网架，屋面、墙体为连续曲面。其上开天窗三万八千个。因构造无例可循，现场作样试水，屡试屡漏，无法展开后续工程，误时误事，无计可施。

经验：方案阶段应把握好概念设计，概念不清，可致构造先天不足。严重的先天缺陷，将受害终生。

六、某大型公建大型斜坡屋面，在保温层上设置细石混凝土刚性防水层，并未采取足够的防止下滑措施，且在其上铺贴花岗岩石板，致其整体下滑开裂，渗漏不止。更严重的是，该屋面柔性防水设计为JS，上设整浇填充层，兼作保温。返修时，发现填充层内有饱和水，JS呈米汤状，完全丧失了防水功能。据分析，因赶工期，JS尚未成膜已被填封。

教训：管理低下，施工无常识，设计欠成熟。

渗漏调查

自1990年以来，防水工作者对房屋渗漏进行了多次调查，简述如下：

一、渗漏原因（括号内为2017年数字）
防水设计不合理占26%(18%～26%)，2008年降至20%；施工质量差占46%(45%～48%)，后稳定在40%～50%；材料假冒伪劣占20%(20%～30%)，后上升至30%；维护管理不好（如装修破坏）占8%，2008年约为10%。

二、防水层寿命调查统计（指屋面）
1950～1958年，平均26年；1958～1964年，平均20年；1964～1976年，平均16年；1976～1980年，平均10年；1980～1990年，平均5年；1990年以后，平均3年。

近年来，许多工程，当年竣工当年漏。

三、1996年对全国100个城市进行调查，渗漏率高达60%，个别城市高达80%～90%。

中国建筑技术研究中心曾对10年内兴建的房屋渗漏状况进行了调查。在17个省市22个城市327栋房屋中，渗漏占60%。2011年春，海南有关部门曾在海口、三亚、琼海市对37项工程进行调查，有32个工程存在不同程度的渗漏，占86.5%，其中17个渗漏严重。北京地铁10号线，22个站点中，有20个存在不同程度的渗漏水，影响整体结构及建筑寿命。十年前，广州防水材料抽查结果显示，其合格率呈直线下跌：2010年为73.30%；2011年为61.11%；2012年为43.75%。

四、2008年，建设部组织100个城市对1998～2000年竣工的房屋建筑进行渗漏调查。每个城市随机抽检20个工程，含公建、厂房、住宅，其中住宅占50%。调查范围包括屋面、厕浴、地下室。

在抽检的2072栋建筑中，1998年竣工的占24.5%；1999年竣工的占35.1%；2000年竣工的占40.4%；总计约800万 m^2。调查结果：屋面渗漏占35%；厕浴39.2%。主要原因：设计、施工、材料、使用，其中施工因素占52%。

五、2014年7月由建筑防水协会发布的调查报告显示，渗漏率：屋面95.3%；地下57.5%，造价：2.8%，实际1.0%，国外7%以上。

设总（总师、总监）须知

一、系统防水

1. 不能孤立地就防水论防水。应与结构主体、节能构造及适用、安全、经济、美观、环保等有关要求，整合起来考虑防水设计。

2. 主体构造应考虑层间相容匹配及层间的相互支持，力求一层多用。一层多用才能省，省而简，简而便。

3. 施工方便，可提高防水工程质量保证率；方便维修，乃是提高全寿命周期的重要措施。实际上，投入使用之初就应纳入维护监测。

二、技术管理

1. 严重损害节能防水构造的表皮设计，应在初步设计阶段，根本解决其不合理性，不能带入下阶段设计。

2. 工程分包，应充分考虑技术上的合理分割。分包边界线应按"零宽度"设计，以防责任不清。

3. 因地制宜，扬长避短，正确选择防水材料。不唯贵，不图贱。最合理，就是最好。

4. 施工组织设计应着重提出施工技术措施，以弥补实际环境与条件的不足，而非为追求利润，大肆修改设计。

5. 外表再华丽，若没有考虑施工的可操作性、维修的便捷性，就不算好设计。

防水材料 分类

卷材

改性沥青
- 弹性体（SBS）改性（聚酯胎、玻纤胎含自粘）
- 塑性体（APP）改性（聚酯胎、玻纤胎）
- 改性沥青聚乙烯胎（含自粘）
- 衍生出预铺（PY）（聚酯胎）

橡胶
- 硫化型　三元乙丙（EPDM）
　　　　　丁基橡胶（IIR）
- 非硫化型　三元乙丙（EPDM）

合成高分子
- 树脂类　聚氯乙烯（PVC）
　　　　　氯化聚乙烯（CPE）
　　　　　乙烯－醋酸乙烯（EVA）
　　　　　聚乙烯（PE）高密度聚乙烯（HDPE）
　　　　　（衍生出带自粘胶膜P类）
　　　　　低密度聚乙烯（LDPE）
　　　　　聚乙烯－丙纶（涤纶）复合
- 橡塑类　热塑性聚烯烃（TPO）
　　　　　（衍生出带自粘胶膜预铺R）
　　　　　氯化聚乙烯－橡胶（CPBR）
　　　　　三元乙丙－聚乙烯（TPV）

涂料

沥青
- 改性沥青　喷涂速凝橡胶沥青
　　　　　　非固化橡胶沥青
- 改性沥青涂料

合成高分子
- 聚脲（喷涂、手涂）
- 聚氨酯（单、双组分：Ⅰ型、Ⅱ型、Ⅲ型）
- 丙烯酸
- 环氧树脂
- 丙烯酸盐喷膜
- 聚甲基丙烯酸甲酯

有机硅
- 硅质
- 钙质

有机＋无机
- 聚合物水泥(JS双组分：Ⅰ型、Ⅱ型、Ⅲ型)
- 防水浆料（单、双组分：Ⅰ型、Ⅱ型）

无机
- 水基型
- 水泥基渗透结晶型涂料

膨润土毯

钠基　天然纳基膨润土毯,具有更好的膨胀能力,膨胀持续长,大大高于人工钠化或钙基膨润土毯。纳基膨润土毯还有加厚型和加膜型。

钙基　（不宜作防水毯）

砂浆

干混类
- 无机防水堵漏砂浆
- 防水剂水泥砂浆
- 聚合物水泥防水砂浆（单、双组分）
- 高分子益胶泥（防水兼瓷砖粘结）
- 普通防水砂浆

湿拌类
- 湿拌防水砂浆

混凝土

外加剂防水
- 减水剂
- 防水剂
- 水泥基渗透结晶型(含其他自修复型)

抗开裂
- 膨胀剂
- 抗裂纤维

密封材料

嵌缝材料
- 硅酮胶
- 改性硅酮胶
- （MS胶，用于装配式结构）
- 聚氨酯胶
- 聚硫胶
- 丙烯酸胶

止水材料
- 遇水膨胀止水胶（SM）
- 橡胶类止水条
- 预埋注浆管（系统）

PY类：聚酯胎；P类：塑料；R类：橡胶；N类：高分子膜。

<table>
<tr><td>

卷材

优缺点比较

</td><td>

○ 优点：工厂生产、质量稳定、厚度均匀、强度高、伸延大、耐穿刺性好。
缺点：搭接缝多、接缝施工较复杂。

○ SBS 是合成橡胶（丁二烯-苯乙烯嵌段共聚物）作改性剂的高性能防水材料。
APP 是合成树脂（无规聚丙烯）作改性剂的高性能防水材料。
改性剂在热沥青中的加入量对其质量有直接影响，SBS 掺量在 8% ～ 12% 范围内。

○ APP 掺量在 20% ～ 25% 范围内，质量与加入量成正比，亦与价格成正比，故质高价低的产品是不存在的。

○ 在大型流水线上，高黏度胶体磨等专用设备令改性剂与沥青混合更均匀，产品内在质量高，但为降价竞争，该设备、工序被削减。直接铺设在混凝土基层上时，可采用热熔法施工，"立等可取"，质量可靠，但卷材厚度应≥ 3mm。
SBS 低温工作状态优良。有一定的弥合（小）裂缝的能力。
APP 高温工作状态优良。对阳光引起的紫外线老化及热老化有耐久性。

○ 橡胶沥青自粘卷材对小裂缝、小穿孔有一定的自愈能力，特别是在受压工作状态下，其"自锁水"性，可将因卷材破损引起的渗漏限制在局部范围内，使用时须涂刷专用基层处理剂。

○ 热沥青玛蹄脂粘结强度高，密封可靠。手推式专用电热炉，对环境影响很小，常温下采用冷胶粘剂（如冷玛蹄脂）施工的冷粘法，优点只是方便。

○ 在三元乙丙橡胶分子结构中，主链无双键（饱和），不易断，故其耐老化性能优异，耐高温低温性能优良。因此，用于外露，如无防水保护的轻型屋面最能发挥其长处。但其粘结性能较差，近年有些系统如卡莱尔、富斯乐等提供的专用胶粘剂、内外密封胶及基层胶粘剂（含基层处理剂）、自硫化橡胶泛水等产品，使其整体质量已能得到保证。

○ 橡胶硫化的作用是使线型分子结构变成立体网状，增加材质的弹性。非硫化保持线型，保留更多的塑性变形能力。

○ PVC、TPO、PE 卷材拉伸强度高、热熔焊接、先进可靠、耐穿刺、耐化学腐蚀、耐老化、透气（PVC）。可粘贴、空铺，最宜机械固定，其中 PVC、TPO 铺敷性更好，PE 次之。

○ 按新标准，PVC 卷材为 5 个型号：
均质，H 型，适用于延伸率高而不强调抗拉强度之部位。
带纤维衬面，L 型，用于接触面允许少许"滑动"的部位。
织物内增强，P 型，抗拉强度较高，延伸率低。
上述 3 种型号不宜外露使用。此外，其热处理尺寸变化率（%）分别为 2.0、1.0、0.5，若外露使用，易拉裂。
玻纤增加，G 型，抗拉强度高，但延伸率低。
玻纤内增强及纤维内衬，GL 型，同时具有 G 型、L 型之优点。此 2 种型号的热处理尺寸变化率（%）约为 0.1，适外露使用，但须通过实验室规定的 2500h 人工气候耐老化试验。

○ 沥青基卷材及金属卷材暂未列入。

</td></tr>
<tr><td>

涂料

</td><td>

○ 优点：操作简单，易行（连续相），适合平、剖面复杂的屋面，节点处理简单，可与卷材组成复合防水（大面积与局部）。
缺点：成膜受环境温湿度制约，膜层质量受温湿度影响，膜层厚度受人为因素影响大。

○ 溶剂挥发型：涂层干燥速度快，结膜致密，涂料储存稳定性好，但对基层干燥度要求高，防火要求高，对环境具有一定污染。

○ 水分挥发型：可在潮湿基面上施工，无毒、不燃、安全、不污染环境，但干燥慢，结膜致密性低于同类材料溶剂型涂料。

○ 反应型（如聚氨酯类）：固体含量高，涂膜致密，便于厚涂，涂层具有优良的防水抗渗性，弹性及低温柔性，双组分现场搅拌必须均匀才能保证膜层质量；单组分需注意储存期。

○ 水泥水化型（JS 类）：潮湿面可施工，固化结膜快，Ⅱ 型、Ⅲ 型可厚涂；长期浸水环境不推荐使用。

</td></tr>
</table>

○ 热熔型（如改性沥青类）：固含量高，可一次性厚涂，结膜迅速，耐水性好，可粘贴同类卷材，共同工作，整体可靠性最高，但现场需加热施工。

○ 无机刚性涂层（如确保时、防水宝、水不漏等）：均为水泥基类，故需喷雾养护。白水泥配制的确保时，用于地下室侧壁内侧，可兼作饰面层。

○ 水泥基渗透结晶型防水涂层（如赛柏斯、永固、凯顿百森、膨内传、固斯特等）：关键是除净混凝土表面脱模剂、喷雾养护。涂层按用量计算（约 1.5kg/m²，1.0mm 厚）。

○ 一般称为水性渗透型，不一定能结晶（如科密水、M1500），因同时具有憎水性，宜用于清水混凝土表面。

○ 喷涂速凝橡胶沥青分机械喷涂及手工涂刷两种，主要成分为橡胶沥青。具有更多的橡胶特性。
前者双组分，因快速凝结，可在潮湿面，甚至带少量明水的情况下，迅速修补渗漏。
后者单组分，也称乳化沥青涂料，固化较慢，适合小面积施工。近年因降价竞争，性能指标也随之大幅下滑。

○ 非固化橡胶沥青防水涂料
不成膜固化，主体材料是橡胶沥青，不能直接外露使用。但作为粘结防水层与卷材复合使用可实现止窜水。

○ 聚氨酯防水涂料
按性能可分为基本性能（Ⅰ型：普通防水；Ⅱ型：高铁；Ⅲ型：外露使用）和附加性能（F：硬度、耐磨性、抗冲击性、防滑性、接缝动态变形能力）。实际上，Ⅱ、Ⅲ型类似聚脲，聚脲的高反应活性，使其施工速度快，立等可取，且强度高，耐化学腐蚀性能优越，但柔韧不足；因固化过快，致内应力大，易产生应力收缩，且对基层的浸润性、流平性差，可能导致粘结强度较低，产生鼓泡和脱层，故基层前处理至关重要；单组分手工涂刷聚脲可克服上述缺点，但同时削弱其优点，材料价稍贵。
对于有耐候要求的，须用脂肪族聚脲。

混凝土

○ 防水混凝土不论掺加何种外加和纤维，其基本配比都要按"普通防水混凝土"要求设计，这是现代混凝土的基本质量要求。

○ 在高效减水剂中，密胺类以正规石化产品为原料，品质较稳定；萘系由工业萘合成，原料来源多，更应注意选用正规企业之产品。
新一代减水剂为聚羧酸系高效减水剂，具有掺量低、保坍性能好、收缩小以及大幅度提高混凝土的早期、后期强度、高性能化的潜力大、生产过程中不使用甲醛等突出优点。

○ 高效膨胀剂，优选采用旋窑工艺生产的产品（大型企业），其产品品质、储存环境、供货渠道、试验条件、售后服务均较为可靠。

○ 膨胀混凝土宜用于大体积混凝土，应考虑膨胀与水化收缩同步。因此不可同时掺加早强剂。选用多功能复合膨胀剂时，这一点值得认真考虑。
掺膨胀剂的混凝土必须通过试验确定掺量，必须严格按要求养护，一般不少于 14d。

砂浆

○ 内掺渗透结晶防水剂（CCCW）或其他硅质系自修复防水剂。

○ 含有金属皂类或有机硅类配制的防水砂浆，一般具有憎水作用，应作为最终面层的防水砂浆使用。
另设饰面层的防水砂浆不应选用憎水砂浆。

○ 聚合物水泥砂浆已向干混发展。干混砂浆包括：单组分和双组分（液料加粉料）。粉料工厂化生产，配比准确，质量稳定；其中，单组分现场只需加水，使用更方便。

○ 聚合物纤维水泥砂浆：在水泥砂浆中同时掺加纤维和聚合物可大幅提高其抗折、抗拉韧性，减少或避免裂缝的出现，从而使其防水性能无论在微观上还是在宏观上都更容易得到保证。

○ 内掺水泥基渗透结晶防水剂的砂浆，可用于混凝土施工缝（有专项试验验证）。

<table>
<tr>
<td>

膨
润
土
毯

</td>
<td>

○ 膨润土毯用于地下室。可直接铺在混凝土垫层之上、钉挂在混凝土外，相互搭接，并用膨润土封接，能在地下闭合环境里形成薄膜状凝胶层，对混凝土的裂缝、变形、微孔有永久的自封闭能力。

○ 产品性能以钠基膨润土为原料者较好。

○ 膨润土毯不能用于间断浸水与干燥时段交替发生的工程。膨润土毯也不适用于地下水横向流过其表面或水位有升有降的场合。此外，在沿海地区及腐蚀性液体环境中使用，要专项分析，并向厂家咨询。

</td>
</tr>
</table>

<table>
<tr>
<td>

密
封
材
料

</td>
<td>

○ 密封材料分定型和不定型两大类。本附录未列入定型类（定型密封材料又分止水带和遇水膨胀胶条两类）。

○ 再生胶改性沥青密封胶俗称油膏，主要为塑性体。用于填充接缝，防止杂屑落入，价格低，寿命短，目前使用于防水要求不高的道路填缝。

○ 嵌缝材料也称密封胶，主要为弹性体。用于密封接缝，耐老化、弹性好、粘附性好，能长期经受拉伸收缩或振动疲劳。

○ 不论是嵌缝材料还是接缝材料，其粘接力必须大大高于自身的内聚力（强度），并应有较好的耐高、低温性、耐水性和承受长期的反复拉伸、收缩、振动的耐疲劳性。尤其是浸水后的粘接力不能下降过大。

○ 聚合物改性沥青密封材料，使用量大，价格适中，施工方便，但耐温性差。

○ 氯磺化聚乙烯，有优良的耐候性，弹性、粘接性优异，但耐酸碱较差，主要用于外墙板缝，门窗框及嵌装玻璃。

○ 丙烯酸酯可在潮湿基面上施工，方便、无毒但耐低温差，多用于室内。

○ 聚氨酯，耐油、耐水、耐老化、耐低温，但储存期短，多用于混凝土及金属结构建筑。

○ 聚硫，有优异的耐油、耐老化、耐水性、粘接稳定，但价格较高，多用于幕墙及防水要求较高的屋面面层温度缝。

</td>
</tr>
</table>

○ 硅酮，耐候、耐水、高低温性能好，对基层要求高，多用于铝合金及玻璃幕墙。

<table>
<tr>
<td>

胶
粘
剂

</td>
<td>

○ 环氧，强度高、耐水、耐碱、耐酸，但不耐紫外线，不宜外露使用。其中，与 PVC 耐水粘合者，为特种环氧。其技术指标参附录"性能简述"。

</td>
</tr>
</table>

对各类防水材料性能作一个全面评价是困难的。

原则性地了解一些常用防水材料的性能，对建筑师、监理工程师和一般施工技术人员来说是必要的。因此，本图集对常用建筑防水材料的主要性能试图作一些原则性的概述。其中简述的一些材料优缺点，只是相对比较而言，并不直接构成判断适用与否的依据。

防水工程是一个系统工程，对材料的选择应作综合分析。只有充分考虑了气候环境特点，并将材料放在整个构造系统中，才能对其进行正确的评估。

对选用材料应先分类，在同类产品间进行质量比较。

任何一种材料，只要是正规企业按行业标准或国家标准生产的，通过正常渠道销售的，经国家技术监督局指定的检测中心检测合格的产品都是可以信赖的。

关于价格，只能通过性能价格比的谈论，才有实际意义。此外，低于正常指导价格的产品，基本上不是好产品。

性能简述

防水层品种、指标及特点

类别	品名	类型	品名	指标				特点
				拉伸强度/MPa	延伸率/%	低温/℃	人气候老化/h	
防水卷材	合成高分子卷材	橡胶类	三元乙丙卷材（EPDM）	≥7.5	≥450	−40	250	强度高，延伸大，耐臭氧、紫外线，耐湿热性优，接缝粘接技术要求高。用于单层屋面更能发挥其优点
			氯化聚乙烯卷材（CPE）	≥8.0	≥300	−25	1000	
		树脂类	聚氯乙烯卷材（PVC）	≥10	≥200	−25	1500	强度高，焊接施工，可靠性高，可用于单层屋面及地下工程
			热塑性聚烯烃卷材（TPO）	≥12	≥500	−40	1500	抗老化、强度高，伸长率大、潮湿屋面可施工、可外露使用，无污染。适用于轻型及大型厂房屋面
			高密度聚乙烯（HDPE）	≥13	≥700	−30	250	强度高，延伸大，耐穿刺，焊接施工，耐紫外线差（需有刚性保护）。适用于地下工程
			预铺卷材（P类）	≥16	≥400	−25	/	拉伸性能好，抗穿刺，预铺反粘法施工，卷材与后浇混凝土粘结，无需保护层，用于地下工程底板及侧墙
				拉力/(N/50 mm)	延伸率/%	低温/℃	高温/℃	
	高聚物改性沥青卷材	弹性体	SBS改性沥青卷材	≥800	≥40	−25	105	质厚，高低温性好，热熔施工，胎体、面层应认真选择，适用于屋面及地下工程 · 耐低温性更优
		塑性体	APP改性沥青卷材	≥800	≥40	−15	130	耐高温性更优
		自粘类	聚酯胎增强卷材	≥450	≥30	−20	70	低温性、自愈性、粘接性能好，冷施工自粘、施工安全无污染，适用于屋面及地下工程 · 胎体增强
			聚乙烯胎增强卷材	≥600	≥40	−30	70	
			高分子膜增强卷材	≥200	≥200	−30	70	高分子膜增强
				拉伸强度 MPa	伸长率 %	低温 ℃	固含量 %	
防水涂料	合成高分子涂料	反应性	聚氨酯涂料	≥2.0	≥500	−35	92（双组分）	反应固化，弹性好，能适应基层的变形，适用于地下、屋面等复杂基层，应有保护层，施工要求基面干燥。强度高者适用于桥梁工程
				≥6.0	≥450		85（单组分）	
			喷涂聚脲涂料	≥16	≥450	−40	≥98	强度高，拉伸性好，喷涂施工固化快，基层好坏影响粘接质量
		挥发性	丙烯酸乳液涂料	≥1.5	≥300	−20	≥65	弹性好，绿色，适用于屋面，尤其是复杂平面，注意低温施工
			聚合物水泥涂料	≥1.2	≥200	−10	≥70	绿色产品，可在潮湿基面施工，粘接性好，延伸性较好者适用于楼地面，强度较好者适用于立面
				≥1.8	≥80	−		
	改性沥青涂料	水乳型	水乳型沥青涂料	—	≥600	−15	≥45	延伸性好，粘结力强，一般需胎体增强，适用于复杂屋面
		非固化	橡胶沥青涂料	—	≥15mm	−20	≥98	长期保持黏稠性，自愈力强、能封闭基层的孔隙，无窜水之忧，需与防水卷材复合使用，适应地下工程和屋面等复杂平面
		喷涂速凝	橡胶沥青涂料	≥0.8	≥100	−20	≥55	喷涂施工快速凝固，涂膜具有高弹性，耐腐蚀，自愈性好，适用于地下、屋面、地铁隧道等

焦油沥青聚氨酯涂料（双组分），强度94 MPa，延伸率1.65％，柔性300℃，耐臭氧−30 PPbm / h，弹性好，交联固化受环境影响小，故耐腐蚀，耐菌。
但焦油有污染，相容性差，仅适用于有防腐要求之地下工程外防水。具备适当条件时，也可用于设置了厚重刚性保护层之大型垃圾处理场所。

类别	品名	拉伸模量 MPa	指标				特点	
			弹性恢复/%	拉伸强度/MPa	伸长率/%	柔性/℃		
无定型密封材料	硅酮密封胶（含MS）	低模（LM）≤ 0.4（23℃）和≤ 0.6（20℃）高模（HM）> 0.4	≥ 80	≥ 0.5	≥ 500	-40	耐候性优良，水密、气密性强，黏接性良好	多用于玻璃、铝合金、装配式墙板接缝
	聚氨酯密封胶		≥ 70	≥ 0.7	≥ 200	-30		多用于建筑接缝
	聚硫酯密封胶（双组分）		≥ 70	≥ 1.2	≥ 100	-30		多用于建筑接缝
	丙烯酸密封胶		≥ 40	—	≥ 250	-30	黏结力好，用于一般装饰装修工程的接缝或填缝	
	丁基密封胶	剪切强度：≥ 0.15MPa			≥ 600	-20	黏结力好，用于中空玻璃。压敏型密封胶，多为成品胶带	
	遇水膨胀止水胶（SM）	体积膨胀：（220～500）%		≥ 0.5	≥ 400	-20	遇水缓膨，施工便捷，用于地下施工缝、后浇带、变形缝和预埋构件	

密封材料是将不透水材料或防水层连接在一起的"桥梁"，桥之两端必须联结牢固。工程实践中，只要未使用伪劣产品，总是内聚破坏少，黏结破坏多，究其原因，多为基层表面处理不彻底有关。基层锈、蜡、油、尘屑、素浆均当清除干净，保持干燥，并先涂基层处理剂。

外加剂	品名	类型	指标		特点	
刚性防水	防水混凝土：膨胀剂	硫铝酸钙类（A）氧化钙类（C）硫铝酸钙类-氧化钙类（AC）	限制膨胀率 %	水中 7d：≥ 0.035～0.050	有微膨胀作用，补偿混凝土收缩，减少混凝土收缩裂缝，提高混凝土密实度。膨胀剂掺量8%～12%。补偿收缩混凝土设计强度不低于C25，填充用补偿收缩混凝土设计强度不低于C30，需保水养护，养护期不得少于14d	
				空气中 21d：≤ -0.015		
	减水剂	聚羧酸系高性能	减水率	≥ 25%	减水率高，改善拌合物和易性，收缩小，提高混凝土致密性及抗渗性	
		萘系高效		≥ 14%	增加坍落度，减少微细裂缝，提高抗渗性	
		磺胺系		≥ 8%	增加坍落度，减少微细裂缝，提高抗渗性	
	防水剂	渗透结晶型（CCCW-A）	28d混凝土抗渗压力比≥ 200%，56d混凝土二次抗渗压力比≥ 150%		详见本表：渗透结晶型（CCCW-C）	
	纤维	聚丙烯纤维	约 0.9kg/m³		减少混凝土（砂浆）的微细裂缝，提高抗渗能力	
	聚合物防水砂浆：聚合物乳液	聚丙烯酸酯胶乳	固含量50%	黏结强度≥ 1.2MPa 抗渗压力≥ 1.5MPa	防水性好	聚合物胶乳，不燃、无味、无毒、无污染，改善砂浆拌合物和易性，提高抗拉抗折强度，有效封闭孔隙，砂浆具有一定的柔韧性
		乙烯-醋酸乙烯胶乳(EVA)	固含量50%		价格便宜、黏结力强，防水性较好	
		氯丁胶乳	固含量30%		防水性较好，但技术要求高	
		丁苯胶乳	固含量50%		价格便宜，防水性较好，不耐寒	
	聚合物胶粉	可再分散聚合物胶粉	黏结强度≥ 1.2MPa，抗渗压力≥ 1.5MPa		加水搅拌使用，易于施工，黏结性及抗渗性能好，有一定的柔韧性	
	防水浆料	乳液或胶粉	黏结强度≥ 1.0MPa，抗渗压力≥ 0.6MPa		具有弯折性，良好的黏结性及抗渗性	
	防水涂料	渗透结晶型（CCCW-C）	涂层混凝土抗渗≥ 1.0MPa，去涂层混凝土抗渗≥ 0.7MPa（基准混凝土 0.4MPa 时）		活性化学物质以水为载体向混凝土中渗透，与水化产物形成不溶于水的结晶物质，填塞毛孔，提高混凝土表面的致密性与防水性	
	外掺剂	纯天然无机活性抗裂自愈粉（亚力士 BESTONE）系硅质系自修复防水粉剂，加入混凝土或砂浆使用，可助水泥微粒分散，细化 $Ca(OH)_2$ 的晶体尺寸，优化微孔结构分布，降低临界孔径，使混凝土微观结构均匀致密，从而提高其抗渗能力，形成全刚自防水混凝土，适用于无法设置柔性外防水的地下工程。掺加量（约6%）必须由专业公司按混凝土原材料通过实验精准确定				
	益胶泥	主要技术指标：3.0涂层抗渗透压力≥ 0.5MPa，拉伸黏结强度≥ 1.0MPa，可粘贴防水一道成活。其中，福建华鸿益胶泥已通过国家卫生安全检测，获得（饮用水池）使用许可				

"魏特"接缝带主要技术指标：拉伸强度≥ 20N/cm，断裂伸长率≥ 90%，黏结强度（剪切）≥ 0.25MPa，复合强度≥ 2.3N/cm，热空气老化（80℃ ×168h）保持率80%

"蓝盾"（吴兆圣专利）PVC 卷材专用胶粘剂主要技术指标：黏结强度（潮湿基面）≥ 10N/mm²，剥离强度≥ 4N/mm，耐蚀、耐长期水浸

防水材料标准

改性沥青防水卷材

    1. 弹性体改性沥青防水卷材（SBS）   GB 18242

    2. 塑性体改性沥青防水卷材（APP）   GB 18243

    3. 改性沥青聚乙烯胎防水卷材   GB 18967

    4. 自粘聚合物改性沥青防水卷材   GB 23441

    5. 带自粘层的防水卷材   GB/T 23260

    6. 预铺防水卷材   GB/T 23457

    7. 湿铺防水卷材   GB/T 35467

高分子防水卷材

    1. 聚氯乙烯防水卷材（PVC）   GB 12952

    2. 氯化聚乙烯防水卷材（CPE）   GB 12953

    3. 三元乙丙橡胶硫化型防水卷材（EDPM）   GB 18173.1

    4. 乙烯－醋酸乙烯共聚物防水卷材（EVA）   GB 18173.1

    5. 聚乙烯丙纶复合防水卷材   GB 18173.1

    6. 热塑性聚烯烃（TPO）防水卷材   GB 27789

防水涂料

    1. 聚氨酯防水涂料   GB/T 19250

    2. 聚合物水泥防水涂料   GB/T 23445

    3. 喷涂聚脲防水涂料   GB/T 23446

    4. 聚合物乳液建筑防水涂料   JC/T 864

    5. 聚合物水泥防水浆料   JC/T 2090

    6. 非固化橡胶沥青防水涂料   JC/T 2428

    7. 喷涂速凝橡胶沥青防水涂料

    8. 聚甲基丙烯酸甲酯（PMMA）防水涂料   JC/T 2251

密封材料

    1. 硅酮建筑密封胶   GB/T 14683

    2. 高分子防水材料　第二部分：止水带   GB 18173.2

    3. 高分子防水材料　第三部分：遇水膨胀橡胶   GB 18173.3

    4. 聚氨酯建筑密封胶   JC/T 482

    5. 聚硫建筑密封胶   JC/T 483

    6. 丙烯酸酯建筑密封胶   JC/T 484

    7. 混凝土建筑接缝用密封胶   JC/T 881

    8. 丁基橡胶防水密封胶带   JC/T 942

    9. 膨润土橡胶遇水膨胀止水条   JG/T 141

    10. 遇水膨胀止水胶   JG/T 312

刚性防水材料

    1. 水泥基渗透结晶型防水材料   GB 18445

    2. 混凝土膨胀剂   GB 23439

    3. 无机防水堵漏材料   GB 23440

    4. 砂浆、混凝土防水剂   JC 474

    5. 聚合物水泥防水砂浆   JC/T 984

    6. 高分子益胶泥   T44/SZWA1

瓦

    1. 玻纤胎沥青瓦   GB/T 20474

    2. 烧结瓦   GB/T 21149

    3. 混凝土瓦   JC/T 746

其他材料

    1. 高分子防水卷材胶粘剂   JC/T 863

    2. 坡屋面用防水材料　聚合物改性沥青防水垫层   JC/T 1067

    3. 坡屋面用防水材料　自粘聚合物沥青防水垫层   JC/T 1068

    4. 沥青基防水卷材用基层处理剂   JC/T 1069

    5. 自粘聚合物沥青泛水带   JC/T 1070

    6. 轨道交通工程用天然钠基膨润土防水毯   GB/T 35470

相关资料

关于专利

十数年前，已有研究指出，专利技术日益成为国家核心竞争力的战略性资源，应激励创造，有效利用，依法保护。相关部门有积极推进专利技术产业化的职责。

建筑防水至今无动静，与无人承责有关，更与顶层设计有关。实际上搞专利的人也明白,无官方支持,谁用专利? 谁会保护? 一旦完成高新申请或做足宣传之后，专利都会被束之高阁。能赚钱的技术，则不会申请专利。此外，在权力寻租长期影响下，专利申请也不见得干净。因此专利还有漫长的路要走。通则强制方法，放松目标，可能将这一过程进一步延长。

关于标准（规范）

标准可用于单一产品，也可较宽泛，包括规范与规程。

就土建而言，标准与规范，概念还算清楚。

完整的标准体系应包含三方面的条文：

A.合规性——目标与功能的描述。拟条要旨：综合性强，原则性强，少量模式即可覆盖建筑工程的所有方面。因此条文注定少而精，可以强制。

B.方法性——满足A要求的一整套最低技术要求。内容可以很丰富。条说更详尽，可收入大量案例，助各方参考，正确理解立条主旨，活学活用。顺提：所谓条说不等同正文，只是防止昏学傻用，并非简单的不算数。

C.管理性——政府主要参与此部分内容，比如对分包的监管。遇有复杂工程及不采用B部分方案的工程，可由业内人士或第三方专业机构评估确认，比如保险公司或专业协会，目的是保证新技术、新材料、新工艺的应用，确保不会因法规修订的滞后性而阻碍技术的创新与进步。

创新是标准化的灵魂和生命，标准化的发展史就是创新史。

应鼓励、支持企业将拥有的核心技术和关键技术上升为国家标准和国际标准。各行业协会和各专业协会应在标准化活动中，发挥主导作用。

标准或技术规范不是法律文件，所有技术规范的规定，包括强制条文，决不能代替工程人员的专业分析判断能力和免除其应承担的法律责任。

主要参考资料

1　（日）奥水肇.建筑空间绿化手法[M].赖明洲，李叡明，译.台湾：台北地景企业股份有限公司出版部，1992.

2　侯宝隆，陈强，蒋之峰.建筑物的接缝处理[M].北京：地震出版社，1993.

3　田岛儿一.建筑防水资料[M].东京：Fisogui公司株式会社，1997.

4　中国建筑防水材料工业协会.建筑防水手册[M].北京：中国建筑工业出版社，2001.

5　项桦太，杨杨，张文华.建筑防水工程技术[M].北京：中国建筑工业出版社，1994.

6　李承刚.建筑防水技术[M].北京：中国环境科学出版社，1996.

7　中国建筑防水材料工业协会，中国建筑防水材料公司.建筑防水工作手册[M].北京：中国建筑工业出版社，1994.

8　建筑设计资料集：第二版 第8集[M].北京：中国建筑工业出版社，1996.

9　张道真.防水工程设计[M].北京：中国建筑工业出版社，2010.

10　项桦太.防水工程概论[M].北京：中国建筑工业出版社，2010.

11　张道真.《建筑防水》全国一级注册建筑师必修教材（之九)[M].北京：中国城市出版社，2014.

12　沈春林，李伶，李翔.种植屋面的设计与施工[M].北京：化学工业出版社，2008.

13　建筑设计制图标准资料图集（合订本)[S].美国建筑师协会.

14　广东省建设厅.建筑防水工程技术规程 DB 15-19-2006[S].

15　[美]迈克尔·T.库巴尔.建筑防水手册：第二版[M].张勇，译.北京：中国建筑工业出版社，2012.

16　王寿华，王比君.屋面工程设计与施工手册：[M].北京：中国建筑工业出版社，1996.

17　朱祖熹，陆明，柳献.隧道工程防水设计与施工[M].北京：中国建筑工业出版社，2012.

18　王天.建筑防水[M].北京：机械工业出版社，2006.

气 象

50 年来主要城市降水量比较（mm）

降水比较资料分别摘自《建筑设计资料集》1965 年第一版（1973 年新版）、1995 年第二版及 2005 年第三版。约 10 年前的资料详见后两页。降水比较，旨在提请注意降水变化趋势，避免被传统经验误导。近年这种变化主要表现在不均衡上，即极端天气频发，旱涝交替，而较长时间段内的平均降水量变化不是很大。因此，某些仅以降水量为前提的规定，只应参考，不宜强制。

主要城市	约 50 年前		约 25 年前		约 15 年前	
	日最大量	年均总量	日最大量	年均总量	日最大量	年均总量
北京	244.2	781.9	224.2	672.6	244.2	644.3
天津	123.3	561.3	158.1	634.6	158.1	569.8
石家庄	251.3	616.1	200.2	476.7	200.2	550.1
太原	99.4	438.6	183.5	456.0	183.5	459.4
呼和浩特	210.1	437.6	210.1	418.8	210.1	417.4
沈阳	178.8	835.5	215.5	727.5	215.5	734.4
长春	117.9	649.9	130.4	592.7	130.4	593.9
哈尔滨	104.8	580.3	104.8	535.8	104.8	523.3
济南	94.1	620.8	298.4	671.0	298.4	685.2
郑州	109.6	631.3	189.4	655.0	189.4	641.0
西安	92.3	624.0	92.3	591.1	92.3	580.2
兰州	71.8	332.2	96.8	322.9	96.8	327.8
银川	61.5	205.7	66.8	197.0	66.8	196.7
西宁	40.6	372.4	62.2	367.0	62.2	368.1
乌鲁木齐	45.7	290.8	57.7	275.6	57.7	277.6
拉萨	39.2	441.7	41.6	431.3	11.6	444.6
贵阳	133.9	1196.8	133.9	1127.1	133.9	1174.7
昆明	135.3	968.6	153.3	1003.8	153.3	1006.5

主要城市	约 50 年前		约 25 年前		约 15 年前	
	日最大量	年均总量	日最大量	年均总量	日最大量	年均总量
上海	95.3	1217.6	204.1	1132.3	204.4	1123.7
南京	125.1	1038.7	179.3	1034.1	179.3	1029.3
杭州	141.6	1554.8	189.3	1409.8	189.3	1398.7
合肥	129.4	1057.2	238.4	989.4	238.4	988.6
福州	114.4	1375.7	167.6	1339.7	167.6	1343.6
南昌	184.3	1712.2	289.0	1989.2	289	1596.3
武汉	317.4	1043.3	317.1	1230.6	317.4	1204.6
长沙	122.7	1394.6	192.5	1394.5	192.5	1396
成都	195.2	998.1	201.3	938.9	201.3	947
重庆	192.9	1051.5	192.9	1082.9	192.9	1138.6
南宁	143.8	1225.1	198.6	1307.0	198.6	1300.7
海口			283.0	1681.7	283	1686.6
广州	284.9	1738.6	284.9	1705.0	284.9	1694.1
深圳			353.4	2747.0	283	1686.6
香港			534.1	3300.0	382.6	2224.7
台北			400.0	1869.9	100.1	1869.7

最大风速按 30 年一遇，内陆地区之强风多在冬、春季发生。

主要参考资料：建筑设计资料集（第二版）第一集

气候作用强度分区

气候作用强度指屋面最高温度与最低温度之差

强作用区 （>65℃）	新疆 吉林 河北 辽宁	黑龙江 宁夏 内蒙古 北京
较强作用区 （55～65℃）	山西 陕西 湖北 青海	天津 河南 甘肃
中作用区 （45～55℃）	江苏 江西 西藏	湖南 上海 贵州
弱作用区 （<45℃）	四川 重庆 广东	广西 福建 云南

主要城镇的降水风压

城市名	风压/(kN/m²) n=10	n=50	降水/mm 年降水量	日最大降水量	城市名	风压/(kN/m²) n=10	n=50	降水/mm 年降水量	日最大降水量	城市名	风压/(kN/m²) n=10	n=50	降水/mm 年降水量	日最大降水量
北京	0.30	0.45	571.90	156.20	沈阳市	0.40	0.55	690.30	215.50	威海市	0.45	0.65	776.90	227.70
天津	0.30	0.50	544.30	157.80	朝阳市	0.40	0.55	480.70	225.10	淄博市	0.30	0.40	615.00	156.90
上海	0.40	0.55	1184.40	157.90	锦州市	0.40	0.60	567.70	174.90	潍坊	0.30	0.40	588.30	188.80
重庆	0.25	0.40	1118.50	195.30	鞍山市	0.30	0.50	710.20	236.80	青岛市	0.45	0.60	662.10	167.30
石家庄	0.25	0.35	517.0	359.30	本溪市	0.35	0.45	776.00	168.50	菏泽市	0.25	0.40	624.70	189.10
邢台市	0.20	0.30	493.40	151.50	营口市	0.40	0.60	643.30	240.50	南京市	0.25	0.40	1062.40	179.30
张家口市	0.35	0.55	403.60	100.40	丹东市	0.35	0.55	925.60	247.50	徐州市	0.25	0.35	831.70	315.40
承德市	0.30	0.40	512.0	99.60	大连市	0.40	0.65	601.90	166.40	淮阴	0.25	0.40	912.90	207.90
秦皇岛市	0.35	0.45	634.30	215.40	长春市	0.45	0.65	570.40	130.40	无锡市	0.30	0.45	1079.00	
唐山市	0.30	0.40	610.30	179.20	四平市	0.40	0.55	632.70	157.10	泰州市	0.25	0.40	1053.10	212.10
保定市	0.30	0.40	512.50	141.80	吉林市	0.30	0.50	648.80	116.30	连云港	0.35	0.55	936.90	
沧州市	0.30	0.40	604.90	274.30	延吉市	0.35	0.50	528.20	85.70	盐城市	0.25	0.45	1005.90	263.20
太原市	0.30	0.40	431.20	92.60	通化市	0.30	0.50	871.70	170.00	南通市	0.30	0.45	1064.80	136.20
阳泉市	0.30	0.40	515.80	140.60	哈尔滨市	0.35	0.55	524.30	123.70	常州市	0.25	0.40	1091.60	196.20
运城市	0.30	0.40	529.60	149.40	黑河市	0.35	0.50	521.80	90.40	苏州市	0.30	0.45	1162.10	145.40
呼和浩特市	0.35	0.55	397.90	130.60	齐齐哈尔市	0.35	0.45	415.30	94.10	杭州市	0.30	0.45	1454.60	136.40
满洲里市	0.50	0.65	303.20	97.50	海伦	0.35	0.55	544.60	112.70	舟山市	0.50	0.85	1320.60	212.50
乌兰浩特市	0.40	0.55	442.60	120.80	伊春市	0.25	0.35	627.00	133.10	金华市	0.25	0.35	1351.50	133.70
二连浩特市	0.55	0.65	142.30	74.90	鹤岗市	0.30	0.40	612.50	108.40	宁波市	0.30	0.50	1442.80	126.80
杭锦后旗陕坝	0.30	0.45	128.90	77.60	大庆市	0.35	0.55	428.00	136.80	衢州市	0.25	0.35	1705.00	182.00
包头市	0.35	0.55	297.60	90.60	铁力	0.25	0.35	613.60	105.40	丽水市	0.20	0.30	1391.80	123.20
锡林浩特市	0.40	0.55	286.60	89.50	绥芬河市	0.40	0.60	553.90	121.10	温州市	0.35	0.60	1742.40	403.80
通辽市	0.40	0.55	373.60	110.40	济南市	0.35	0.45	672.70	298.40	合肥市	0.25	0.35	995.30	238.40
多伦	0.40	0.55	386.40	154.70	德州	0.30	0.45	565.50	159.70	蚌埠市	0.25	0.35	919.70	216.70
赤峰市	0.30	0.55	371.00	87.10	烟台市	0.40	0.55	672.40	141.30					

续表

安庆市	0.25	0.40	1474.90	247.00	新乡市	0.30	0.40	558.80	170.60	桂林市	0.20	0.30	1921.20	255.90
黄山市	0.25	0.35	2403.00	328.40	三门峡市	0.25	0.40	559.30	115.80	柳州市	0.20	0.30	1415.20	172.30
南昌市	0.30	0.45	1624.20	289.00	洛阳市	0.25	0.40	599.60	103.40	梧州市	0.20	0.30	1450.90	172.70
赣州市	0.20	0.30	1461.20	123.10	开封市	0.30	0.45	637.10	217.80	北海市	0.45	0.75	1677.20	509.20
九江	0.25	0.35	1444.10	248.60	南阳市	0.25	0.35	777.90	193.70	海口市	0.45	0.75	1651.90	372.90
景德镇市	0.25	0.35	1826.60	208.10	驻马店市	0.25	0.40	979.20	420.44	琼中	0.30	0.45	2439.20	373.50
福州市	0.40	0.70	1339.60	170.90	信阳市	0.25	0.35	1105.70	188.30	三亚市	0.50	0.85	1239.10	327.50
长汀	0.20	0.35	1742.80	384.10	商丘市	0.20	0.35	681.10	170.00	成都市	0.20	0.30	870.10	201.30
龙岩市	0.20	0.35	1718.30	150.50	武汉市	0.25	0.35	1269.00	298.50	绵阳市	0.20	0.30	865.60	215.70
厦门市	0.50	0.80	1349.00	315.70	恩施市	0.20	0.30	1470.20	227.50	宜宾市	0.20	0.30	1063.10	221.90
西安市	0.25	0.35	553.30	110.70	宜昌市	0.20	0.30	1138.00	229.10	西昌市	0.20	0.30	1013.50	128.70
榆林市	0.25	0.40	365.60	105.70	荆州	0.20	0.30	1084.00	163.20	南充市	0.20	0.30	987.20	161.70
延安市	0.25	0.35	510.70	139.90	长沙市	0.25	0.35	1331.30	167.80	涪陵	0.20	0.30	1071.80	113.10
宝鸡市	0.20	0.35	656.30	169.70	岳阳市	0.25	0.40	1131.60	192.00	泸州市	0.20	0.30	1093.60	197.30
汉中市	0.20	0.30	852.60	117.80	常德市	0.25	0.40	1323.30	251.10	贵阳市	0.20	0.30	1117.70	179.30
安康市	0.30	0.45	814.20	161.90	衡阳市	0.25	0.40	1351.50	217.40	毕节	0.20	0.30	899.40	112.00
兰州市	0.20	0.30	311.70	96.80	郴州市	0.20	0.30	1493.80	294.60	遵义市	0.20	0.30	1074.20	183.90
平凉市	0.25	0.30	482.10	166.90	广州市	0.30	0.50	1736.10	239.00	昆明市	0.20	0.30	1011.30	165.40
银川市	0.40	0.65	186.30	66.80	韶关	0.20	0.35	1583.50	208.80	丽江	0.25	0.30	968.00	112.80
固原	0.25	0.35	373.60	110.40	珠海市	0.75	0.85	1998.70		腾冲	0.20	0.30	1527.10	94.70
西宁市	0.25	0.35	435.20	98.10	河源	0.20	0.30	2006.00	252.10	大理市	0.45	0.65	1051.10	112.60
德令哈市	0.25	0.35	177.40	84.00	汕头市	0.50	0.80	1631.10	279.10	楚雄市	0.20	0.35	862.70	115.90
玉树	0.20	0.30	485.90	38.80	深圳市	0.45	0.75	1966.10	344.00	拉萨市	0.20	0.30	426.40	39.00
乌鲁木齐市	0.40	0.60	286.30	57.70	汕尾	0.50	0.85	1947.40	475.70	台北	0.40	0.70	2363.70	400.00
乌鲁木齐县达坂城	0.55	0.80	275.60	57.70	湛江市	0.50	0.80	1735.70	351.50	台南	0.60	0.85	1546.40	
郑州市	0.30	0.45	632.40	189.40	阳江	0.45	0.70	2442.70	453.30	香港	0.80	0.90	2224.70	382.60
安阳市	0.25	0.45	556.80	249.20	南宁市	0.25	0.35	1309.70	198.60	澳门	0.75	0.85	1998.70	

注：基本风压（kN/m²）按50年（为30年的统计数据）计算　　　　　摘自《建筑外墙防水防护技术规程（送审稿）》及《建筑外墙防水技术规程》JGJ/T 235-2011

制表：王蕾

致谢

图集从 20 世纪末"出发"，伴随着注册建筑师制的推进，一路艰辛，未曾"出生"已过"中年"。其内容自然饱含了各路专家的专业认知，包括建筑师、各专业工程师、建造师，更离不开防水界前辈的支持与帮助，图集深层，自有他们的智慧，向他们致敬。

特别感谢吴兆圣先生，在变形缝领域持续努力十数年，如今年近八十，仍克服在国外研究、实验的种种困难，自掏腰包，为深化国际领先的创新技术，作出了卓越贡献，有望一改"十缝九漏"之现状。

曾小娜，金牌建筑师，温和而执着，很早就参编图集。既能坚持将正确的设计落实，又能保持良好沟通。久而久之，实践变真知，很受甲方、总包欢迎，常被点名负责设计后期服务。从此，加不完的班，开不完的会，仍在助手蔡妙妮协助下，为图集努力工作。

黄瑞言建筑师，名院总工，终年满荷运转。挤时间，研图集，不为名，不图利，顶烈日，迎风雨，辛苦无怨，并以其特有的专注与严谨，使构造层类表精准合理。

王蕾建筑师，聪敏过人。在繁杂的质量管理专职工作之外，业余参编图集，既无时间，亦无报酬，凭对构造设计的惊人悟性，精益求精的追求，参与了设计校对，为图集作出了极其巨大的贡献，使图集在紧张运作中，仍能保证内外质量，实乃图集之大幸也。

还有，业内著名高分子材料及防水技术专家易举，材料实验和检测、防水技术知名专家王莹，设计及建筑构造专家金建平，工程专家戴尔仁，工程监理专家秦绍元，工程施工专家朱国梁与石伟国，标准管理专家祖黎虹，等等。

图集就是在这些人品高尚、精神可贵、专业素质一流的专家组成的业余团队反复锤炼下面世的，他们的努力不仅使图集在艰难推进的过程中得以顽强存活，更能坚持从实践中来，到实践中去，保持不俗的品质及丰富的内涵。

感谢防水界的专家，感谢深圳防水协会的专家，感谢他们的专业素质，感谢他们的无私奉献，感谢所有忠诚于防水事业的朋友们。

张道真
2023 年 10 月 15 日

WSA 311

对参与图集历次审核或提供帮助的专家

于此由衷申谢：

叶林标	金建平	熊承新	支国桢	黄晓东
王 天	李泽武	钱伯霖	黄英燧	甘生宇
屈兆焕	朱国梁	刘冠豪	高尔剑	黄荷友
项桦太	罗 刚	楚锡麟	张国钧	刘 杨
李承刚	张玉玲	徐怡青	刘永根	卢了君
叶琳昌	朱冬青	朱银洪	任大远	林旭涛
朱祖熹	瞿培华	黄厚泊	刘福义	童末峰
沈春林	蒙炳权	高延继	郑晓生	宋敦清
胡 骏	曹征富		高 泉	王万和
张 勇	哈成德		艾志刚	邓 腾
朱志远	叶 军		雷美琴	
	项晓睿		区国雄	
	韩丽莉			
	霍瑞琴			